普通高等教育测绘类专业系列教材

测绘项目管理及法律法规基础

肖海平　陈兰兰　主　编

刘　伟　卢志刚　副主编

清華大學出版社

北　京

内 容 简 介

考虑到测绘工程项目管理不仅包含测绘基本知识和相关法律法规等内容，还涉及企业管理有关知识，本书依据《现代企业管理》和2017年新修订的《中华人民共和国测绘法》、《测绘资质管理办法》以及国家注册测绘师资格考试大纲等相关法律法规文件进行编写。全书共分为4章，第1、2章介绍企业管理及测绘管理的基本知识，第3章介绍测绘工程项目管理的有关内容和知识，第4章介绍测绘相关法律法规。另外，附录给出了注册测绘师相关文件以及2019—2022年注册测绘师资格考试《测绘管理与法律法规》真题，供读者深化学习效果、掌握注册测绘师考试基本内容使用。

本书主要供普通高等院校与高职高专院校测绘工程、地理信息科学、遥感科学与技术等专业作为教材使用，可作为注册测绘师资格考试辅导用书，也可供从事测绘地信类教学、科研、生产及管理人员参考。

图书在版编目（CIP）数据

测绘项目管理及法律法规基础 / 肖海平，陈兰兰主编. -- 北京 ：清华大学出版社，2025. 4.
（普通高等教育测绘类专业系列教材）. -- ISBN 978-7-302-68779-5

Ⅰ. TB22；D922.17

中国国家版本馆 CIP 数据核字第 2025C2G974 号

责任编辑：秦　娜　赵从棉
封面设计：陈国熙
责任校对：赵丽敏
责任印制：刘　菲

出版发行：清华大学出版社
　　网　　址：https://www.tup.com.cn，https://www.wqxuetang.com
　　地　　址：北京清华大学学研大厦 A 座　　**邮　　编**：100084
　　社 总 机：010-83470000　　**邮　　购**：010-62786544
　　投稿与读者服务：010-62776969，c-service@tup.tsinghua.edu.cn
　　质量反馈：010-62772015，zhiliang@tup.tsinghua.edu.cn
印 装 者：河北鹏润印刷有限公司
经　　销：全国新华书店
开　　本：185mm×260mm　　**印　张**：16.75　　**字　数**：407千字
版　　次：2025年4月第1版　　**印　次**：2025年4月第1次印刷
定　　价：55.00元

产品编号：106297-01

前言

随着注册测绘师制度、卓越工程师计划及工程教育专业认证的开展和实施，培养掌握专业基本理论知识和方法，熟悉国家测绘法律法规，以及了解测绘企业管理方面知识的专业综合性创新型人才，是高校测绘类专业课程教学改革的重要方向。为适应新形势下测绘工程专业人才培养目标和社会需求，考虑到目前测绘管理和法律法规方面的相关教材大部分仅包含测绘基本知识和相关法律法规等内容，缺乏测绘企业管理方面的知识，未能形成全覆盖的课程体系，因此，我们依据《现代企业管理》和2017年新修订的《中华人民共和国测绘法》、《测绘资质管理办法》，以及国家注册测绘师资格考试大纲等相关法律法规文件，充分考虑教材的系统性、科学性、实用性和指导性，力求编写一本适合高等院校测绘类课程教学改革特色的教材。

本书共分为4章。第1章为企业管理基本知识，主要介绍企业的基本概念、管理的基本内容、管理者的基本内容、管理学的基本内容；第2章为测绘管理基本知识，主要介绍测绘管理基本内容、测绘管理的基本原理、测绘企业人力资源管理；第3章为测绘项目管理，主要介绍测绘项目管理概述、测绘工程项目管理、测绘项目技术设计及技术总结、测绘项目安全生产管理、测绘成果质量检查验收；第4章为测绘法律与法规，主要介绍测绘法律法规概述、测绘资质资格、测绘基准与测绘系统、基础测绘管理、测绘成果管理、不动产测绘和其他测绘管理。附录部分给出了注册测绘师制度相关规定和职业管理办法，以及近年的注册测绘师资格考试《测绘管理与法律法规》真题。为有助于学生深入理解测绘法律法规和测绘项目管理的基本知识，本书编写过程中引入了实际案例进行分析。

本书由江西理工大学肖海平博士统稿，并负责第4章的编写，赣南科技学院陈兰兰副教授负责第1章和附录的编写，湖南省地质地理信息所（湖南省地质大数据中心）正高级工程师、国家注册测绘师刘伟负责第3章的编写，赣南科技学院卢志刚博士负责第2章的编写。

在本书的编写过程中，参阅了大量的文献和资料，引用了同类书刊、著作、教材等部分资料，在此向有关单位、作者表示衷心的感谢。本书的出版得到了本教材第一主编工作单位江西理工大学，以及清华大学出版社秦娜编辑的大力支持，在此深表谢意。

由于编者水平有限，书中难免存在错漏之处，敬请同行和广大读者批评指正。

编　者

2024年8月

目录

第1章 企业管理基本知识

1.1 企业的基本概念

企业是以营利为主要目标，从事生产经营活动，向社会提供商品或服务的经济组织。它实行独立经济核算，具有法人资格，是商品经济和生产社会化的必然产物。

1.1.1 企业组织和性质

企业在生产经营活动中所采取的组织形态称为企业组织，它是企业经营活动过程中形成的一种管理结构，是作为一个经济实体和市场发生联系的组织结构。

实际生产生活中，每一个自然人都可以单独和市场发生联系，那为什么还要先成立企业，再将企业和市场联系起来？在此过程中，企业的角色是什么？其性质又是怎样的？

随着社会劳动分工的发展，单个生产者的生产活动不断专业化，客观上需要某种机制把生产者的活动协调起来。而市场则提供了一种协调机制，它通过价格把供求双方协调起来。但并不是所有的经济活动都必须通过市场来协调，企业也可以通过企业内部的分工管理来协调，比如各部门并不是把他们各自生产的零部件或半成品拿到市场上去出售，而是由经理或负责人组织完成产品的整体生产并向市场销售，这就是企业内部协调，即企业管理人员通过权威和命令来协调企业内部的劳动分工。

进行企业内部协调的目的主要是减少市场的交易费用，提高企业的运营效率和竞争力。通过内部管理和控制，企业可以在一定程度上避免市场交易的不确定性和高成本，从而实现资源的优化配置和效率的提升。市场的使用并不是免费的，了解市场信息、询价报价、讨价还价、验货收款等环节都要发生费用，这些费用称为交易费用。为了减少交易费用，就要把交易转移到企业内部，将交易“内化”。交易内化后需要监督管理，监督管理也会发生费用，是“内化”的交易费用，企业的组织规模是由企业的边际交易费用决定的。生产过程中的某一个环节、某一道工序、某一个零件是由市场交易来协调还是由内部管理来协调，取决于市场交易费用大还是监督管理费用大。

不同的生产形式下监督管理费用各不相同，不同行业的企业组织形式也就各不相同。例如，走街串巷卖糖葫芦、卖切糕，个体形式就有其独特的适应性；而大型的制造企业生产汽车，就要采取联合企业的形式。

在市场经济发展过程中，逐步形成了三种企业形式，即个人独资企业、合伙企业和公司（法人）制企业。

1. 个人独资企业

个人独资企业，简称独资企业，是指由一个自然人投资，全部资产为投资人所有的营利性经济组织。投资人以其个人财产对企业债务承担无限责任，对企业的经营与管理事务享有绝对的控制与支配权，不受任何其他人的干预，决策过程比较简单，企业的所有者能够严格把握企业的经营目标和发展战略，使投资决策不偏离其意图。企业赚钱，一切好处归其所有；企业亏本，全部后果由其自负。独资企业不具有法人资格，但属于独立的法律主体，其性质属于非法人组织，享有相应的权利能力和行为能力，能够以自己的名义进行法律行为。

2. 合伙企业

合伙企业是指由两个或两个以上的合伙人订立合伙协议，共同出资，共同经营，共享收益，共担风险，并对企业债务承担无限连带责任的营利性经济组织。合伙企业组织简便，出资方式灵活，有利于公民在生产经营活动中扬长避短、互相协作，发挥更大的经济效益。一旦企业亏损倒闭，所有的合伙人必须对他们的全部财产（包括家产）负无限的债务清偿责任。

合伙企业的任何重大决策都须得到所有合伙人同意，决策过程复杂。合伙人承担无限责任，风险很大，由于法律上的原因，只要一个合伙人退出或者死亡，整个合伙企业可能就要面临改组或者解散。合伙企业一般无法人资格，不缴纳企业所得税，但缴纳个人所得税。

3. 公司（法人）制企业

公司是现代企业制度中最活跃的一种组织形式，是由两个以上的投资人（自然人或法人）依法出资成立，有独立的法人财产，自主经营、自负盈亏的法人企业。其基本特征是：①产权特征——产权明晰和两权分离；②法人特征——法人资格和法人财产权；③组织特征——组织的高级化和复杂化；④技术特征——技术的现代化和系统化；⑤管理特征——管理的现代化和科学化。公司有多种类型，一般可分为五种：无限责任公司、有限责任公司、两合公司、股份有限公司和股份两合公司。无限责任公司是指全体股东对公司债务承担无限连带清偿责任的公司。有限责任公司是指公司全体股东对公司债务仅以各自的出资额为限承担责任的公司。两合公司是指公司的一部分股东对公司债务承担无限连带责任，另一部分股东对公司债务仅以出资额为限承担有限责任的公司。股份有限公司是指公司资本划分为等额股份，全体股东仅以各自持有的股份额为限对公司债务承担责任的公司。股份两合公司是指公司资本划分为等额股份，一部分股东对公司债务承担无限连带责任，另一部分股东对公司债务仅以其持有的股份额为限承担责任的公司。

1.1.2 企业责任

企业是相对独立的经济实体。在社会经济活动中，企业承担着对社会、对出资者、对企业发展和对企业职工的责任。企业责任是社会文明发展的产物，是社会文明的标志与责任，是人类迈向工业文明的产物，是企业必须承担的一种义务。企业落实社会责任，实现企业经济责任、社会责任和环境责任的动态平衡，反而会提升企业的竞争力与社会责任，为企业树立良好的声誉和形象，从而提升企业的品牌形象，获得所有利益相关者对企业的良好印象，增强投资者信心，也更容易吸引到企业所需要的优秀人才，并留住人才。

承担这样责任的企业在日常经济活动中，组织各种生产要素（从劳动力市场得到劳务，从资金市场得到贷款，从生产资料市场购买各种中间产品）来进行生产，生产出的消费品提供给消费品市场，生产出的中间产品提供给生产资料市场，所得的收入一部分在生产要素所有者中间进行初次分配，一部分上交国家进行二次分配，剩余部分为企业扩大再生产提供发展基金。企业只有在生产、技术、经营和投资等各方面都能正确决策，才能保证市场效率和国民经济整体效益的提高。

1.1.3　企业目标

企业目标是企业各项活动所要达到的总体效果。它主要强调企业所有活动最终追求的方向和成果，是企业在分析外部环境和内部条件基础上确定的发展方向与奋斗目标。可分为短期目标和长期目标。

短期目标是企业计划在短时间内实现的具体、可衡量的成果。这些目标通常与企业的日常运营和年度计划紧密相关，比如提高生产效率、增加销售额、优化客户服务等。短期目标的设定有助于企业快速应对市场变化，抓住机遇，同时也能够为员工提供明确的工作方向和动力。

长期目标则是企业计划在未来较长时间内实现的整体、战略性的成果。这些目标通常与企业的愿景、使命和核心价值观紧密相连，比如成为行业领导者、拓展国际市场、实现可持续发展等。长期目标的设定需要企业具备前瞻性和战略性眼光，长远目标的实现需要员工具备耐心和毅力，共同努力。

总的来说，短期目标和长期目标在企业的发展过程中相互依存、相互促进。短期目标的实现为长期目标提供了基础和支撑，而长期目标则为企业指明了发展方向和战略重点。企业需要根据自身的实际情况和市场环境，合理设定并调整短期目标和长期目标，以实现持续、稳定的发展。

1.2　管理的基本内容

管理是人们在一定组织环境下所从事的一种智力活动，它随着人们共同劳动的出现而出现。人们在共同劳动中为有效地实现一定的目标，需要有管理的活动，以组织人们的有效劳动与保证人们的生存和发展。

人类在与自然界作斗争和改造环境的进程中，必然伴随群体活动的增长和社会组织的出现，这种群体活动需要管理职能来保障其秩序和有效性。同样，社会组织的产生和发展也需要管理职能来组织和协调，可以说，管理是共同劳动和社会组织的产物。

由于共同劳动无所不在，以及各种社会组织的普遍存在，管理也就成为人类社会中最普遍的行为之一。大到一个国家、一个大的跨国公司，小到一个班组、一个小商店，无一不需要进行有效的管理。

1.2.1 管理的概念

“管理”一词是“管辖”和“处理”的意思。就其一般含义而言，“管理”可以概括为：为达到既定的目标而采用一定的方法与手段对有关的人和事物进行计划、组织、指挥、控制和协调的一系列活动的总称。在《资本论》中，马克思指出：“一切规模较大的直接社会劳动或共同劳动，都或多或少地需要指挥，以协调个人的活动，并执行生产总体的运动——不同于这一总体的独立器官的运动——所生产的各种一般职能。一个单独的提琴手是自己指挥自己，一个乐队就需要一个乐队指挥。”

管理，这是一个人们所熟知的名词，它本身却包含着十分深刻的内涵。近几十年来，许多学者根据自己的研究，都试图从理论上对其进行定义，这些论述包括：

（1）管理就是领导。这种说法强调管理者个人在管理活动中的领导作用。

（2）管理就是经由他人完成任务。这种说法强调管理者发挥下属人员作用的重要性。

（3）管理是由计划、组织、指挥、协调及控制等职能要素组成的活动过程。这一观点是从管理过程理论上来定义的，它强调管理是由若干职能所组成的活动过程，这一观点对管理学的研究产生过深刻的影响。

（4）管理是一种以绩效责任为基础的专业职能。它强调管理是一种专业性工作，有自己专有的技能、方法和技术，突出管理的自然属性。

（5）管理就是协调人际关系，激发人的积极性，以达到共同目标的一种活动。该理论从组织行为学的观点出发，强调管理的核心是协调人际关系，管理通过激励、沟通等方法激发人的积极性，完成组织目标。

（6）管理就是决策。它认为任何管理活动都是一个由调查研究、制定方案、选择方案以及执行方案组成的过程，因此管理活动过程就是管理各个阶层制定和执行决策的过程。

以上观点从各个不同的角度表述了对管理的认识和理解，概括起来有两种：①管理是协调人力、物力、财力以实现组织的目标；②管理是计划、组织、领导和控制。前者强调协调作用，后者则强调管理作为一个过程的作用。为此，对管理的概念可作如下理解：管理是指在特定的环境条件下，以人为中心，对组织所拥有的资源进行有效的计划、组织、领导、控制，以便达成既定组织目标的过程。这一定义包含以下五重含义：

（1）管理是为一定组织目标服务的，它是有意识、有目的的活动过程。组织是管理的载体，因此可以说没有组织就没有管理。

（2）管理活动强调以人为中心，人是组织的主体，管理是为人服务的。

（3）管理包括一系列相互关联的职能，即计划、组织、领导、控制等。

（4）管理工作强调有效合理地利用资源，确保组织的工作效果、效率和效益。

（5）管理是在特定环境下开展工作的，有效的管理必须审时度势，根据环境的特点进行活动。

1.2.2 管理的基本特征

为了更全面地理解管理的概念，理解管理学研究的特点、范围和内容，可以从以下几方面来把握管理的一些基本特征。

1）管理是一种社会现象或文化现象

只要有人类社会存在，就会有管理存在，因此，管理是一种社会现象或文化现象。从科学的定义上讲，存在管理必须具备两个必要条件，缺一不可：

（1）必须是两个或两个以上的人的集体活动，包括生产的、行政的活动；

（2）有一致认可的、自觉的目标。

2）管理的“载体”就是“组织”

管理活动在人类现实社会生活中广泛存在，而且从前面的论述中也可以看出，管理总是存在于一定的组织之中。正因为现实世界中普遍存在着组织，管理也才有存在的必要。两个或两个以上的人组成的、为一定目标而进行协作活动的集体就形成了组织。许多人在同一生产过程中，或在不同的但互相联系的生产过程中，有计划地一起协同劳动，这种劳动形式称为协作。有效的协作需要有组织，需要在组织中实施管理。社会生活中各种组织的具体形式虽因其社会功能的不同而会有差异，但构成组织的基本要素是相同的。

在组织内部，一般包括五个要素：人——包括管理的主体和客体；物和技术——管理的客体、手段和条件；机构——反映管理的分工关系和管理方式；信息——管理的媒介、依据，同时也是管理的客体；目的——宗旨，表明为什么要有这个组织，它的含义比目标更广泛。

组织作为社会系统中的一个子系统，其活动必然要受周围环境的影响，因此组织还包括九个外部要素：①行业，包括同行业的竞争对手和相关行业的状况；②原材料供应基地；③人力资源；④资金资源；⑤市场；⑥技术；⑦政治经济形势；⑧政府；⑨社会文化。

因此，一个组织的建立和发展既要具备五个基本的内部要素，又要受到一系列外部环境因素的影响和制约。管理就是在这样的组织中，由一个或者若干人通过行使各种管理职能，使组织中以人为主体的各种要素合理配置，从而实现组织目标。这一点对于任何性质、任何类型的组织都是具有普遍意义的。

3）管理的任务、职能、层次

管理作为一项工作的任务就是设计和维持一种体系，使在这一体系中共同工作的人们能够用尽可能少的支出（包括人力、物力、财力等），去实现他们既定的目标。管理活动是通过人来进行的，人是管理活动的主体，因此把执行管理任务的人统称为“管理人员”、“管理者”。管理的任务当然也就是管理人员的任务。

管理作为一个过程，管理者在其中所发挥的作用就是管理者的职能，也就是通常说的管理职能。国外有多种划分方法，早期的管理理论一般认为，管理具有计划、执行、控制三项基本职能。法国的法约尔认为，管理有五项职能：计划、组织、指挥、协调和控制。美国的古利克提出，管理有七项职能，即计划、组织、人事、指挥、协调、报告、预算。结合我国管理活动的实践，更倾向于美国管理学家孔茨的观点，即管理包括计划、组织、人员配备、指导和领导、控制五项职能。

由于主管人员在组织中所处的层次不同，他们在执行管理职能时也就各有侧重。组织中的主管人员一般分为三个层次，即上层主管、中层主管和基层主管，根据所处的不同层次，他们将各有侧重地执行其职能。

4）管理的核心是处理各种人际关系

管理不是个人的活动，它是在一定的组织中实施的。对主管人员来讲，管理是要在其职责范围内协调下属人员的行为,是要让别人同自己一道去实现组织目标的活动。组织中的任何事都是由人来传达和处理的,所以主管人员既管人又管事,而管事实际上也是管人。管理活动自始至终,在每一个环节上都是与人打交道的,因此说管理的核心是处理组织中的各种人际关系。

需要注意的是,人际关系的内涵随着社会制度的不同而不同。在我们的社会主义国家里,任何一个组织中的层次,无论是主管人员,还是普通成员,都是国家的主人,人与人之间是平等的,至于主管和下属,仅仅是由于处在不同的岗位,各司其职而已。

5)管理者的角色

美国著名管理学家彼得·德鲁克(Peter F. Drucker)1955年提出"管理者的角色"的概念,这一概念有助于大家对管理含义的理解。德鲁克认为,管理是一种无形的力量,这种力量是通过各级管理者体现出来的。所以管理者所扮演的角色大体上分三类:

(1)管理一个组织,求得组织的生存和发展。因此必须:

① 确定该组织是干什么的,应该有什么目标,如何采取积极措施实现目标;

② 求得组织的最大效益;

③ "为社会服务"和"创造顾客"。

(2)管理管理者。组织的上、中、下三个层次中,人人都是管理者,又都是被管理者,因此必须:

① 确保下级的设想、意愿、努力能朝着共同的目标前进;

② 培养集体合作的精神;

③ 培训下级;

④ 建立健全组织结构。

(3)管理工人和工作。要认识到两个假设前提:

① 关于工作,其性质是不断急剧变动的,既有体力劳动,又有脑力劳动,后者的比例会越来越大;

② 关于人,要正确认识到"个体差异、完整的人、行为有因、人的尊严"对于处理各级各类人员相互关系的重要性。

从以上分析也可以看出,管理的核心是处理好人际关系。

1.2.3 管理的性质

管理,从它最基本的意义来看,一是组织劳动;二是指挥、监督劳动,即具有同生产力社会化生产相联系的自然属性和同生产关系、社会制度相联系的社会属性。这就是通常所说的管理的二重性。从管理活动过程的要求来看,既要遵循管理过程中客观规律的科学性要求,又要体现灵活协调的艺术性要求,这就是管理所具有的科学性和艺术性。

1. 管理的二重性

一方面,管理是由于有许多人进行协作劳动而产生的,是由生产社会化引起的,是有效地组织共同劳动所必需的,因此,它具有同生产力、社会化大生产相联系的自然属性;另一方面,管理又是在一定的生产关系条件下进行的,必然体现出生产资料占有者指挥劳动、监督劳动的意志。因此,它具有同生产关系、社会制度相联系的社会属性。这两方面的属性就是管理的二重性。

学习和掌握管理的二重性对大家学习和理解管理学、认识我国的管理问题、探索管理活动的规律以及运用管理原理来指导实践都具有非常重要的现实意义：

(1) 有利于大家遵循管理二重性的要求，认真总结我国历史上以及中华人民共和国成立以来管理的经验教训，继承和发展我国已有的科学管理经验和管理理论。同时注意学习，引进国外先进的管理理论、技术和方法，采取有批判的吸收的态度和方针，根据我国的国情，融汇提炼，为我所用，使之成为我国管理科学体系的有机组成部分。

(2) 任何一种管理方法、管理技术和手段的出现总有其时代背景，也就是说，它是同生产力水平、社会条件及其他一切情况相适应的。因此，在学习和运用某些管理理论、原理、技术和手段时，必须结合本部门、本单位的实际情况，因地制宜，这样才能取得预期的效果。实践表明，不存在一个适用于古今中外的普遍模式。

2. 管理的科学性和艺术性

管理的科学性是指管理作为一个活动过程，其间存在着一系列客观规律。人们经过无数次的失败和成功，通过从实践中收集、归纳、检测数据，提出假设，验证假设，从中抽象总结出一系列反映管理活动客观规律的管理理论和一般方法。人们利用这些理论和方法来指导自己的管理实践，又以管理活动的结果来衡量管理过程中所使用的理论和方法是否正确，是否行之有效，从而使管理的科学理论和方法在实践中不断得到验证和丰富。因此说，管理需要遵循科学的原则和方法，如决策理论、系统理论等，以确保管理的有效性和效率。同时，管理也需要通过科学的研究和实践来不断发展和完善。

管理的艺术性就是强调其实践性，没有实践则无所谓艺术，这就是说，仅凭停留在书本上的管理理论，或背诵原理和公式来进行管理是不能保证其成功的。主管人员必须在管理实践中发挥积极性、主动性和创造性，因地制宜地将管理知识与具体管理实践相结合，才能进行有效的管理。所以，管理在实践中需要灵活运用各种知识和技能，结合实际情况进行创新和应变。管理者需要具备沟通、协调、领导等艺术性的能力，以应对复杂多变的管理环境。

从管理的科学性与艺术性可知，有成效的管理艺术是以对它所依据的管理理论的理解为基础的，二者之间不是互相排斥，而是互相补充。因此，管理既是一门科学，又是一门艺术，是科学与艺术的有机结合体。管理的这一特性，对于学习管理学和从事管理工作的主管人员来说也是十分重要的，它可以促使人们既注重管理基本理论的学习，又不忽视在实践中因地制宜地灵活运用，这一点可以说是管理成功的一项重要保证。

1.2.4 管理的基本方法

管理方法是指用来实现管理目的而运用的手段、方式、途径和程序等的总称。管理的基本方法包括行政方法、法律方法、经济方法和思想教育方法。

1. 行政方法

行政即行使政治权威。行政方法是指依靠行政组织的权威，运用命令、规定、指示等行政手段，以权威和服从为前提，直接指挥下属工作。其实质是通过行政组织中的职务和职位来进行管理。它特别强调职责、职权、职位而并非个人的能力或特权。任何部门、单位总要建立起若干行政机构来进行管理，有严格的职责和权限范围。行政方法实际上就是行使政治权威，它的主要特点有：

(1) 权威性。行政方法所依托的基础是管理机关和管理者的权威。管理者权威越高，他所发出的指令接受率就越高。

(2) 强制性。行政权力机构和管理者所发出的命令、指示、规定等，对管理对象具有程度不同的强制性。

(3) 垂直性。行政方法是通过行政系统、行政层次来实施管理活动的，因此基本上属于“条条”的纵向垂直管理。行政方法的运用必须坚持纵向的自上而下，切忌通过横向传达指令。

(4) 具体性。相对于其他方法而言，行政方法比较具体。任何行政指令往往是在某一特定的时间内对某一特定对象起作用，具有明确的指向性和一定的时效性。

(5) 无偿性。运用行政方法进行管理，上级组织对下级组织的人、财、物等的调动和使用不讲等价交换的原则。一切根据行政管理的需要，不考虑价值补偿问题。

(6) 稳定性。行政方法总是适用于特定组织行政系统范围内的管理方法。由于行政系统一般都具有严密的组织机构、统一的目标、统一的行动以及强有力的调节和控制，对于外部因素的干扰具有较强的抵抗作用，所以，运用行政方法进行管理可以使组织具有较高的稳定性。

行政方法是管理的基本方法之一，采取这种方法有利于管理系统的集中统一，避免各行其是；有利于管理职能的发挥，强化管理作用；有利于灵活地处理各种特殊问题。但是行政方法如果运用不当，违背客观规律，就会变成唯意志的产物，不适当地扩大其应用范围，甚至单纯依靠行政方法进行管理都会产生副作用，扭曲经济价值规律。

2. 法律方法

管理的法律方法是指运用法律这种由国家制定或认可并以国家强制力保证实施的行为规范以及相应的社会规范来进行管理的方法。其实质在于实现全体人民的意志，并维护他们的根本利益，代表他们对社会经济、政治、文化活动实行强制性的、统一的管理。它的主要特点有：

(1) 强制性。法律法规一经制定就要强制执行，任何组织和个人都须毫无例外地遵守。否则，要受到国家强制力量的惩处。

(2) 规范性。法律和法规是所有组织和个人行动的统一的准则，对他们具有同等的约束力。

(3) 严肃性。法律和法规的制定须严格按照法律规定的程序和规定进行，一旦制定和颁布就具有相对的稳定性。

法律方法的正确运用对于建立和健全科学的管理制度与管理方法具有十分重要的作用，它可以保证正常的管理秩序、调节各种管理因素之间的关系、促进社会主义的民主建设与民主管理。在管理活动中，各种法规要综合运用、相互配合，以确保管理活动的有效性和效率。

3. 经济方法

经济方法是根据客观经济规律，运用各种经济手段调节不同经济主体之间的关系，以实现较高的经济效益和社会效益的方法。这种方法的核心在于围绕着物质利益，运用各种经济手段正确处理好国家、集体与劳动者个人三者之间的经济关系，从而最大限度地调动各方面的积极性、主动性、创造性和责任感，促进经济的发展与社会的进步。和其他方法相比，经济方法具有如下显著特征：

(1) 关联特征。各种经济方法之间相互关联，每一种经济方法的变化又会影响到社会多方面的经济联系并产生连锁反应，使其作用范围广，有效性强。

(2) 公开特征。经济方法是按照市场规律进行的，必须要求公平公开，如经济技术指标或奖惩标准要公开、措施办法要公开、结果要公开等，这样才能有效地发挥经济方法的调节作用，激发和调动组织成员的积极性。

(3) 间接特征。通过对经济利益的调节来间接地影响组织和个人的行为，而不是靠直接干预来控制组织、个人的行为，这是经济方法与行政方法的显著区别。

(4) 平等特征。经济方法承认各单位、个人在获取自己的经济利益的权利上是平等的，不承认特权和特殊阶层。

(5) 有偿特征。根据等价交换原则，互相计价，实行有偿交换。它以物质利益原则为基础，注重经济利益和经济法则，强调劳动集体和个人的物质利益与工作成果相联系。

经济方法不直接干预组织或个人的行为，而是通过一定的经济手段不断调整各方面的经济利益，能够保证管理过程中便于分权；充分调动组织成员的积极性和主动性；有利于组织提高经济效益和管理效率。

4. 思想教育方法

思想教育方法是指行政机关通过对被管理者的政治思想教育、心理诱导和行为激励等，从理性方面激发人们的理想，使之成为人们组织行为的动机，从而实现管理目标的方法。它主张在管理过程中以人为中心，尊重人的价值、尊严、情感和信仰追求，注重建立良好的人际关系。

思想教育方法不同于注重外在强制、规范的行政方法和法律方法，也不同于注重物质利益的经济方法，它注重对人内在的思想、情感的诱导和行为的激励，能够根据不同的情况和对象，灵活地加以运用。它的主要特点有：

(1) 间接性。主动地通过宣传、教育和鼓动等方式影响人们的价值观、信念和行为动机，从而达到影响人们行为选择的目的。

(2) 长期性。需要经过反复和长期的宣传教育工作，通过丰富多彩的宣传教育途径，使得教育对象将宣传教育的内容转化为自身的自觉行动。

(3) 激励性。通过借助激励教育对象的精神动力，改变、维持和提升教育对象的精神实质，达到调节和约束教育对象行为的目的。

在实际管理工作中，为达到理想的效果，运用思想教育方法一般应当遵循以下几个基本原则：

(1) 理论联系实际的原则。思想教育方法的运用要与组织的实际情况和实际问题挂钩，反对理论脱离实际，要从实际出发选择相应的思想教育手段。

(2) 与业务工作相结合的原则。在行政管理过程中，一切思想教育都要围绕组织的业务活动进行，要围绕达成组织目标展开，后者也需前者予以保证。

(3) 表扬和批评相结合的原则。表扬和批评起着疏导作用,不可偏废。但表扬是正向引导因素,起积极作用;批评是负向抑制因素,易引起逆反心理。因此,从量上讲,表扬要多于批评;从质上讲,表扬和批评都要准确、公道、恰当。

(4) 关心下属和解决下属实际问题相结合的原则。主动关心组织成员切身的物质利益和其他方面利益的实现和发展,解决下属物质、文化生活需要同现实矛盾引起情绪波动产生的思想问题。

(5) 身教同言教相结合的原则。上梁不正下梁歪,作为管理者如果律己不严,则难以律人,说话就没有分量,各种思想教育方法的运用就缺乏基础。

1.3 管理者的基本内容

1.3.1 管理者的概念及其分类

管理者是管理行为过程的主体。管理者一般由拥有相应的权力和责任,具有一定管理能力从事现实管理活动的人和人群组成,是组织中的核心人物,他们负责协调、指导、决策和监督组织的运营。

1) 组织中的成员

组织中的成员根据其在组织中的地位和作用不同分为两类。

(1) 操作者:直接从事某项工作,不具有监督他人工作的职责。

(2) 管理者:指挥别人活动并为其工作好坏负责任的人,在组织中有一定的职权,很多时候也会从事一些具体业务工作。

在组织中区分管理者和操作者并不难,因为管理者一般都有某种头衔。

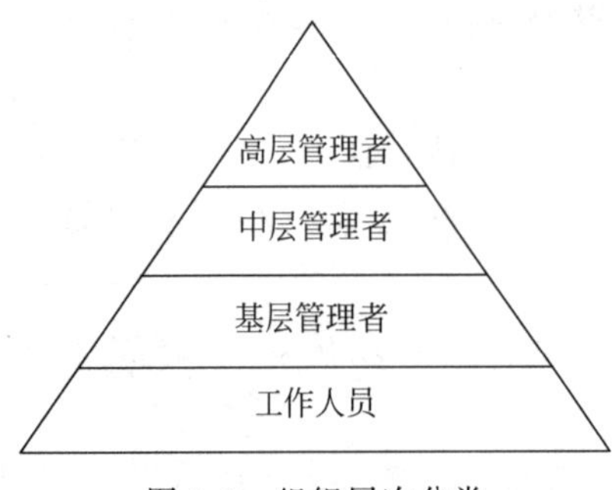

图 1.1 组织层次分类

2) 管理者的分类

(1) 根据管理者所处的地位与层次不同可将其分为以下几类,如图 1.1 所示。

高层管理者:指企业中最高级的管理人员,包括董事长、总裁、执行官等。他们主要负责制定企业的长期战略和发展方向,并对整个企业进行全面的规划和决策。

中层管理者:指企业中处于高层和基层之间的管理人员,包括部门经理、项目经理等。他们的主要职责是贯彻执行高层管理人员所制定的重大决策,协调各部门之间的工作,并向高层汇报工作情况。

基层管理者:指企业中最底层的管理人员,包括班组长、监督员等。他们的主要职责是给下属作业人员分派具体工作任务,直接指挥和监督现场作业活动,保证各项任务的有效完成。

不同管理人员在行使管理基本职能时的侧重点不同。高层管理者同基层管理者在执行管理职能上的区别:一般而言,高层管理者花在组织和控制工作上的时间比基层管理者多,而基层管理者花在领导工作上的时间比高层管理者多。

决策按其重要程度可以划分为战略决策、管理决策和业务决策，因这三种决策对企业的重要程度不同，各级管理层应有所侧重。高层管理者应侧重于战略决策，抓影响全局的大政方针；中层管理者应侧重于管理决策，抓实现企业管理总目标的战术决策；基层管理者则应侧重于抓日常业务决策。

(2) 根据管理者在组织中所起的作用不同可将其分为以下几类。

项目管理者：指负责组织项目管理工作的管理者，如项目经理、项目主管等。他们的职责包括项目计划、项目执行、项目控制等。项目管理者需要具有良好的项目管理知识和项目管理经验，能够有效地组织和管理项目，保证项目的顺利完成。

财务管理者：指负责组织财务管理工作的管理者，如财务部门的主管、财务经理等。他们的职责包括制定预算、分析财务报表、资金管理及风险控制等。财务管理者需要具有良好的财务知识和分析能力，能够有效地管理组织的财务，保证组织的财务稳健。

人事管理者：指负责组织人力资源管理工作的管理者，如人力资源部门的主管、人事经理等。他们的职责主要包括员工招聘、选拔、培训、使用、评估、奖惩等管理。人事管理者需要具有良好的沟通能力和协调能力，保证组织所需的各类人员和组织中人力资源的合理使用。

行政管理者：指负责组织内部行政工作的管理者，如行政部门的主管、行政经理等。他们的职责主要包括薪酬管理、绩效评估等。行政管理者需要具有良好的组织能力，能够有效地处理各种行政事务，保证组织的正常运转。

其他管理者：除了上述几类管理者外，不同的组织中还有其他各种管理者，均归入此类，如技术管理者、公共关系管理者、信息管理者等。

1.3.2 管理者的角色划分

管理学大师亨利·明茨伯格(Henry Mintzberg)通过对5位总经理的工作的仔细观察与研究，发现无论哪种类型以及组织和在组织的哪个层次上，管理者都扮演着10种不同但却高度相关的角色。这10种角色可以组合成三个方面：人际关系、信息传递和决策制定，如表1.1所示。

表1.1 明茨伯格的管理者角色理论

角色		描述	活动特征
人际关系方面	挂名首脑	象征性领导，必须履行许多法律性或社会性义务	接待来访者，签署文件
	领导者	激励、配置、培训人员	从事下级参与的活动
	联络者	与上级和外部联系，发展组织关系资源	发感谢信，从事有其他外部人员参与的活动
信息传递方面	监听者	寻求和获取信息，了解组织与环境	阅读期刊和报告，保持私人接触
	传播者	将获取的信息传递给组织成员	传递信息
	发言人	向外发布关于组织的计划、政策、行动结果等信息	向媒体发布信息

续表

角色		描述	活动特征
决策制定方面	企业家	寻求组织和环境中的机会,制定改进方案,监督某些方案的实施	制定战略,监察决议执行情况,开发项目
	混乱驾驭	当组织面临重大的、意外的动乱时,负责采取补救措施	处理混乱和危机
	资源分配者	分配组织所有资源	调度、授权、预算,安排下级工作
	谈判者	在主要谈判中作为组织代表	参与工会进行的谈判

研究表明,管理者角色的重要性受以下因素的影响。

(1) 组织规模。在小企业中重要的是发言人,而在大企业中是资源分配者。

(2) 管理层次。对于基层管理者,领导者角色比较重要;而对于高层管理者,传播者、挂名首脑、谈判者、联络者和发言人角色比较重要。

1.3.3 管理者的技能分类

根据罗伯特·卡茨(Robert L. Katz)的研究,管理者要具备技术技能、人际技能和概念技能三类技能。

1. 技术技能

技术技能是指从事自身管理范围的工作所需要的基本技术和具体方法。例如,高校教师必须熟练掌握本专业的教学内容与教学方法;企业的部门主任要熟悉各种设备的性能、使用方法、操作程序,各种材料的用途、加工工序,各种成品或半成品的指标要求等。技术技能对基层管理者来说尤为重要,因为他们大部分时间都在指导、训练、帮助下属人员或回答下属人员的有关问题,因而必须熟悉下属人员所做的各种工作,具备技术技能,方能更好地指导下属工作,更好地培养下属,成为受下级成员尊重的有效管理者。

2. 人际技能

人际技能是指把握与处理人际关系的有效技能,即理解、动员、激励他人并与他人共事的能力。"世事洞明皆学问,人情练达即文章。"要成为一个好的管理者,离不开良好的人际关系,包括同上级、下属、同行、他人的关系等,即在管理活动中调节人际关系的艺术,其中主要是协调同上级的关系,协调同级关系和协调与下属的关系,还包括其他方面的工作关系。

加强与上级的信息沟通和反馈,尽可能了解事情的真相,以免出现判断失误。正确认识自己的角色地位,奋争而不添乱。政策导向和领导决策如有不当或者严重失误之处,也要坚持原则,提出合理的建设性意见;公正、民主、平等、信任地处理与下级的关系,下级是管理者行使权力的主要对象,要讲究对下级的平衡艺术、引力艺术和弹性控制艺术;增进与同级的感情、竞争与合作共存,也是整个团队积极向上、健康发展的重要因素。

管理者良好的沟通技能是其优秀人际技能的前提条件。

3. 概念技能

概念技能也称认知技能,是指综观全局、把握关键、认真思考、扎实谋事的能力,也就是洞察组织与环境及其直接相互影响以及复杂性的能力。具体包括：确定和协调各方面关系的能力，权衡不同方案优劣和内在风险的能力。

必须强调，创新是认知技能的集中体现。在社会化大生产不断发展，知识经济已见端倪的今天，管理者能否创造新的适应环境的管理模式、方式、体制、机制，是衡量其认知技能高低的重要标志。创新是现代管理者素质的核心，包括管理者创新意识、创新精神、创新思维和创新能力。管理者要有创新理念，真正认识到创新对组织生存与发展的决定性意义，善于通过科学的创新思维来完成创新构想，并在管理实践中坚持创新；要有创新精神，在工作过程中敢于创新，勇于突破常规，求新求实；要有创新能力，在管理实践中，把创新理念和创新精神变成现实。创新能力是由相关的知识、经验、技能与创造性思维综合形成的，是现代管理者最重要的素质。

对于不同层次的管理者而言，三种技能的重要性是不同的。一般地，对于高层管理者来说，最重要的是概念技能；对于基层管理者来说，最重要的是技术技能；人际技能对于各个层次的管理者来说都是重要的。

1.3.4　提高管理能力的方法

每一个管理者都可以说是企业的支柱，管理者能力的高低直接影响到企业的前程。为了个人的发展、企业的前程，作为一名管理者，必须与时俱进地提高自身管理能力。

管理者如何才能有效提高自身的管理能力呢？主要有以下六种方法：

(1) 管理能力的提高，关键在于加强学习。作为管理者必须增强与时俱进的学习意识，把学习摆在重要地位，学习是提高管理者知识水平、理论素养的途径。只有不断地学习和更新知识，不断地提高自身素质，才能适应工作的需要。从实践中学习，从书本上学习，从自己和他人的经验教训中学习，把学习当作一种责任、一种素质、一种觉悟、一种修养，当作提高自身管理能力的现实需要和时代要求。做到学以致用，把学到的理论知识充分运用到工作中，提高分析问题和解决问题的能力，增强工作的预见性和创造性。

(2) 管理能力的提高，要树立创新观念。创新是现代管理的重要功能之一，管理创新与科技创新不同，它不是个人行为，而是一种组织行为，即是一种有组织的创新活动。因此，促进创新的最好方法是大张旗鼓地宣传创新、激发创新，树立创新观念，使每一位组织成员都奋发向上、努力进取、跃跃欲试、大胆尝试。特别是要使每一位管理者认识到管理不仅仅是用既定的方式重复那些已经重复了许多次的操作，更重要的是要不断去探索新方法，找出新程序，不断提高管理质量。

(3) 管理能力的提高，要有良好的执行力。执行力是管理者具备的最基本条件，一个出色的管理者应该是一个好舵手，遭遇风浪时，临危不惧，身先士卒。对于管理者而言，除了集思广益、博采众长，还应不断锻炼对整个管理过程进行规划发展、远景展望的能力，不能停留在表面的工作点上，工作中必须有计划、有总结，这样才能保证执行的效果，执行过程中绝不能随遇而安，想如何就如何，这样只会影响管理质量。

(4) 管理能力的提高，要培养勤思考的习惯。“不谋万事者，不足谋一时；不谋全局者，不足谋一城。”这就要求管理者必须提高思考能力，以宽广的眼界去思考、去观察，要善于从全局上观察和处理问题，从事物的不断变化中掌握事物发展的内在规律，提高看问题的敏锐性，提高协调和处理各种矛盾的能力。遇到问题时，不要简单地急于处理，要勤于思考，对问题进行分析,把握好“度”,以最佳的方法去进行处理。

(5) 管理能力的提高,要有良好的协调和沟通能力。企业内部各部门和基层单位处于相互作用、相互依存状态,这就需要管理者在工作中注意协调好部门之间、基层之间、部门与基层之间的相互作用,还要注意与上级、同行之间的协调和沟通。管理工作的每个步骤都依赖于组织成员良好的沟通,成员良好沟通又依赖于领导者的管理能力,因此,良好的沟通成了实现组织行为过程中重要的成功要素。

(6) 管理能力的提高,要具备有效的人际沟通能力。沟通是现代管理的一种有效工具,有效的沟通可以大大提高不同层次管理者的管理能力,用好了会使管理工作水到渠成,挥洒自如。沟通更是一种技能,是“情商”高低的具体体现,这种“情商”是比某些知识能力更为重要的能力。不断提高管理者的“沟通”水平,就能帮助一个企业以及企业中层次不同的管理者切实提高自身的管理能力。

1.4 管理学的基本内容

1.4.1 管理科学的发展

管理现象随着人类共同劳动而出现,已有几千年的悠久历史。但是人们对于管理有意识的系统研究只有上百年的历史。将管理知识体系作为一个独立的领域进行研究与发展,经历了若干明显的发展阶段。本节选择其主要派别就其主要典型人物所代表的管理思想和理论分成三个阶段——传统管理阶段(早期的组织理论)、行为管理与管理科学阶段(近代管理学派)、现代系统管理阶段进行讨论。

1. 传统管理阶段

工业革命和生产规模的扩大是推动管理知识体系产生与发展的重要物质条件与历史背景。工业革命推动了企业使用机器体系和扩大生产规模,它要求为其研究和发展新的工业组织形式与管理方法,这就是19世纪后半叶在先进工业国家中出现的基本情况。传统管理思想与理论的代表人物主要是泰勒(1856—1915年)和法约尔,他们对管理理论的主要贡献是科学管理与早期行政管理理论,当代管理的很多方法也有意无意地受到传统理论概念的影响和引导。

泰勒认为工作可以被科学地加以分析和设计,给操作者提供指导,这是管理者的职责。泰勒的思想是他在钢铁厂工作时根据其实际工作经验产生和形成的。他的基本思想是要使管理成为一门科学,而不是凭借于个人的经验。他把管理的职能概括为四点:

(1) 给每个工人的工作设定科学的方法而不是老一套的经验工作法;

(2) 要通过科学地选择工人,加以训练,以提高其能力,不能像过去那样任凭自己按经验进行任意操作;

(3) 要与工人进行很好的合作,保证所有的工作均按照科学的原理进行;

(4) 在工人与管理者之间规定各自明确的责任。

泰勒的科学管理对此后数十年的管理实践产生了重大影响,即使从今天来看,他的基本思想与原理仍是构成管理思想的重要组成部分,特别是在工厂和工业部门。例如,其思想、理论和方法于20世纪40年代传入我国,在我国的一些工业中获得推广与应用,首先用于机械行业与纺织业。应用较多的是其标准化、动作与时间研究、计件工资制等方法。在20世纪50年代初我国大量推广的合理化操作运动、工时定额制定法，均含有泰勒的科学管理的思想与方法。

法约尔是早期管理理论的代表人物之一，他是法国的一名实业家。他的管理理论主要体现在1916年出版的著作《工业管理》中，他定义管理为五个主要要素：计划、组织、指挥、协调和控制。这五个要素成为管理功能(基本过程)的基础，在此基础上，提出了14条管理原则：分工原则；责权原则；纪律；命令的统一；管理的统一；个人利益服从于共同目标；按劳付酬原则；集中原则；层次原则；有序原则；平等原则；专职人员稳定原则；主动性；企业精神。

2. 近代管理学派

经过第二次世界大战以来管理思想、理论和方法的发展，近代管理学派可分为管理过程学派、数量学派和行为科学学派。

1) 管理过程学派

其主要特征是按照管理的各项功能，诸如计划、组织、指挥、协调、控制来定义管理，进行理论与方法的研究、发展与应用。

2) 数量学派

数量学派，也称为管理科学学派或运筹学派。该学派的学者把管理视为运用数量方法和工具，辅助管理者解决同行业与生产有关的决策的一个知识体系。运筹学是在第二次世界大战中发展起来的一个数学分支，它对有效运用军事资源进行作战规划和决策起到了十分重要的作用。第二次世界大战后，运筹学被用于解决经济和管理问题，并取名为管理科学。

数量学派以工程方法为基础，广泛采用和依靠各种数学模型与数学工具，提出了优化(最大化)与次优化的概念。

3) 行为科学学派

行为科学学派的特点是把决策者视为“管理人”，而不是“经济人”，把人视为提高效率的关键，较之科学管理学派的“经济人”的观点有了很大进步。

3. 现代系统管理阶段

早期的一些管理学派处理问题的方法往往是只见局部，不见整体。例如，科学管理学派只注意完成工作任务的效率与经济制度，早期的管理过程学派只注重管理的职能，人际关系学派只注意人与人之间的关系。随着系统论的出现及其对各学科发展的渗透和影响，以及管理实践的进展，人们把组织视为一个由相关的许多因素组成的复杂系统。按照系统论的观点，管理人员在解决问题时应把所有有关的组织因素全部考虑在内，在大系统的范围内来观察、分析和解决管理中出现的问题，即采用系统的思维方法，而不是片面、孤立地观察和解决问题。

纵观管理理论与思想的发展，可以看出，管理学已经构成了一个由众多学科的科学家、工程师与实际工作者参与研究和发展的新兴科学。

管理理论已经成为从最早的基层效率的研究发展到对整个组织、社会的系统管理的完备的思想理论体系。

管理理论与实践的发展过程不断受到社会变革与思想进化运动的强烈影响，这种变革和进化还将进一步推动管理理论与思想的发展。

管理理论与方法的发展表明，复杂的管理现象和庞大的组织系统不可能依赖单一或少数学科、简单的原则与方法达到有效的管理。现代的管理必须借助于完整的管理科学知识体系和以马克思主义辩证法为基础的方法论体系。

4. 中国古代的管理思想

管理是一种文化现象，无论何种层次、何种规模的管理活动都离不开特定的历史条件和民族文化背景，管理思想也深深地镌刻着民族文化的印迹。中国是四大文明古国之一，中国古代有许多成功的管理经验，也形成了丰富的、具有特色的管理思想。

中国古代的管理思想及理论框架在先秦至汉代这一时期已基本确立。主要包括：以"仁"为核心的儒家管理思想；以"无为"为最高原则的道家管理思想；以"法治"为基础的法家管理思想以及商家的经营管理思想。

古为今用是我国管理现代化所面临的课题。中国古代虽然没有专门的管理学著作，但古代思想家们在论述人生观、社会观、兵法等问题时都涉及管理学的重要原则，这些都已成为现代管理学的重要渊源。

1.4.2 管理学的定义及特点

管理学是一门研究管理规律、探讨管理方法、建构管理模式、取得最大管理效益的学科。作为一门综合性的交叉学科，它具有一般性、综合性、实践性、社会性、历史性的特点。

(1) 一般性。管理学是从一般原理、一般情况的角度对管理活动和管理规律进行研究，不涉及管理分支学科的业务和方法的研究，无论是"宏观原理"还是"微观原理"，都需要管理学的原理作为基础来加以学习和研究。

(2) 综合性。从管理学科与其他学科的相关性上看，它与经济学、社会学、心理学、数学、计算机科学等都有密切关系，是一门非常综合的学科。

(3) 实践性。管理学所提供的理论与方法都是实践经验的总结与提炼，同时管理的理论与方法又必须为实践服务，才能显示出管理理论与方法的强大生命力。

(4) 社会性。构成管理过程主要因素的管理主体与管理客体都是社会最有生命力的人，这就决定了管理的社会性；同时管理在很大程度上带有生产关系的特征，因此没有超阶级的管理学，这也体现了管理的社会性。

(5) 历史性。管理学是对前人的管理实践、管理思想和管理理论的总结、扬弃和发展，割断历史，不了解前人对管理经验的理论总结和管理历史，就难以很好地理解、把握和运用管理学。

而对于现代管理学来说，又有着其独特的特点，通过了解这些特点，将更有助于学好管理学。

(1) 强调系统化，要整体考虑。在现代管理学中，组织是个系统，是一个更大系统的子系统，要从整体角度来认识问题，防止片面性，单一看问题会使决策变异，如财务要求报销都要有发票和签字，而销售有时无法提供发票或无法满足签字要求，这就需要平衡，考虑双方的利益。

(2) 重视人的因素,考虑社会性。在现代管理学中,要研究和探索人的需要,在一定的条件下尽量去满足人们的需要,以保证组织中全体成员齐心协力地为组织自觉地作贡献。比如很多外企及大型企业,例如华为等公司,人员出差住宿是以星级为标准的,而民营企业一般都是以200～300元为标准,餐费和交通费以发票为准,额度也是有规定的,相对外企要死板得多。重视人的因素才能充分调动积极性,有时绩效考核并不能考核出经理人的努力程度。

(3) 广泛应用先进的管理方法和理论。在现代管理学中,各级主管一定要利用现代化的科学技术方法,促进管理水平的提高。现在的很多企业高管可以说流利的外语、有清晰的思路、睿智而且灵敏同时善于学习,先进的东西马上引入,但是企业经常无法良好运行。这充分说明了管理确实很复杂,先进的、成型的东西并不一定适合自己的企业,实事求是地了解企业然后再选择适用的制度才是正途。

(4) 加强信息工作。在现代管理学中,主管人员要利用现代技术建立管理信息系统,有效、及时、准确地传递和使用信息,促进管理现代化。建立网站可以宣传自己,建立内部管理平台可以提高公司凝聚力,降低营运成本。

(5) 把效率和效果结合起来分析。在现代管理学中,用别人的钱做别人的事是只讲效果不讲效率,用自己的钱做自己的事是既讲效果又讲效率,用自己的钱做别人的事是既不讲效果也不讲效率。效果是建立在效率的基础上的,区别在于选择了对的方向还是错的方向,再高的效率,方向不对也不会有任何效果。

(6) 重视理论联系实际。把新技术新思想有选择地运用到管理实践过程中,如将质量管理、目标管理、价值分析、项目管理的新成果运用到实际中,并在此基础上不断发展,形成新的方法和理论。

(7) 强调预见能力。有规划才能控制,才能长远发展,对企业、对个人都是这样。大部分日本跨国公司会计划100年的远景,日本人这方面确实走在前面,以及他们的工作精神,这些都是日本经济能够快速发展的根本原因,很值得我们学习。

(8) 强调不断创新。在现代管理学中,要在保持惯性的前提下进行创新,要先讲持续然后创新。最怕的是换个领导班子就换个管理方法,这样不利于企业发展。如何把喊了多年的口号落实下去是关键,但是要避免一换全换,不然员工都适应不了,风险太大,要讲究可持续发展。

1.4.3　学好管理学的建议

管理学涉及许多方面,如领导力、决策制定、团队建设、沟通、创新等。学好管理学需要掌握一定的理论知识,同时还要注重实践和经验的积累。

(1) 建立扎实的理论基础。要想学好管理学,首先要建立扎实的理论基础,了解管理学的基本概念和理论。这些概念和理论包括计划、组织、领导、控制等管理职能,以及组织行为学、人力资源管理、战略管理、管理沟通等学科知识。通过对这些概念和理论的深入理解,可以更好地理解管理学的本质和内涵。此外,还要及时关注管理学领域的最新研究成果和发展动态,以便及时更新自己的知识体系。

(2) 注重实践和案例分析。管理学是一门实践性很强的学科,在学习过程中要注重实践和案例分析。通过分析具体的管理问题和案例,可以帮助我们更好地理解和运用管理学的理论知识。

(3) 培养跨学科的知识结构。管理学是一门涉及多个学科领域的交叉学科,要想学好管理学,还需要培养跨学科的知识结构,了解不同行业和领域的背景知识。这样,在解决实际管理问题时,我们才能更加全面地分析和把握问题的本质,提出有效的解决方案。

(4) 提高沟通和人际交往能力。管理学强调团队合作和有效沟通,要想学好管理学,还需要提高自己的沟通和人际交往能力。这包括学会倾听、表达、说服等沟通技巧,以及学会处理人际关系、协调团队冲突等人际交往技巧。我们可以通过参加一些沟通和人际交往方面的培训课程或活动来提高自己的能力。

(5) 培养创新和批判性思维能力。在当今快速变化的商业环境中,创新和批判性思维能力对于管理者来说至关重要。因此,要想学好管理学,还需要培养自己的创新和批判性思维能力。这包括学会发现问题、提出新的观点和解决方案,以及学会对现有的知识和观点进行批判性思考。我们可以通过阅读一些关于创新和批判性思维的书籍和文章,以及参加一些相关的培训课程或活动来提高自己的能力。

(6) 培养自我管理和自我提升能力。作为管理者,自我管理和自我提升能力是非常重要的。要想学好管理学,需要不断地反思自己的行为和思维方式,以便发现自己的不足之处并加以改进。此外,还需要培养自己的学习能力和适应能力,以便在不断变化的环境中保持竞争力。我们可以通过制订个人发展计划、设定目标和挑战自己等方式来培养自己的自我管理和自我提升能力。

(7) 注重道德和伦理素养的培养。管理学不仅关注组织和个人的效率与效益,还关注道德和伦理问题。因此,要想学好管理学,还需要注重道德和伦理素养的培养。这包括了解和遵循职业道德规范,以及在实际工作中坚持公平、公正、诚信等原则。我们可以通过阅读一些关于道德和伦理的书籍和文章,以及参加一些相关的培训课程或活动来提高自己的道德和伦理素养。

(8) 保持良好的学习态度。管理学是一个不断发展的领域,要想在这个领域取得成功,就需要保持学习和进步的态度。这意味着我们需要不断地更新自己的知识体系,关注行业动态和发展趋势,以及勇于尝试新的方法和理念。只有这样,才能在激烈的竞争中脱颖而出,成为一名优秀的管理者。

(9) 培养领导能力和解决问题的能力。学习管理学,还需要培养领导能力和解决问题的能力。领导能力包括沟通协调、团队建设、战略规划等方面,解决问题的能力则包括分析问题、解决问题、创新等方面的能力。通过培养领导能力和解决问题的能力,我们可以更好地应用管理学知识,为组织的发展作出更大的贡献。

第2章 测绘管理基本知识

2.1 测绘管理基本内容

2.1.1 测绘管理概述

测绘管理泛指测绘行业管理和测绘生产单位管理，从管理学的角度讲，测绘管理是指测绘管理者运用科学的、艺术的方法，为有效地实现测绘组织的目标而对组织的资源进行计划、组织、领导和控制的过程。其研究对象，就是按照测绘行业和测绘企业的客观规律，研究测绘生产力的各级组织，不断协调和完善生产关系，适时调整上层建筑，以促进测绘生产力的发展。具体如下。

（1）在生产力方面，主要研究生产力的合理组织，即按照国家计划、社会需求和测绘单位的生产技术特点，合理地组织产品的生产过程，按质、按量、按期、低消耗地出产产品；包括测绘生产力的布局和配置，测绘生产结构与产品结构，工作地的布置与组织，产品技术标准、工艺规程、操作方法及劳动定额、物资消耗定额的制定，测绘生产的计划管理、质量管理、生产管理、设备管理、物资管理等。

（2）在生产关系方面，主要研究如何正确处理测绘行业与测绘企业内部人与人之间的关系和分配关系，以调动职工的积极性和创造性；包括领导与群众之间、作业员与技术人员之间、作业员之间、管理人员之间的关系；职能部门与生产部门之间、职能部门之间、中队（分队）之间的经济分配关系；测绘企业与国家之间、测绘企业之间的关系；以及建立和完善管理体制、组织结构、经济责任制、经济核算制、工资与奖励制度等。

（3）在上层建筑方面，主要贯彻执行国家的方针、政策、法令、计划，提高测绘企业对外部环境的适应能力。

对测绘企业而言，测绘管理的任务就是从测绘行业和测绘单位的角度出发来研究测绘生产经营活动的原理、方法、内容和规律性。即通过协调生产关系，使生产力三要素（劳动力、劳动工具、劳动对象）在一定条件下实行最佳结合；合理组织测绘生产和改善经营管理，使测绘单位的人、物、财得到有效且充分的利用，以较少的投入获取最大的经济效益。

2.1.2 测绘行业管理

1. 测绘行业管理的概念

测绘行业是从事测绘管理工作和生产技术的单位、企业及人员的总称。测绘行业管理是指在社会主义市场经济条件下，管理者按照经济的同一性原则，对测绘经济活动进行的一种专业化分类管理。

我国测绘行业有自己的特点，即行业管理统一而人员比较分散。中华人民共和国成立以来，在党和政府的关怀和领导下，测绘事业由小到大、由弱到强，获得了迅速发展，现在已建立起包括大地测量、测绘航空摄影、摄影测量与遥感、地理信息系统工程、工程测量、海洋测绘、界线与不动产测绘、地图编制、导航电子地图制作、互联网地图服务在内的门类比较齐全的现代测绘行业，并设有专门的测绘科学研究机构和大中专测绘院校。其中具有测绘工程本科专业的普通高校共160所。根据《中国地理信息产业发展报告2024》显示，截至2023年末，我国地理信息产业从业单位数量约22.3万家，产业从业人员超过407.3万人，地理信息产业总产值达8111亿元。

2. 测绘行业管理的特征

测绘行业管理的定义中强调了测绘行业管理的以下六个特征。

(1) 测绘行业管理以行业利益的客观存在为前提。维护和发展测绘行业利益是同行业生产者自发要求进行行业管理的直接且基本的原因。在市场经济条件下，各行业利益相对独立存在，所以协调行业利益和国民经济整体利益才会有必要。测绘行业利益的客观存在是由于测绘企事业单位存在着自己相对独立的经济利益，各企事业单位之间存在着利益差别。

(2) 测绘行业管理以测绘行业的客观存在为基础。测绘行业自身并不是一级组织，而是由多个组织组成的集合体。任何独立的生产经营单位无论是企业单位还是事业单位，无论其经济类型如何，无论其行政隶属关系怎样，只要是从事同类的测绘经济活动，都属于测绘行业管理的对象。

(3) 测绘行业管理是一种专业化性质的经济管理。它的任务主要是对同一劳动领域内不同经济实体之间相互协作关系进行统一计划、组织、指导、监督、协调，解决同类独立生产经营单位所面临的共同问题，通过为测绘企事业单位提供各种服务等方式来促进行业经济的发展。

(4) 测绘行业管理的基本性质属于国家宏观经济管理的范畴。它是介于国民经济管理与企事业单位管理之间的一个中间管理层次，其具体管理方式是行政性行业管理方式和中介性行业管理方式相结合。因此，测绘行业管理主要运用宏观调控进行间接管理，即主要运用经济、法律和必要的行政手段进行管理。

(5) 测绘行业管理既是市场经济的产物，是社会分工与商品竞争的必然结果，又是由科学技术进步和生产力高度发展所决定的。随着科学技术的迅猛发展，当前人类正处于一个以微电子技术应用为中心的新技术革命时代，测绘行业也随着“3S”技术及高速数据通信技术的快速发展，由传统的测绘产业向现代地理信息产业过渡和发展。科学技术的进步使通用型技术逐步减少，技术开发应用的专业化程度越来越高，并由此产生了一批新兴行业。同时，科学技术的高速发展也必将带来专业化社会分工的快速进行，以使企事业单位生产管理社会化程度日益提高，这样就使得每个行业的技术经济特点更为突出，在技术、生产、管理等方面的专业性越来越强，专业化协作对于社会再生产就显得更为重要。因此，行业管理不仅是行业内部的需要，而且也成为整个社会的需要。

(6) 测绘行业管理不仅具有集中性，而且具有分散性。测绘行业管理的分散性是由测绘生产力和生产关系两方面因素决定的。具体表现为：①专业化协作的不可分割性决定了测绘行业层次结构的分散性。这是因为形成测绘行业的途径具有多样性，纵向上涉及航空、航天、摄影、测绘、印刷、出版等行业，横向上又可拓展到电子计算机、光学精密机械、地理信息等行业。行业划分标准的多元性，专业化与联合化两种组织形式的交错发展，使测绘单位实行"一业为主，多种经营"的经营战略，导致一个测绘单位按其经营项目的不同可同属几个行业。这种各行业间的相互渗透和交叉形成了同一专业分散于不同行业或不同企事业单位的层次结构。②多种经济类型和多种经营方式的长期存在决定了同行业测绘企事业单位隶属关系的分散性。它们在经济行政和技术上受各部门、各地方的直接控制，行政隶属关系上的分散性又导致行业管理对象的分散性。因此，这种隶属关系上的分散性，实际上反映了在企事业单位属于不同类型所有者的条件下，行业主管部门不具备部门管理体制那样的直接统管全行业企事业单位的基础，而必须从我国多层次的技术结构和"大而全"、"小而全"的单位组织结构的实际出发，走具有中国特色的行业管理道路。

2.1.3　测绘生产单位管理

测绘生产单位管理是指在测绘生产单位内，科学正确地应用测绘管理的原理和原则，充分发挥测绘管理的职能，使测绘生产经营活动处于最佳水平，创造出最好的经济效益的一系列活动的总称。

1. 测绘生产单位管理的主要内容

测绘生产单位管理的主要内容如下：

(1) 确定测绘单位管理机构和建立管理的规章制度。主要包括设置管理机构的组织原理，确定组织形式，决定管理层次，设置职能部门，划分各机构的岗位及相应的职责、权限，配备管理人员，建立测绘单位的基本制度等。

(2) 测绘市场预测与经营决策。主要包括测绘市场分类、市场调查与市场预测、经营思想、经营目标、经营方针、经营策略以及经营决策技术等。

(3) 全面计划管理。主要包括招投标策略的制定，测绘长期计划的确定，年度生产经营计划的编制，原始记录、数据统计等基础工作的建立，以及滚动计划、目标管理和网格计划技术等现代管理方法的应用。

(4) 生产管理。主要包括测绘生产过程的组织、生产类型和生产结构的确定、生产能力的核定、质量标准的制定、生产任务的优化分配以及线性规划等。

(5) 技术管理。主要包括测绘工程，测绘产品的技术设计、工艺流程、新技术的开发和新产品开发、科学研究、技术革新、技术信息与技术档案工作以及生产技术(设计)等。

(6) 全面质量管理。主要包括全面质量管理意识的树立，PDCA 循环[①]，质量保证体系，产品质量计划，质量诊断、抽样检验以及全面质量管理的常用方法等。

(7) 仪器设备管理。主要包括仪器设备的日常管理，维修保养，仪器设备的利用、改造和更新，仪器设备的检验、维修计划的制订和执行等。

(8) 物资供应及产品销售管理。主要包括原材料、燃料、动力等消耗定额和储备定额的制定，物资供应计划的编制、执行和检查分析，物质的采购、运输、保管和发放，物资的合理使用、回收和综合利用，产品的销售工作等。

(9) 劳动人事与工资管理。主要包括劳动定额，人员编制，劳动组织，职工的招聘、调配、培训和考核，劳动保护，劳动竞赛，劳动计划的编制、执行和检查分析以及工资制度、工资形式、工资计划、奖励和津贴，职工生活福利等。

(10) 成本与财务管理。主要包括成本计划和财务计划的编制与执行，成本核算、控制与分析，固定资金、流动资金和专用基金的管理以及经济核算等。

(11) 技术经济分析。主要包括静态分析、动态分析和量本利分析方法，价值工程，工程项目的可行性研究等。

(12) 测绘新技术在测绘企业管理中的应用。主要包括测绘新技术的应用条件、范围和效果，及其有关的管理信息系统、数据处理系统、数据库、应用软件的收集、建立和制作等。

(13) 安全管理。主要包括安全培训、安全检查交底、安全台账的建立、项目危险源识别及树立安全意识等。

上述管理内容不仅适合于测绘企业单位，也适合于测绘事业单位。不过测绘企业单位更加重视市场研究和预测、经营活动和技术经济分析，同时也侧重于机构设置、指标考核、资金运用和现代管理方法的推广应用等。同测绘事业单位相比较，测绘企业单位按照现代企业制度运行，其经营自主权将进一步扩大，主要体现在下列方面：

(1) 扩大经营管理的自主权，即测绘企业单位具有在产、供、销计划管理上的权限。测绘企业由现在的执行指令性计划、指导性计划和市场调节计划，逐渐过渡到靠招投标的方法，到测绘市场上去招揽工程(测绘任务)和推销测绘产品。

(2) 扩大财务管理自主权，即测绘企业具有资金独立使用权。在资金实行有偿占用的情况下，测绘企业所需要的生产建设资金可以通过向银行贷款获得；有权使用折旧资金和大修理资金，支配利润留成资金；有权自筹资金扩大再生产，并从利润留成中建立生产发展基金、职工福利基金和奖励基金；多余固定资产可以出租、转让。

(3) 扩大劳动人事管理自主权。测绘企业按照国家规定招收新工人，有权根据考试成绩和生产技术专长择优录用；有权对原有职工根据考核成绩晋级提升，对严重违纪并屡教不改者给予处分，直至辞退、开除；有权根据需要实行不同的工资形式和奖励制度；有权决定组织机构设置及其人员编制。

凡是测绘企业单位，对国家授予其经营管理的财产享有占有、使用和依法处置的权力。根据其主管部门的决定，可采用承包、租赁等多种经营责任制形式。

2. 测绘生产单位组织设计原则

现代测绘企事业单位是一个有机的整体，它集中着成百近千的职工，分工从事各类测

---

① PDCA 循环是一种科学的管理方法，由四个阶段组成：计划(Plan)、执行(Do)、检查(Check)和行动(Act)。

绘生产和经营管理活动。为了使整个测绘生产经营活动能够协调有效地进行，必须设置管理机构，明确职责分工，配备适当人员，制定规章制度，使组织中的每个成员都明确自己的工作任务和职责，明确应向谁请示汇报，具有哪些处理问题的权力，等等。这些都属于测绘管理的组织职能。

组织设计是实施组织职能的主要环节，是测绘行业和测绘单位组织的建立过程和完善过程。组织设计包括高层决策组织系统、生产经营组织指挥系统、专业职能管理组织系统的设计。

组织设计，就是把测绘管理系统的五个组织要素（人员、职位、职责、关系和信息）从单位的整体上加以综合考虑，达到生产经营组织的合理化，并使该组织在实施既定目标中获得最大的效率。根据管理学者提出的各种组织设计原理，测绘生产单位的组织设计应遵循以下基本原则。

1）统一领导、分级管理原则

统一领导、分级管理，它体现了集权与分权相结合的组织形式。就测绘单位来说，其实只是确立经营管理组织的纵向分工，设立合理的垂直领导机构。所谓统一领导，是指测绘单位的生产行政管理的主要权力要集中在最高管理层，下级服从上级的统一指挥，实行一个领导者的领导。所谓分级管理，是指在统一领导的前提下，根据单位的具体情况把管理机构合理地划分为若干级，并相应地赋予一定的职责和权力，对本职范围内的工作进行管理。要使测绘单位管理机构实行有效的管理，必须有统一的领导和指挥；同时，由于现代测绘单位都具有一定的生产规模，管理和技术业务比较复杂，又必须实行分级管理。

测绘单位实行高度集中统一的领导和指挥是由现代化大生产的特点决定的，它协调着整个测绘生产经营活动，保证千百人的统一意志和行动，使各工种、各工序按照统一的技术要求进行生产作业。作为生产单位，不仅要贯彻执行党和国家的路线、方针、政策以及上级主管机关的规定和指示，遵守法律和法规，坚持社会主义方向，按照国家指令性计划和市场需要组织生产；而且要合理地利用单位内部的人力、物力、财力，多快好省地发展生产，力争全面完成和超额完成计划。要做到这一点，就必须把主要的管理权力集中起来，对整个测绘生产、经营活动进行统一的组织和管理，使单位各部门都服从统一的意志，使全体职工的积极性和创造性统一到一个共同的目标上来。

测绘单位要实行高度集中统一的领导和指挥，就必须建立一个精干的、有权威的、强有力的生产经营指挥系统，即由院（队）长为首的生产行政组织，统一指挥日常的生产经营活动，统一部署各个时期的工作任务，统一调配单位内部的人力、物力和财力。

测绘单位的分级管理层次一般分为三级，即大队、中队、班组。按其层次执行的任务来分，也可分为高层管理、中层管理和基层管理。

高层管理是单位的最高经营决策层次。它的任务是战略决策、制定控制标准和方法，进行财务监督，决定干部的选用及调动等。中层管理是执行和监督层次，它的任务是把高层领导确定的目标和决策具体化，对下面执行层颁发指令并进行协调，包括制订业务计划、组织产品的生产和销售、组织科研项目及产品开发、实施内部经济核算等。基层管理是生产作业层次，它的主要任务是合理地组织生产，对生产人员进行鼓励，组织劳动竞赛，协调人的矛盾和生产联系中的矛盾，开展思想政治工作。现代测绘生产如同一台机器，是一个有机的整体，上下层之间的连接组成一个等级链（即层次），各层次的指挥体现了单位的纵向分工。要保证各层次的信息畅通和管理效率，应尽量减少管理层次。

在分级管理中,下级必须服从上级的命令和指挥,但下级只接受一个上级机构的命令和指挥,不能有多头指挥;各级管理层次实行逐级指挥和逐级负责,一般情况下不允许越级指挥,只有遇到特殊的情况,才由上一级亲自处理;要赋予各级行政组织及其相应的职能机构以必要的职责和权限,使它们能够根据各自的具体情况,灵活地处理各种具体问题。

实行统一领导、分级管理的原则,既有利于上级管理人员摆脱日常事务,集中精力研究和解决更重要的管理业务,又有利于调动下级管理人员的积极性和主动性,及时处理常规业务。

2) 有效管理幅度原则

有效管理幅度是指一个行政主管人员所能直接且有效地领导下级的人数。如一名测绘院的领导能直接领导多少名队长、处长或科长,一名队长领导多少名科长、中队长或小队长,一名组长领导多少名作业人员等。所能直接领导的人越多,管理幅度就越大;反之,管理幅度就越小。一般情况下,有效管理幅度取决于下列因素。

(1) 管理层次的高低。高层管理人员以调研、决策、制定方案为主,基层管理人员以执行为主,所以,高层管理人员所能直接领导的人数一般应少于基层管理人员直接领导的人数。例如,院长直接领导的人数应少于班组长直接领导的人数。

(2) 处理业务的性质。处理业务复杂,管理幅度就小一些。例如,技术部门与总务部门虽在同一个层次,但总务部门处理的大都是日常事务,其管理幅度相对技术部门就可以宽一些;同样,仪器维修工作的班组长其管理幅度应比一般作业组长的管理幅度窄一些。

(3) 领导人员的工作能力。一个工作能力强的领导者,往往能领导较多的下级人员而不感到负担过重,其管理幅度可以适当放宽。

(4) 领导作风。一个善于走群众路线、注重民主政策、大胆授权给下属的领导者,比一个细致而又事必躬亲的领导人员的管理幅度大。

(5) 职工成熟程度。职工素质好、成熟度高,领导者的管理幅度就大;反之就小。此外,有效管理幅度还与管理活动中新问题的发生率、管理业务的标准化和自动化程度、管理机构中各部门在空间上的分散程度等因素有关。

一名领导者的有效管理幅度到底有多大,因涉及的因素很多,至今还没有一个公认的数学模型来定量地表示。法国管理学家格拉丘纳斯(V. A. Graicunas)在1933年就管辖人数所产生的人群关系数计算公式,被认为是一个较好的模型,其公式为

$$C = N(2^{N-1} + N - 1) \tag{2.1}$$

式中,C 为可能存在的人群关系数;N 为管理幅度。

式(2.1)的计算结果表明,随着管理幅度 N 的增加将引起人群关系的急剧上升。例如,当 $N=7$ 时,$C=490$;当 $N=8$ 时,$C=1080$。考虑到高层和基层管理的不同性质,格拉丘纳斯认为,高层管理者的有效管理幅度以3～6人为宜,基层管理者的有效管理幅度以7～11人为宜。但调查材料表明,实际的管理幅度比这个标准宽得多,它可以从1～20多人。所以,问题不在管理幅度的具体数字究竟有多大,而是要明确一个管理者要实行有效的领导。

在组织设计原则中，管理幅度与管理层次是直接相关的两个基本参数。在一个单位的人员、规模既定的条件下，管理幅度与管理层次成反比。管理幅度越小，管理层次就越多；反之，管理幅度加大，管理层次就可以减少。管理层次过多，就会影响管理的效率，造成上下信息渠道不畅，甚至传递失真，贻误工作。管理幅度过大，就会影响管理的效能。这里就有一个效能和效率的平衡问题。所谓管理效能，是指实现测绘单位生产经营目标的能力，也是指为实现生产经营目标而进行有效工作的程度；所谓管理效率，是指机构精练、办事迅速、信息畅通的程度。要提高管理的效能和效率，必须有计划地培训各级管理人员，提高他们的业务技术能力和管理能力。

3）按专业化设置机构原则

随着生产技术的发展，按照专业化原则来组织社会生产的要求越发强烈。专业化生产是现代测绘生产的必然趋势。一个有效的组织，要把生产经营活动中那些性质相同或相类似的工作、活动、职能归并在一起，实现部门、单位、班组专业化，使整个测绘生产经营活动能有组织地、协调地、高效率地进行。

测绘生产单位的专业化划分，可以按工艺过程、生产设备、产品类型进行。职能机构的专业化划分，要从各种管理业务的性质出发。管理职能的分化，是测绘生产技术发展的必然结果。测绘单位在按照业务性质设置专业职能机构时，必须仔细分析各种职能间的分工协作关系。一般来说，对于业务性质不同的管理职能应单独设立机构；而对于那些业务性质相同或相近的专业职能机构应加以合并；对某些涉及面广、与多方面管理职能有制约关系的职能机构，如质量管理、财务管理等应单独设立机构，防止削弱它的制约作用。

4）责权对等原则

职责与职权是管理组织理论中的两个基本概念。在管理组织的等级链上其每一环节都应该无一例外实行责权对等。

职责是指在职位（岗位）上必须履行的责任。职位是指组织机构中的位置，也就是组织体内纵向分工与横向分工的结合点。职位的工作内容就是职务。在组织体中职责是单位之间连接的环，有了这个环，组织的上下左右才能协调动作，完成总任务。把组织机构的全部职责连接起来，就构成组织的责任体系。职责在纵向要与工作程序结合，在横向要顾及人、事、物三者的关系。职责不明，组织体的结合就不牢固，甚至松垮、瘫痪。

职权是指在一定职位上，为完成其职务范围内的责任所赋予的指挥权和决策权。

职责和职权虽然不能精确地定量，但在任何职位上都必须协调它们，使之大体对等。职责与职权的适应叫作权限，即权力限制在责任的范围内。权力的授予受职务和职责的限制，这就是说，如果要求一个任职者履行其责任，就必须赋予他充分而必要的权力，使他能在其职权范围内履行其责任。同样，如果赋予一个任职者一定的权力，那就要求他对行使这个权力后所产生的结果承担责任。有权无责或权大责小，就会助长瞎指挥，以致滥用权力等官僚主义作风；反之，如果有责无权或责重权小，也就难以执行其职责，同时也会打消工作人员的积极性，而且，这种责任只不过是形式上的规定，而不是实际上的真正责任。

权力是由上级授予的。这就产生了受权者和授权者相互间的责任关系问题。责任与权力不同，它既来自上级对这个岗位所规定的职责要求，同时，又来自工作人员本身对自己岗位提出的应履行的责任要求，而这种工作人员本身的责任感往往是更重要的因素。一个领导人可以授权给下级，但不能把责任转嫁给下级。例如，一名测绘队长可以将安全工作授权给安全主管人员，但如果在外业工作中发生了重大伤亡事故，安全主管人员固然要承担相应的工作责任，但队长不能因此而推卸其对国家、对社会应负的行政甚至法律责任。把责、权、利联系起来，就能更妥善地处理好这方面的关系。

5）才职相称原则

明确了岗位的职权和职责，也就提出了担负这个岗位的人员相应必须具备的才能和素养。所谓管理者的素养，是指管理者必须具有的素质和修养，包括政治思想素养、文化专业素养、道德品质素养等。所谓才能，是指管理者必须具有的经营决策能力、不断探索和勇于创新的能力、知人善任的能力和良好的管理作风。概括起来说，就是德和才（包括智和能）两个方面。管理者的素养是管理作风的内涵，管理者的作风（包括思想作风、工作作风、生活作风）则是管理者素养的外在表现。每一个测绘单位都必须为各岗位配备或培训适当的人员，使他们的才能、素养与岗位要求相适应。

才职相称是保证管理效能的必要条件。每个岗位都要确保“因事设人”，即根据单位的生产经营目标和需要来确定管理机构和工作岗位，相应配备适当人员，而不应当“因人设事”。由于受现有人员条件的局限，要求完美无缺地做到才职相称是很困难的，但应力求做到基本相称。

2.2 测绘管理的基本原理

所谓管理的基本原理，是指对客观事物的实质及其运动规律的基本表述。掌握管理的基本原理，对做好任何一项管理工作都有普遍的指导意义。但是，真正做好工作还必须掌握与基本原理相应的若干管理原则。所谓管理原则，是反映客观事物的实质和运动规律而要求人们共同遵守的行动规范。现代管理原理是一个涉及多领域、多层次的重大理论问题，其基本原理主要包括系统原理、能级原理、整分合原理、闭环原理、开放原理、反馈原理、动力原理和弹性原理。

2.2.1 系统原理

所谓系统原理，是把管理的对象看作一个系统，进行系统分析，以达到最优化的管理。例如把测绘地理信息行业看成一个独立的总系统，省级测绘地理信息行政管理部门为分系统，每个测绘单位为子系统；也可以根据生产经营活动的功能，把测绘单位的总系统划分为经营决策、生产技术、人事教育、成本财务、后勤服务等子系统。

所谓系统，是由相互联系、相互依存、相互制约、相互作用的事物和过程组成的具有整体功能和综合行为的统一体。每个系统一般都具有以下特征：

（1）集合性。系统是由许多单元（要素）构成的集合体。这个集合体作为整体完成某种功能。例如：一个测绘单位可看成一个系统，它由计划、生产、销售、财务等若干单元组成。这些单元又可看成相互独立的子系统。

构成测绘单位系统的基本要素有：人（含人的知识和劳动技能）；物（含作业楼、仪器设备、办公设备和耗材等）；财：信息（含情报、指标、数据、图表、规章制度、决策等）；时间。

（2）相关性。系统内的各组成要素都是相互作用而又相互依存的。中间任何一个要素发生变化，其他要素也要作相应的改变与调整。整个系统的目标是通过各部分的功能及它们之间合理的、正确的协调而达到的。

（3）目的性。系统的各个部分均是为了完成某一任务或达到某一个目标而集合在一起的一个整体。

（4）环境适应性。这里所指的环境是指系统的外界联系。因为任何一个系统都必须置于具体的环境之中，取得资源，并与环境进行各种交换。系统所处的环境就是系统所从属的更高一级的系统，它是系统的约束条件。任何一个系统都必须适应环境的要求和变化。

如何运用系统原理来分析具体管理对象呢？一般来说要将管理对象看作一个系统，对以下方面进行分析。

（1）系统要素方面：分析系统是由什么组成的，它的要素是什么，可以分为怎样的一些子系统。

（2）系统结构方面：分析系统内部的组织结构如何，各要素相互作用的方式是什么。

（3）系统功能方面：弄清系统及其要素具有什么功能。

（4）系统集合方面：弄清维持、完善与发展系统的源泉和因素是什么。

（5）系统联系方面：研究这一系统与其他系统在纵横方面的联系。

（6）系统历史方面：研究系统如何产生，发展阶段及发展前景。

2.2.2　能级原理

所谓能级原理，就是将测绘地理信息管理系统根据不同层次的管理功能分成不同级别，然后赋予这些级别相应的管理者和管理内容，使它们各占其位，各行其是，各显其能。在物理学中，"能"是指做功的本领。在现代管理中，结构、方法和人都有能量，能量的大小标志着做功本领的大小，"级"是指按照能量大小进行分级。

实现能级原理的基本要点是：

（1）管理能级必须按层次具有稳定的组织形态，也就是呈上尖下宽的正立三角形。倒立的或菱形都是不稳定的组织形态。

（2）不同能级应有不同的责、权、利，使各级管理者做到在其位、谋其政、行其权、负其责、取其酬、获其荣、惩其误。

（3）各能级岗位必须才职相称，并且动态地实现其能级对应，以发挥最佳的管理效能。

对于测绘单位系统而言，其能级一般划分为3～4级较合适。对于组织形态的正三角形，其顶角要适度，过钝必然导致机构臃肿；过锐则管理人员太少，负荷太重。从国内外的经验来看，管理人员占全员的18%～20%比较合适。

那么怎样实现能级原则呢？

（1）管理能级必须具有分层的、稳定的组织形态。任何一个系统的结构都是分层次的，层次等级结构是物质普遍存在的方式，管理系统也不例外。管理层次不是随便划分的，各层次也不是可以随便组合的。稳定的管理结构应是上面具有尖锐锋芒、下面又有宽厚基础的正三角形。管理系统划分为若干层次，可以指导人们科学地分解目标。

（2）不同能级应该表现出不同的权力、物质利益和精神荣誉。权力、物质利益和精神荣誉是能量的一种外在体现，只有与能级相对应，才符合封闭原则。有效的管理不是消灭或拉平这种权力利益和荣誉上的差别；恰恰相反，必须对应不同能级给予相应的待遇。

(3) 各类能级必须动态地对应。人有各种不同的才能，管理岗位有不同的能级，只有相应的人才处于相应能级的岗位上，管理系统才能处于高效运转的稳定状态。

怎样才能实现管理能级的对应？各类管理人员首先必须树立正确的人才观念，认识到人才是决定国家科技水平和生产力高低的决定性因素。人才是财富，要珍惜、爱护和尊重人才，要善于发现、识别人才，要创造条件保证其在各个能级中不断地自由运动，通过各个能级的实践，施展、锻炼和检验其才能，使之各得其位。

总之，只有岗位能级合理有序，人才运动无序，才能实现合理的管理。

2.2.3 整分合原理

所谓整分合原理，就是围绕测绘地理信息管理系统的总目标，在整体规划的基础上，将其分解成若干基本要素，然后明确分工，各尽其责，并使各要素在分工的前提下充分合作，有效综合。实现的基本要点是：

(1) 整体观点。就是强调系统整体规划，它是整分合原理的前提。不充分了解整体及其运动规律，分工必然是盲目混乱的。

(2) 合理分工。分工是关键，没有分工的整体，就构不成现代有序的系统，使职责不清，必然是吃大锅饭，生产效率低下。在现代社会化大生产中，大致有四类分工：①按社会功能进行专业化分工；②按自然资源特点进行专业化区域分工；③按产品及其构成进行专业化生产分工；④按作业程序进行专业化作业分工。

(3) 综合协调。强调分工，但必须同时强调有力的组织管理，以保证系统要素的同步协调，综合平衡发展。

2.2.4 闭环原理

所谓闭环原理，是指在测绘地理信息管理系统内作为管理手段的机构、管理法和人，都应该构成一个连续闭环的回路，以形成有效的管理活动。

对于管理手段的机构来说，除指挥中心以外，应有执行机构、监督机构和反馈机构，这些机构互相联系、互相制约，构成一个闭环回路，这样才能使管理通顺、运转正常。执行机构必须准确无误地贯彻指挥中心的指令；监督机构保证指令的正确实施；反馈机构根据执行的结果，提出修正决策指令的方案。

对于管理手段的管理法来说，要有执行法、监督法和反馈法，形成一个封闭的法网。

不封闭的管理是一种低功能甚至无功能的管理，其结果必然是内耗丛生，问题成堆。要使管理封闭，关键是要对管理后果进行评估。封闭是相对的、动态的。

2.2.5 开放原理

所谓开放原理，是测绘地理信息管理系统必须与国家的大系统、相关系统不断进行交换，以保持动态平衡；使管理系统与大系统互相适应，与相关系统关系密切。

闭环原理是对管理系统内部来说的，而开放原理是对管理系统外部来说的。任何一个系统，都置身于更大系统的环境之中，它要与之不断地交换技术、资源、管理信息，并将测绘单位生产的产品输送到大系统中去。通过交换，提高测绘单位的应变能力，使系统充满生机和活力。

2.2.6　反馈原理

反馈原理就是根据测绘地理信息管理系统千变万化的客观实际，作出灵敏、准确、有力的信息反馈，以保证科学的、高效率的管理。其目的就是要求对客观变化作出应有的反应，以实现有效管理。过程是决策→执行→反馈→再决策→再执行→再反馈，无穷循环，管理才能不断提高和完善。

反馈是电子学名词，是控制论中一个极其重要的概念。反馈是指由控制系统把信息输送出去，又把其作用结果返送回来，以便对信息的再输出产生影响，从而起到控制的作用。在人体运动中，大脑通过信息输出指挥各部门的活动，同时，大脑又接收人体各部门与外界接触发回的反馈信息，不断调节发出新的指令。如果没有反馈信息不断输入大脑，人体运动就不能协调。同样，没有反馈，管理就没有效能。

在现代管理中，无论实施哪一种控制，为使系统达到既定目标，必须贯彻反馈原则，而且为了保持系统的有序性，必须使系统具有自我调节的能力。因为任何一种调整开始都并不完善，但只要有反馈结构，就可以在不断调节的过程中逐步趋于完善，直到处于优化状态。

2.2.7　动力原理

管理活动必须有强大的动力，离开动力，管理活动就无法进行。正确地运用动力，使管理持续而有效地进行下去，并达到管理组织整体功能和目标的优化，这就是管理的动力原理。

管理动力是管理的能源。正确运用管理动力可以激发人的劳动潜能和工作积极性。管理动力也是一种制约因素，它能够减少组织中各种资源的相互内耗，使各种资源有序运作。一般来说，在管理中有三种不同而又相互联系的动力。

(1) 物质动力。物质动力是指通过一定的物质手段，推动管理活动向特定方向运动的力量。对物质利益追求而激发出来的力量是支配人们活动的最初也是最后的原因。对管理中人的物质刺激，是开发人力资源促使其加速运行的最原始、最基本的手段。忽视物质激励，否认个体要素合理而正当的利益追求，搞绝对平均主义，是许多管理活动失败的主要原因。

(2) 精神动力。精神动力是在长期的管理活动中培育形成的，包括大多数人所认同和恪守的理想、奋斗目标、价值观念、道德规范、行为准则等对个体行为的推动和约束力量。精神动力不仅可以补偿物质动力的缺陷，而且在特定情况下可以成为决定性的动力。日常思想政治工作是精神动力的一个重要内容。我国传统的思想工作在几十年的社会主义建设和管理实践中已显示出了无穷的威力。

人的需求可以概括为物质需求和精神需求。作为管理者，要激发人们的利益动机，就必须把被管理者的工作绩效和物质奖励挂钩；要激发人们的精神动机，就必须把工作绩效和精神奖励挂钩。物质动力和精神动力是两种既相互联系、相互协同，又各有自身特点的力量。一方面，物质是基础，精神动力以物质动力为前提；另一方面，精神动力会对物质动力产生巨大的能动作用。它不仅能大大地制约物质动力的方向、速度和持续时间，而且一旦转化为个人的信念，就会对个体行为产生深远且持久的影响。

现在，精神动力作为推动管理活动趋向优化的重要力量，已被越来越多的人所认识。国内外的管理学者已经形成一种共识，是否懂得精神动力的重要作用和运用方法是决定管理工作成功与否的必要条件。

(3) 信息动力。把信息作为一种动力，是现代管理的一大特征。当今社会是信息社会，对于一个国家而言，信息的拥有量和利用程度是国家物质文明与精神文明水平高低的象征。对于企业来说，信息是企业活动的神经，是企业经营中的关键性资源，是推动企业发展的动力。

我们在运用信息动力时要学会分析与综合，要正确区分有用信息、无益信息和有害信息，善于从大量信息中获取有用的信息。

对每个管理系统，三种动力都是同时存在的，要注意综合利用。在不同的管理系统中，三种动力所占的比重不同。即使同一系统，随着时间、地点和条件的变化，这种比重也会变化。现代管理者要及时洞察和掌握这种差异和变化，采取"实则泻之，虚则补之"的方法，协调运用。有的管理学者把动力归纳为下列公式：

企业动力＝职工积极性＋职工创造性

职工积极性＝职工思想觉悟水平＋职工生活福利水平

职工创造性＝职工文化技术水平＋职工创造能力

正确地运用动力原理，应把握好"刺激量"。刺激量过小或过大，都不能发挥管理动力的效能。例如：奖金额等级为200元、100元、0元，则刺激量＝(200－0)元＝200元，对提高工作效益较大；若奖金为150元、140元、130元，则刺激量＝(150－130)元＝20元，则物质动力的效能就大大下降。在精神动力方面也一样，树立一个或几个标兵、劳动模范，其刺激量就大，榜样力量很有效；若一个单位的先进人物占全员的1/5，就失去了榜样的力量。

2.2.8 弹性原理

所谓弹性原理，是指管理必须保持充分的伸缩性，留有余地，以适应客观事物可能产生的变化。因为管理涉及的因素很多，变化快，而且带有不确定性，运用弹性管理，就能使管理掌握主动权，及时解决系统中因内外环境的复杂变化而出现的问题。

管理弹性可分为局部弹性和整体弹性两类。局部弹性是指任一管理都必须在其一系列管理环节中保持可以调节的弹性，特别是在关键环节上要保持足够的余地；整体弹性是指管理系统的整体可塑性或适应能力。

在应用弹性原理时，要严格区别消极弹性与积极弹性。消极弹性的特点是把留有余地看作"留一手"，如有的测绘单位计划指标定得尽量低些。现代化管理主要着眼于积极弹性，特点是遇事"多一手"，充分发挥人的积极性，不仅在关键环节上保持可调性，而且事先预备有可供选用的多种调节方案。

为什么管理必须遵循弹性原则呢？

(1) 管理所遇到的问题，是涉及多因素的复杂问题。人要完全掌握所有因素是不可能的，管理者必须如实地承认自己认识上的缺陷，因此管理必须留有余地。

(2) 管理活动具有很大的不确定性。管理者与被管理者都是具有积极思维活动的生命，始终处于运动和变化之中。某种管理方法也许非常适应一种情况，但如果把这种方法僵化起来，没有一定的弹性，在另外的情况下就可能不起作用。

(3) 管理是行动的科学，它有后果问题。由于管理的因素多、变化大，一个细节的疏忽都可能产生巨大的影响，正所谓“失之毫厘，谬以千里”。因此，管理从一开始就应保持可调节的弹性，即使出现一定的差别，也可应付自如。

上述八个基本原理是紧密相连的整体。只有综合而灵活地运用它们，才能使管理系统成为一个富有生命力的“活体”，不断推出各种适应客观变化的新方法，提高效能。

2.3　测绘企业人力资源管理

人才是科技进步和社会经济发展的最重要资源。测绘事业要发展，关键在于人才，这是由测绘行业是一个技术密集型的地理信息产业的特点所决定的。测绘企业要建立起与社会主义市场经济体制相适应，且有利于测绘科技发展的运行机制，要鼓励和引导测绘科技力量进入测绘生产和国民经济建设主战场。做好测绘企业人力资源的管理工作，充分发挥人的积极性、主动性和创造性，对促进测绘生产，提高测绘劳动生产率，提高测绘企业经济效益，搞好社会主义物质文明建设和精神文明建设，都具有极其重要的意义。

2.3.1　人力资源管理基本知识

人力资源是指在一定范围内具有劳动能力的人的总和；或者说，是指能够推动整个经济和社会发展的、具有智力劳动和体力劳动的人的总和。

1. 人力资源的特征

世界上存在三大资源——人力资源、物力资源和财力资源，其中最重要的是人力资源。一般认为，人力资源是指人类进行生产或提供服务，推动整个经济和社会发展的劳动者的各种能力的总称。企业人力资源，是指能够推动整个企业发展的劳动者的能力的总称。人力资源是一种特殊而又重要的资源，它具有以下特征：

(1) 活动性。人力资源是蕴藏在每一个活生生的人体之中的，它随着个体的存在而存在，随着个体的活动而活动。这种活动性使得人力资源具有高度的灵活性和适应性，能够随着组织需求的变化而进行调整和配置。

(2) 可控性。与自然资源不同，人力资源的生成和配置是可以控制的。组织可以通过有计划地招聘、培训、激励等手段来培养和招募所需的人力资源，以满足组织的发展需求。

(3) 时效性。人力资源的时效性体现在其有效使用期限上。在一定的有效期内，如果人力资源得不到有效且适当的应用，那么个体所拥有的人力资源就会随着时间的流逝而降低或丧失相应的作用。

(4) 能动性。人力资源的开发和利用是通过拥有者自身的活动来完成的，具有一定的主动性。人力资源能够有目的、有计划地运用自己的脑力和体力，为组织创造价值和贡献。这种能动性使得人力资源成为组织中最具活力和创造力的资源之一。

(5) 增值性。与自然资源相比，人力资源具有明显的增值性。通过不断学习、培训和实践，人力资源的素质和能力可以得到不断提升与增强，从而为组织创造更多的价值。这种增值性使得人力资源成为组织持续发展的重要动力源泉。

(6) 社会性。人力资源具有社会性特征,它受到社会环境、文化背景、价值观念等多种因素的影响。因此,在管理和利用人力资源时,需要充分考虑其社会属性,尊重个体的差异和需求,营造积极向上的组织氛围和文化环境。

(7) 可变性。人力资源在使用过程中,其发挥作用的程度可能会受到多种因素的影响而发生变化。例如,个体的情绪、态度、能力等因素都可能影响其工作表现。因此,组织需要密切关注人力资源的变化情况,及时采取措施进行调整和优化。

(8) 可开发性。人力资源是一种可以无限开发的资源。通过有效的培训、激励和管理手段,可以不断挖掘和提升人力资源的潜力和价值。这种可开发性为组织提供了持续发展的可能性和空间。

2. 人力资源管理的基本概念

人力资源管理是人事管理的升级,是指在经济学与人本思想指导下,通过招聘、甄选、培训、报酬等管理形式对组织内外相关人力资源进行有效运用,满足组织当前及未来发展的需要,保证组织目标实现与成员发展的最大化的一系列活动的总称。它是预测组织人力资源需求并作出人力需求计划、招聘选择人员并进行有效组织、考核绩效,支付报酬并进行有效激励、结合组织与个人需要进行有效开发以便实现最优组织绩效的全过程。

人力资源管理一般可以简称为人事管理,但它有如下不同于传统人事管理的几个特点:

(1) 管理的范围扩大。人力资源管理不仅包含传统人事管理的人员调配、人员组织等全部内容,而且还涉及人才开发、人的行为管理等内容,是全面的人事管理。例如,一些测绘仪器制造公司的人力资源部把我国国有企业中的人事部、组织部、保卫部、后勤部、党委、工会等部门的职能都包括了。

(2) 管理方法的改变。人力资源管理强调系统地管理企业的人力资源,而不是人为地将管理的各项职能割裂开来,孤立地进行管理。

(3) 强调人力资源的培养和开发。人力资源管理不是消极地对企业人力资源进行静止的管理,而是强调对员工的教育、培训和开发,以适应企业不断发展对人才素质的要求。

3. 人力资源管理的任务

人力资源管理的基本任务,就是根据企业发展战略的要求,通过有计划地对人力资源进行合理配置,搞好企业员工的培训和人力资源的开发,采取各种措施,激发企业员工的积极性,充分发挥他们的潜能,做到人尽其才,才尽其用,更好地促进生产效率、工作效率和社会经济效益的提高,进而推动整个企业各项工作的开展,以确保企业战略目标的实现。具体地讲,现代测绘企业人力资源管理的任务主要有以下几个方面:

(1) 通过规划、组织、调配、招聘等方式,保证以一定数量和质量的测绘专门人才满足企业发展的需要。

(2) 通过各种方式和途径,有计划地加强对现有员工的教育和培训,不断提高他们的技术业务水平。

(3) 结合每个员工的具体职业生涯和发展目标,搞好对员工的选拔、使用、考核和奖惩工作,做到能发现人才、合理使用人才和充分发挥人才的作用。

(4) 采取各种措施,包括思想教育、合理安排劳动和工作,关心员工的生活和物质利益等，激发员工的工作积极性。

（5）根据现代企业制度要求，做好工资、福利等相关工作，协调劳资关系。

4. 人力资源管理的作用

实践证明，重视和加强测绘企业的人力资源管理，对于促进生产经营的发展、提高测绘企业劳动生产率、保证测绘企业获得最大的经济效益有着重要的作用。

（1）有利于促进生产经营的顺利进行。劳动力是企业生产力的重要组成部分，只有通过合理组织劳动力，不断协调劳动力之间、劳动力与劳动资料和劳动对象之间的关系，才能充分利用现有的生产资料和劳动力资源，使其在生产经营过程中最大限度地发挥其作用，从而保证生产经营活动有条不紊地进行。

（2）有利于调动企业员工的积极性，提高劳动生产率。人是有思想、有感情、有尊严的，这就决定了人力资源管理必须设法为劳动者创造一个适合的劳动环境，使他们安于工作、乐于工作、忠于工作，并能积极主动地把个人劳动潜力和全部智慧奉献出来，为企业创造出更有效的生产经营成果。

（3）有利于现代企业制度的建立。一个测绘企业只有拥有第一流的人才，才会有第一流的计划、第一流的组织、第一流的领导，才能充分而有效地掌握和应用第一流的现代化技术，创造出第一流的测绘成果。因此，提高企业现代化管理水平，最重要的是提高企业员工的素质。可见，注重和加强对企业人力资源的开发和利用，搞好员工培训教育工作，是实现企业管理由传统管理向科学管理和现代管理转变的不可缺少的一个方面。

（4）有利于减少劳动耗费，提高经济效益。经济效益是指进行经济活动中的耗费和所得的比较。减少劳动耗费的过程，就是提高经济效益的过程。所以，合理组织劳动力，科学配置人力资源，可以促使企业以最小的劳动消耗取得最大的经济成果。

2.3.2 人力资源管理的基本原理

人力资源管理的基本原理包括同素异构原理、能级对应原理、互补增值及协调优化原理、动态优势原理、激励强化原理、反馈控制原理、弹性冗余原理和竞争协作原理。

1）同素异构原理

同素异构原理，一般是指事物的成分因在空间关系上的变化而引起不同结果，发生质的变化。例如，在群体成员的组合上，同样数量和素质的一群人，由于排列组合不同，就会产生不同效应；在生产过程中，同样人数和素质的劳动力，因组合方式不同，其劳动效率也不同。

2）能级对应原理

能级对应原理，是指根据人的才能，把人安排到相应的职位上，保证工作岗位的要求与人的实际能力相对应、相一致。“能”是指人的才能，“位”是指工作岗位、职位。人员才能的发挥以及工作效果和效率的提高，都与人员使用上的“能位适合度”有关。能位适合度越高，说明能级对应越适当。位得其人，人适其位，不仅会带来工作的高效率，还会促进员工能力的提高和发展。因此，管理的能级必须分序列、按层次设置，不同的级次有不同的规范与标准，不同的管理能级应有不同的责任、权力与利益。人的能级具有动态性、可变性与开放性，必须与其所处的管理级次动态对应。

3）互补增值及协调优化原理

互补增值及协调优化原理，是指充分发挥每个员工的特长，采用协调与优化的方法，扬长避短，聚集团体的优势。人作为个体，不可能十全十美，而作为群体，则可以通过相互结合、取长补短组合成最佳的结构，更好地发挥集体力量，实现个体不能达到的目标。在贯彻互补原则时，还要注意协调、优化。协调，就是保证群体结构与工作目标协调，与企业总任务协调，与生产技术装备、劳动条件和内外部生产环境相协调；优化，就是经过比较分析，选择最优结合方案。

互补的主要形式有：①知识互补。每个人在知识的领域、深度和广度上都是不同的，不同知识结构互为补充，整体的知识结构就比较全面。②气质互补。不同气质者之间互补，有助于将事物处理得更完善。③能力互补。在企业的人力资源系统中，各种不同能力的互补可以形成整体的能力优势，以促进系统有效地运行。④性别互补。男女互补，能发挥不同性别的人的长处，形成工作优势。⑤年龄互补。不同年龄层次的人结合在一起，优势互补，可以将工作做得更好。⑥关系互补。每个人都有自己特殊的社会关系，如果这些关系重合不多，具有较强的互补性，就可以形成集体的关系优势，增强对外部的适应性。

4）动态优势原理

动态优势原理，是指在动态中用好人、管好人，充分利用和开发人的潜能和聪明才智。社会一切事物和现象都处在变动之中，企业的员工也处在变动之中，员工要有上有下，有升有降，有进有出，不断调整，合理流动，才能充分发挥每个员工的潜力和优势，使企业和个人都受益。

5）激励强化原理

激励强化原理，是指通过奖励和惩罚，使员工明辨是非，对员工的劳动行为实现有效激励。对员工要有奖有惩，赏罚分明，才能保证各项制度的贯彻实施，才能使每个员工自觉遵守劳动纪律，严守岗位，各司其职，各尽其能，以激发组织成员的工作积极性、创造性，尤其是为形成组织成员的主人翁精神提供系统动力。系统动力包括物质动力、精神动力和信息动力三大方面，应坚持综合运用公平目标与效率目标结合、个体激励与群体激励结合、物质激励与精神激励结合、外激励与内激励结合、正激励与负激励结合的基本原则。

6）反馈控制原理

反馈控制是指在管理活动中，决策者（管理者）根据反馈信息的偏差程度采取相应措施，使输出量与给定目标的偏差保持在允许的范围内。反馈控制原理就是利用信息反馈作用，对人力资源开发与管理活动进行协调和控制。反馈控制原理具体包括：①人力资源开发与管理是一个综合运动过程；②人力资源开发与管理活动应有预定的目标；③建立灵敏、准确、有效的信息反馈机构；④建立自我调控、高效运作的管理机制。

7）弹性冗余原理

弹性冗余原理，是指在人力资源开发与管理中，必须充分考虑管理对象生理、心理的特殊性，以及内、外环境的多变性造成的管理对象的复杂性，在人力资源管理工作中要留有一定的余地，具有一定的灵活性。弹性冗余原理包括：①必须考虑劳动者体质的强弱，使劳动强度具有弹性；②必须考虑劳动者智力的差异，使劳动分工具有弹性；③必须考虑劳动者年龄、性别的差异，使劳动时间有适度的弹性；④必须考虑劳动者性格、气质的差异，使工作定额有适度弹性；⑤必须考虑行业的差异，使工作负荷有弹性；⑥必须重视对积极弹性的研究，努力创造一个有利于促进劳动者身心健康、提高劳动效能的工作环境，要注意防止和克服管理中的消极弹性。

8）竞争协作原理

竞争协作原理，是指在人力资源开发与管理过程中，既要引进竞争机制，以激发组织成员的进取心，培养他们的创新精神和开拓能力，发挥其在促进人力资源开发与管理方面的积极作用，又要强化协作机制，以克服片面竞争造成的系统内耗等消极作用，最终达到全面提高人力资源综合效益的目的。竞争协作原理包括三方面的主要内容：①竞争在人力资源的综合运动过程中普遍存在；②合理竞争有利于人力资源的开发与管理效益的提高，但不合理竞争会压抑个人发展，造成组织内耗等严重危害；③合理竞争就是竞争与协调共存的竞争，衡量竞争是否合理的主要标志是竞争以组织目标为导向，竞争以利益相容为前提，竞争以公平、适度为准则。

对于以上几个原理，要结合测绘企业的实际情况，灵活地加以运用，并不断丰富、发展和完善其内容，以便形成一套完整、成熟的人力资源管理方法。

2.3.3　人力资源规划

1. 人力资源规划的基本内容

人力资源规划也称为人力资源计划，是指为实施企业的发展战略，完成企业的生产经营目标，根据企业内外环境和条件的变化，通过对企业未来的人力资源的需要和供给状况的分析及估计，运用科学的方法进行组织设计，对人力资源的获取、配置、使用、保护等各个环节进行职能性策划，制订企业人力资源供需平衡计划，以确保组织在需要的时间和需要的岗位上获得各种必需的人力资源，保证事（岗位）得其人、人尽其才，从而实现人力资源与其他资源的合理配置，有效激励、开发员工潜能的规划。

人力资源规划分为广义的人力资源规划和狭义的人力资源规划。广义的人力资源规划，是指根据组织的发展战略、组织目标及组织内外环境的变化，预测未来的组织任务和环境对组织的要求，为完成这些任务和满足这些要求而提供人力资源的过程，主要包括人力资源战略发展规划、组织人事规划、人力资源管理费用预算、人力资源管理制度建设、人力资源开发规划、人力资源系统调整发展规划。狭义的人力资源规划是指具体的提供人力资源的行动计划，主要包括人员配备计划、人员补充计划、人员晋升计划等。

人力资源规划的内容主要包括两个层次：一是人力资源总体规划，它是从宏观角度出发，对人力资源进行全面、系统的规划和设计。它涉及组织的人力资源配置策略、人才引进与培养计划、员工发展路径设计等，旨在确保组织在长期发展中拥有足够数量和质量的人力资源，以满足战略目标和业务发展的需求。二是人力资源具体规划，它是从微观角度出发，针对具体的业务需求和岗位需求进行详细的人力资源规划。它包括招聘计划、培训计划、绩效管理计划等，旨在确保组织在短期内能够有效地配置和使用人力资源，提高工作效率和员工满意度。这两个层次的规划相互补充，共同构成完整的人力资源规划体系，确保组织在人力资源方面能够作出科学、合理的决策，从而实现组织的战略目标和员工的个人发展目标。

2. 人力资源规划程序

人力资源规划的程序即人力资源规划的过程，一般可分为以下几个步骤：收集有关信息资料、人力资源需求预测、人力资源供给预测、确定人力资源净需求、编制人力资源规划、实施人力资源规划、人力资源规划评估、人力资源规划反馈与修正。

人力资源规划从企业战略出发，详细分析企业所处行业和地域等外部环境，透彻了解企业现有的人力资源基础，结合强大的数据基础，准确预测企业未来发展所需的各类人力资源的数量、质量、结构等，结合市场供需确定企业人力资源工作策略，制定切实可行的人力资源规划方案。其内容主要包括：

（1）调查、收集和整理涉及企业战略决策和经营环境的各种信息，提炼对于企业未来人力资源的影响和要求；

（2）根据企业或部门实际情况确定其人力资源规划期限；

（3）通过职能分析进行部门化组织设计；

（4）通过（工作）岗位分析进行（工作）岗位设置，制订劳动定员定额计划；

（5）采用定性和定量相结合、以定量为主的各种科学预测方法对企业未来人力资源供需进行预测，在此基础上制订人力资源供需协调平衡的总计划和各项业务计划；

（6）做好人力资源管理费用预算，保证人力资源规划与企业有限的财力相适应，从经济上确保人力资源规划是遵循企业可持续发展的战略目标的；

（7）做好人力资源管理制度建设，对组织行为进行规范，是人力资源管理活动有效实施的制度保障，因此制定必要的人力资源政策和措施是人力资源规划的重要工作；

（8）做好人力资源开发规划，这是实现人力资源规划总目标的重要的、补充提高性的规划内容；

（9）人力资源规划并非一成不变，它是一个动态的开放系统，还应包括调整发展规划。

2.3.4 企业人才招聘程序

人才招聘是企业吸引和选拔人才的系统性过程，旨在确保企业能够吸引到合适的人才来填补空缺职位，这对于企业的长期发展具有重要意义。人才招聘程序主要包括确定招聘需求、制订招聘计划、发布招聘信息、筛选简历、选拔测试、背景调查和体检以及录用决策等步骤。

（1）确定招聘需求：明确公司需要招聘的职位、人数、职位描述、职位要求等信息。通常由各部门经理或人力资源部门提出，经过讨论和审批后确定。

（2）制订招聘计划：根据招聘需求，制订招聘计划，包括招聘渠道、宣传方式、招聘时间、招聘流程等。

（3）发布招聘信息：根据招聘计划，在招聘网站、社交媒体等招聘渠道上发布招聘信息，尽可能清晰描述招聘职位的职责、要求和待遇等，吸引潜在的候选人。

（4）筛选简历：收到简历后，对简历进行筛选，选择符合职位要求的候选人。

（5）选拔测试：对符合要求的候选人进行初步面试，了解候选人的基本情况、工作经验、职业规划，以及专业技能、团队合作能力等。

（6）背景调查和体检：对通过面试的候选人进行背景调查，了解候选人的工作经历、教育背景、个人信用以及身体状况等。

（7）录用决策：根据面试和背景调查的结果，作出录用决策。录用决策是人才招聘中的最后一环，也是十分重要的一环。如果以前几个小步骤都正确无误，但是最终人事决策错了，那么企业依然招聘不到理想的员工。

2.3.5　测绘企业人员的使用与考核

1. 员工的培训

企业员工素质的高低直接决定了一个企业的生存与发展，他们素质的提高，不仅需要个人在工作中的钻研和探索，更重要的是需要有计划、有组织的培训。员工培训是企业根据实际工作需要，采用各种方式对员工进行有目的、有计划的培养和训练，使受培训的人从"知其然"向"知其行"转变。

测绘高科技的发展，使得人才培养和使用从一次性教育转变为不断教育的过程，过去那种学会水准仪和经纬仪的操作能管一辈子工作的格局被彻底打破了。现代测绘企业对员工进行各种不同层次、不同内容的培训，从而提高人力资源素质，增强竞争力和活力，这是企业能够健康发展的重要保证。主要体现在：第一，它是调解人和事之间的矛盾，实现人事和谐的重要手段；第二，它是快出人才、多出人才、出好人才的重要途径；第三，它是迎接新技术革命挑战的需要；第四，它是调动员工积极性的有效方法；第五，它是建立优秀组织文化的有力杠杆。

为确保新员工的质量，企业应逐步实行先培训后就业、先培训后上岗的就业制度。企业员工的职前培训包括进企业前教育和上岗前培训。

对在职员工的培训也是测绘企业的一项重要的工作，要求根据测绘企业不断发展的实际需要和技术更新的情况，有效地开展继续教育和终身教育，使测绘生产和教育部门之间有一个不断回炉的再教育联系，才能保证测绘队伍的知识和技能的及时更新，以跟上高新技术的步伐。测绘企业在职员工的培训有多种形式，常用的有不脱产的一般文化教育、岗位培训教育、专题培训教育、转岗培训、个人自学教育和脱产进修等。

在企业各类人员中，管理人员的培训与开发占有十分重要的地位，这是因为管理人员对企业生产经营活动的影响远远超过普通员工，其水平和能力直接决定了企业的成败。一般来说，对企业管理人员培训与开发的目的是提高管理人员的工作效率，防止管理人员现有的知识、技能老化过时。

2. 人员的调配

人员调配，是指经组织决定而改变人员的工作岗位、职务、工作单位、隶属关系的人事变动。从根本上讲，人员调配的目的就是促进人与事的配合和人与人的协调，以充分开发人力资源，实现企业的生产经营目标。

根据调配的原因可以分为四种主要类型：工作需要、优化调整、照顾困难和落实政策。

人员调配的程序，分为因工作需要调配和个人申请调配。一般凡因工作需要进行的人员调配要按照干部管理权限直接由调出、调入干部的批准机关审核决定，进行直接调配。在调配前，单位领导应找本人说明情况，做好工作，凡因个人原因要求组织调动，一般按下列程序进行：①本人提出申请，填写调动审批表；②组织审核；③调出与调入单位双方洽商；④调入单位发出干部调动通知；⑤办理调动手续。

3. 员工的考评

企业员工考评是人力资源管理活动的重要一环，员工考评就是对员工的素质、能力、工作态度和工作成绩等多方面所进行的观察和评价。员工考评是企业进行人员选聘、人员调配、职务升降、人员培训、人员激励以及确定劳动报酬等工作的重要依据和手段。可以说，没有对员工的考评就不可能实现科学的人力资源管理。

企业员工考评的基本要求有客观公正、方法科学、内容全面、短期与长期考评相结合、定性与定量考评相结合等。

1）企业员工考评的基本内容

企业员工考评对象、目的和范围复杂多样，因此考核内容也颇为复杂，但就其基本内容而言，主要包括德、能、勤、绩四个方面。

（1）德是指人的政治思想素质、道德素质和心理素质，德是一个人的灵魂。

（2）能是指人的能力素质，即认识世界和改造世界的本领。

（3）勤是指勤奋敬业的精神，主要指人员的工作积极性、主动性、创造性、纪律性和出勤率。

（4）绩是指人员的工作成绩，包括完成工作的数量、质量、经济效益和社会效益。

2）企业员工考评的种类

由于企业的员工考评具有多种目的，企图只以一种综合性考评来满足多种需要是不现实的。实际上，针对考评的不同时间、内容、目的，考评对象、考评主体、考核形式、考核标准设计方法等，需要不同的考评办法。

下面简要介绍几种基于不同考评目的的员工考评工作。

（1）录用、招聘考评。测绘企业新员工的主要来源是应届毕业生和社会转职员工。一般企业对应届毕业生中的就职申请者所进行的考评主要有三个方面，即书面考试、面试、适应性测验。书面考试主要是了解求职者的基础学习能力，考察他们对基础知识的掌握情况。面试是对书面考试合格者所进行的，旨在通过面试了解录用对象作为一名职员能否适应企业和环境，以及有没有培养前途。适应性测验是了解新员工的个性、特长、爱好等，以确定他们在企业中的工作或职务类别。适应性测验通常以心理学的技术测定方法进行。

对转职员工的考评通常通过审查资历、面谈和短期试用三个环节进行考评。一般转职员工进入企业后预定担任的工作职位是很明确的，所以面谈主要由有关专业的业务干部担任，人事部门事先提供被考评者的履历表，业务技术档案材料，作为考评前的参考。转职员工在试用期间不评定级别，也不任命职务，待试用期满后，根据试用考评表的评语，参考既往履历和专业资格等，正式评定级别，任命职务。

（2）奖金分配考评。奖金被看作从企业盈利中给员工分成的部分，因此评定奖金的主要依据是员工对企业盈利的贡献度，即工作成绩。工作成绩的评价是企业人事考评中最基本、最重要的考评，在各种考评因素中，只有工作成绩是主观性最小、可以客观衡量的“物性因素”。要使考评从主观考评转为客观考评，只能以工作成绩为基础。

（3）提薪考评。提薪考评与奖金考评性质略有不同。奖金考评具有很强的针对性和灵活性、激励作用、收入差别性以及不稳定性，是根据被考评者过去的工作成绩决定报酬多少；提薪考评的性质是“展望性”的，它与奖金考评的性质略有不同，提薪考评是基于预计被考核者一年度可能发挥的作用，以决定未来相应的工资水平。这种考评方式不仅参照过去的工作成绩，同时还要评价工作能力的提高程度，从而预计今后的贡献度。因此，提薪考评不仅是对过去表现的回顾，也是对未来潜力和价值的预期，旨在通过调整薪酬来激励员工未来的表现和贡献。

(4) 职务考评。职务考评分为两个方面：一是考察员工在工作中的熟练程度是否有提高，以决定是否增加职务工资；二是考察能力水平和适应性，以决定是否调整职务。调整职务主要是根据业务工作需要，职务调整可能引起职务工资的变化，但这不是调整职务的出发点，有时还需对职务工资的变化适当给予补偿。

(5) 晋升考评。晋升考评是企业人事考评中最重要的工作，晋升工作关系着企业干部队伍的形成，关系到企业发展前途，历来被企业高度重视。晋升考评也是对员工的全面评价，大多数企业中决定人员晋升与否，主要是看平时积累的人事考评资料，而不是晋升程序当中的一时性考核结果(如论文、报告或面谈答辩等)。

3) 企业员工考评的方法

目前我国企业常用的员工考评方法有自我评价与小组鉴定相结合、组织考察法、实践考验法、考试法和领导判断法等。这些方法虽然简便可行，但一般来讲，静态考评多，动态考评少；主观印象多，客观衡量少；定性多，定量少。总的来看缺乏科学性和民主性。下面介绍我国一些先进企业行之有效的一些考评方法。

(1) 民意测验法。该法是把考评的内容分若干项，制成考评表，每项后面列出不同的考评等级，如优、良、中、及格、差，然后将考评表发给参加考评的人员，由他们对被考评者逐项评定，最后汇总，计算每个被考评者得分平均值，以此确定被考评者工作的档次。一般在考评前也可以由被考评者先汇报，进行自我评价，参加考评的人员一般是被考评者的同事、直属下级和与其发生工作联系的其他人员，这种方法的优点是群众性和民主性较好。

(2) 配对比较法。这种方法是将人员用配对比较方法决定其优劣次序。比较时用排列组合法决定对数，对每一对都进行比较，判断谁优谁劣，最后以得优次数进行排序。该法的优点是准确性高，缺点是操作烦琐，因此每次考评人数不宜过多。

(3) 要素评定法。这是一种将定性考评与定量考评相结合的考评方法。它是根据不同的考评对象，确定不同的考评要素，制成考评表，然后由考评人员逐项打分，最后汇总，得出对员工的考评结果。一般将每一个考评要素按优劣程度划分成几个等级，每个等级都确定对应的分数。

(4) 立体考评法。该方法主要用于选拔业务干部，大体上分为五步：第一步，在民主推荐或自我推荐的基础上，由人事部门对被推荐人进行初审；第二步，对初审合格者的素质和绩效进行综合考评；第三步，运用要素评定法对候选人进行定性、定量考核；第四步，进行笔试，分为知识面考查、专业知识考查、模拟考试和撰写专题论文等；第五步，面试，由考评小组对候选人中通过上述考评者，进行问答式的面试，最后提出使用意见和建议。

2.3.6　员工的激励

员工工资与福利是员工最为关心的问题，也是最容易引起劳动争议的问题。在任何现代组织中，加强员工工资与福利管理，都是人力资源管理不可或缺的内容。而员工的激励则是调动员工积极性的重要手段。

所谓激励就是创设满足员工各种需要的条件，激发员工的动机，使之产生实现组织目标的特定行为的过程。激励是调动企业员工积极性、提高人员素质、养成良好的组织文化等的有效途径和手段。

1. 员工激励的原则

(1) 目标结合原则。在激励机制中设置目标是一个关键环节。目标设置必须具体体现企业目标的要求,否则激励就将偏离企业经营方向;目标设置还必须能满足员工个人的需要,否则就无法达到激励员工的目的。只有将企业目标与个人目标很好地结合,使企业目标包含较多的个人目标,并使个人目标实现离不开为实现企业目标所做的努力,才能收到良好的激励效果。

(2) 物质奖励与精神激励相结合原则。员工同时存在着物质需要和精神需要,相应地,激励方式也应该是物质激励与精神激励相结合。一般而言,物质激励的作用是表面的,激励深度有限,因此随着人民物质生活水平的提高,应该逐渐把激励的重点转移到满足员工较高需要层次的精神激励上。

(3) 奖励与惩罚相结合原则。奖励就是对员工的符合企业目标的期望行为进行奖励,以使得这种行为更多地出现;惩罚就是对员工的违背企业组织目的的非期望行为进行惩罚,以使得这种行为不再发生。虽然奖励和惩罚都是非常必要的,但作为企业的领导者,应该把奖励和惩罚手段有效地结合起来,并坚持奖励为主、惩罚为辅。

(4) 按需激励原则。激励的起点是满足员工需要,但员工需要存在着明显的差异性和动态性,因人而异,因时而异,并且只有满足最迫切需要的措施,其激励作用才大。因此,企业的领导者不可犯经验主义错误,搞一贯制,领导者必须深入地进行调查研究,不断了解员工需要层次和需要结构变化趋势,有针对性地采取积极措施才能收到实效。

(5) 民主公正原则。公正是激励工作的一个基本原则,如果不公正,该奖的不奖,该罚的不罚,不仅收不到预期效果,反而会造成许多消极后果。公正就是赏罚严明并且赏罚适度。赏罚严明就是铁面无私,无论亲疏,不分远近,一视同仁。赏罚适度就是从实际出发,赏与功相匹配,罚与过相对应。另外,民主是公正的保证,也是社会主义激励的本质特征。

2. 奖励与惩罚

为了做好测绘企业的激励工作,对员工进行必要的奖励或惩罚是非常有效的。但在实际工作中,如何恰当地使用奖励或惩罚的手段则是值得研究的。一般应注意以下几点:

(1) 奖励或惩罚的目的是调动员工的积极性。奖励或惩罚本身不是目的,只是一种手段,对企业员工积极的行为或过错不能一奖或一罚了之,重要的是要看效果,如果不能起到促进员工积极性提高的作用,也就失去了意义。

(2) 实施奖励或惩罚,必须建立在科学的考核基础上。奖励或惩罚的根据是依据员工的工作成绩与工作标准的比较做出的,因此,为了使奖励或惩罚能够起到应有的作用,首先就应该建立企业奖励和惩罚的标准,使员工明白什么是企业提倡的,什么是企业反对的。在此基础上,对员工的工作进行科学的考核,准确评价员工的工作成绩。

(3) 奖励或惩罚要适度、及时。只有奖励适度、及时,才能收到激励效果。如果奖惩无度,小功大奖、大功小奖、小过重罚或者大过轻罚,都会在员工中产生不公平感,因而达不到调动广大员工积极性的目的。同样,如果对员工的奖励或惩罚不能及时进行,就难以取得激励的良好效果。

(4) 坚持以奖励为主,以惩罚为辅。奖励是一种正强化、正激励,可以直接满足人们的物质和精神的需要,较少有负面影响,是一种比较理想的激励手段。而惩罚是一种负激励,是通过剥夺其一部分物质和精神利益，使员工减少企业不希望的行为的方法，它具有一定的副作用，会使受罚人出现挫折行为和挫折心理，影响其积极性。因此，在企业实际工作中，应该坚持以奖励为主、以惩罚为辅，惩罚仅仅作为奖励的补充，将会收到较好的效果。在具体进行奖励或惩罚时，还应该注意奖励或惩罚的技巧。

3. 精神激励的方法

精神激励是十分重要的激励手段，它通过满足员工的社交、自尊、自我发展和自我实现的需要，在较高层次上调动员工的工作积极性，其激励深度大，持续时间长。下面简要介绍几种精神激励的方法。

(1) 目标激励。企业目标是一面号召和指引千军万马的旗帜，是企业凝聚力的核心，它体现了员工工作的意义，预示着企业光辉的未来，能够在理想和信念的层次上激励全体员工。在具体工作中，应该注意把企业目标与个人目标结合起来，宣传企业目标与个人目标的一致性，使大家充分认识到，只有当企业的目标实现时，个人的目标才可能实现。

(2) 内在激励。内在激励就是通过工作本身的合理安排来激励员工。一般来说，员工在工作中是否会感受到生活的意义，工作是否具有创造性、挑战性，工作内容是否丰富多彩、引人入胜，在工作中能否取得成就、获得自尊、实现自我价值等都对员工具有极大的激励作用。为了搞好内在激励，发达国家花费了很多时间和精力进行工作设计，使工作内容丰富和扩大化，用来提高工人的劳动积极性。我国一些企业也采取了许多办法，如内部双向选择，由职工自己选择满意的工作，根据员工兴趣、爱好为其调整工作岗位等。

(3) 形象激励。充分利用视觉形象的作用，激发员工的荣誉感、光荣感、成就感、自豪感也是一种行之有效的激励办法，最常用的方法是照片上光荣榜，以表彰本企业的标兵或模范。

(4) 荣誉激励。荣誉是众人和组织对个体和群体的崇高评价，是满足人们自尊需要，激发人们奋力进取的重要手段。特别是在中国，自古以来就重视名节，珍视荣誉。在企业的实际工作中，可以通过授予先进生产者、生产能手、青年突击队、优秀共产党员、红旗车间、三八红旗手等荣誉称号来奖励先进个人和先进集体，也可以针对具体情况采取其他形式的荣誉激励措施。

(5) 感情激励。人与动物的根本区别就是人有思想感情，感情因素对人的工作积极性有重大影响。感情激励就是加强与员工的感情沟通，尊重员工、关心员工，与员工建立平等和亲切的感情，让员工体会到领导的关心、企业的温暖，从而激发出主人翁责任感和爱企业如家的精神。感情激励的关键是“真诚”。

(6) 榜样激励。模仿和学习也是一种普遍存在的需要，其实质指完善自己的需要。榜样激励是通过满足员工的模仿和学习的需要，引导员工的行为朝向实现企业目标所期望的方向。榜样激励的方法主要是树立企业内的英雄模范人物的形象，号召和引导员工模仿、学习。榜样激励的一个重要方面是领导者本人身先士卒、率先垂范。

第3章 测绘项目管理

测绘项目管理是指对测绘项目进行组织、协调、监控和控制的过程,旨在确保项目能够按时、按质、按量完成。在测绘行业,项目管理起着至关重要的作用,能够提高工作效率、降低成本、提升质量。测绘项目管理是一个复杂且重要的过程,需要对项目进行全面、系统的组织和管理。

3.1 测绘项目管理概述

3.1.1 项目管理基本概念

为顺利运行项目,推行项目管理,首先需要树立项目意识。为了更好地学习项目管理方法,有必要掌握项目管理中的一些基本概念,如项目、项目管理、项目经理等。

1. 项目

项目,本质上是独特的、临时的非重复性工作,要求使用有限的资源,在有限的时间内为特定的人(或组织)完成某种特定目标(产品、服务或者成果)。它具有以下几个基本特性:项目的临时性、独特性、目标性和渐进明细性。

(1) 项目的临时性。项目是具有明确的开始时间与结束时间的工作。商业环境的快速变化催生了新需求,从而催生了新项目的出现,项目就是为了满足新需求而启动的,这就是起点。项目在需求被满足或者需求不再存在的时候,就是终止。项目的临时性并不意味着项目的持续时间短,临时性和项目的持续时间不是一回事,只要存在开始和结束时间的工作就属于临时工作,否则就是运营型的持续性工作了。例如,建一座大坝需要历时 5～10 年,但这还属于临时性的项目,有开始日期和竣工日期。

(2) 项目的独特性。每个项目创造的可交付成果都是独特的,尽管各项目之间会存在一些相似或重复的元素,但每个项目都或多或少地存在与此前的项目不同的地方。例如,在南方和北方盖一栋建筑,由于气候、地质等因素的不同,建筑设计指标也会有所区别。这便是其中一种因素的不同,带来了项目之前的“不重复”。所以,项目的独立性是相对的,正因为是相对的,所以很多项目管理的应用范围得以广泛扩展。

(3) 项目的目标性。每一个项目都有明确的目标,即创造出所要求的产品、服务或成果。项目的产品、服务或成果可统称为“可交付成果”。可交付成果是在项目过程中或阶段结束时必须提交出来的、可验证的中间或最终结果。有些项目旨在创造出有形的产品，如新产品研发项目、房屋建设项目；有些项目旨在创造出无形的服务能力，如航空公司的新航线开辟项目、银行的新服务职能开设项目；还有些项目所创造出来的结果既不是有形的产品，也不是无形的服务能力，而是其他的成果，如科研项目所开发出来的知识。在实际工作中，一个项目所创造的结果往往同时包括产品、服务能力和其他成果。

（4）项目的渐进明细性。渐进明细性指项目是在连续积累中分步骤实现的。项目在实施过程中可能出现变化，所以应在整个项目生命周期中反复开展计划工作，对工作进行逐步修正。通过渐进明细，项目的可操作性会大大提高，成功的可能性也会大大提高。项目的许多方面都需要渐进明细，例如：

① 项目目标。项目开始时，可能只有大方向目标，然后在实施过程中，才能逐渐细化出具体的、可测量的、可实现的小目标。

② 项目计划。项目开始时，可能只有控制性的计划，后续才能逐渐明晰，制订更为具体的实施计划。

③ 项目范围。项目开始时，可能只有粗略的范围说明书，后续才能细化出工作分解结构和内容。

实现渐进明细的方式有：①化大为小，逐步推进。把项目划分成不同的几个阶段，每个阶段安排不同的项目活动，分阶段完成项目的所有活动。②剥洋葱式，逐层深入。先解决当前能够解决的问题，再逐渐深入，每个层次上以不同的完整性进行项目活动，最终完成整个项目。

2. 项目管理

项目管理是美国最早的曼哈顿计划开始时的名称，后由华罗庚教授于20世纪50年代引进中国（由于历史原因，叫作统筹法和优选法），现在中国台湾地区称其为项目专案。它是管理科学与工程学科的一个分支，是介于自然科学和社会科学之间的一门边缘学科。

所谓项目管理，就是项目的管理者，在有限的资源约束下，运用系统的观点、方法和理论，对项目涉及的全部工作进行有效的管理。即从项目的投资决策开始到项目结束的全过程进行计划、组织、指挥、协调、控制和评价，以实现项目的目标。

按照传统的做法，当企业设定了一个项目后，参与这个项目的至少有几个部门，包括财务部门、市场部门、行政部门等，而不同部门在运作项目过程中不可避免地会产生摩擦，须进行协调，而这些无疑会增加项目的成本，影响项目实施的效率。

而项目管理的做法则不同。不同职能部门的成员因为某一个项目而组成团队，项目经理则是项目团队的领导者，他们所肩负的责任就是领导他的团队准时、优质地完成全部工作，在不超出预算的情况下实现项目目标。项目的管理者不仅是项目执行者，他参与项目的需求确定、项目选择、计划直至收尾的全过程，还在时间、成本、质量、风险、合同、采购、人力资源等各个方面对项目进行全方位的管理，因此项目管理可以帮助企业处理需要跨领域解决的复杂问题，并实现更高的运营效率。其管理内容主要包括以下几方面：

1）项目管理管的是项目范围

项目范围是指产生项目产品所包括的所有工作及产生这些产品所用的过程。项目干系人必须在项目要产生什么样的产品方面达成共识，也要在如何生产这些产品方面达成一定的共识。项目范围是项目管理的目标，只有目标明确了，项目管理才能有效并取得成功。但是项目范围界定不清是常见的现象，想要管理项目范围，需要做好范围计划、范围定义、范围核实及范围变更控制等工作。

2）项目管理管的是项目成本

项目成本是指项目形成全过程所耗用的各种费用的总和，是项目从启动、计划、实施、控制，到项目交付收尾的整个过程中所有的费用支出。企业经营最终都要追求盈利，所以每个项目都要严格控制成本，如果不进行成本控制，无限度地耗费资源，那么项目管理也是失败的。而且，项目成本在整个项目过程中也会起到很强的制约作用。

3）项目管理管的是项目风险

任何项目都会有风险，风险的不确定性、可变性增加了项目管理的难度。企业在项目管理时要做好项目的检测、控制和应变措施，对于可能出现的风险要有所准备。如果不注重风险的监测和管理，项目可能就会毁于一旦。

4）项目管理管的是项目质量

项目质量管理是为了确保项目达到客户所规定的质量要求所实施的一系列管理过程，它包括质量规划、质量控制和质量保证等。项目质量是一个项目成果的呈现，如果片面追求数量和速度，这样的项目最终会被市场淘汰。只有项目质量提高了，才能占据更大的市场份额。

5）项目管理管的是项目时间

每个项目都有规定的时间，不可能单纯为了项目质量而使项目无限延期。一个成功的项目必须有严格的时间控制，在有限的时间内做出高质量的项目，是很多企业的追求。很多公司把时间管理引入其中，从而大幅提高了工作效率。

在实际项目管理中，如何评价一个项目是否成功呢？总体上来说，一个成功的项目必须满足如下条件：

（1）在预定的时间内完成项目的建设；

（2）在预算费用（成本或投资）范围内完成；

（3）满足预定的使用功能要求；

（4）能为使用者（用户）接受，考虑到社会各方面及各参加者的利益；

（5）与环境协调，项目能被它的上层系统所接受；

（6）能合理、充分、有效地利用各种资源；

（7）项目实施按计划、有秩序地进行，变更较少。

3. 项目经理

项目经理是能够充分利用项目的人力、资源、环境等因素，运用决策、计划、组织、控制等管理手段和方法，使项目的设计、采购、施工达到高效的协调统一，并最终在项目的安全、质量、进度、投资、环保等方面实现全过程受控的指挥者和领导者，是由执行组织委派的领导团队实现项目目标的个人。

项目经理在项目管理中起着非常重要的作用，是一个项目全面管理的核心和焦点。他要把高级管理层的意图转变为可执行的方案，并传递给项目团队成员；还要通过团队成员的努力把项目成果实实在在做出来，并提交给高级管理层，他在高级管理层和项目团队成员之间起着承上启下的作用。其基本职责是领导项目的计划、组织和控制工作，以实现项目目标，通过协调各个团队成员的活动，使他们成为一个和谐的整体，适时履行其各自的职责。

要保证一个项目成功，一名优秀的项目经理必不可少。如何选择合格的项目经理呢？通常至少可以从五个方面评判，即知识、经历、能力、性格、文化与价值观。其实，企业组织中的各种角色也应该从这五个方面评判。

1）知识

知识通常是指通过书本、学校、实践等学到的关于特定主题的信息。一般来说，项目经理所需要的知识主要包括三个部分。①项目管理：包括项目管理的理论、方法论和相关工具。②项目行业：应对相关领域有全面的了解，比如对与本企业核心业务有关的知识都应该有所了解。③客户行业：只和单个人员有关的项目非常少，基本都是覆盖部门或企业范围的项目，因此，必须掌握相关客户行业的知识，才能找准系统和业务运作的结合点。显然，针对不同类型的项目，需要的项目管理功能、行业知识不同，有的项目比较简单，所要求的知识就会少一些，好比普通加减乘除算术题，小学生就可以做，而积分之类的题目大学生才可以做。同样，对客户行业知识的要求也类似，有的项目是比较单一的，并不直接和业务效益提升相关，对客户行业知识的要求就比较少。

2）经历

经历强调的是已经做过的事情，或者更直接地说就是使用知识的过程。因此它同样包括三个方面：项目管理、项目行业和客户行业。对于企业来说，最合适的项目经理是这三个方面的经历都具备，那再好不过。如果无法全部满足，首先可以降低的要求应该是同一客户行业经历，但最好能够具有其他类似行业的经历；其次是行业经历，可以不要求有相同生产经历，而要有类似的生产经历；最后是项目管理方面，至少应该有项目经理助理或者项目组织的中层骨干人员的经历。因为很多项目只是表面上不同，在项目管理本质上却存在着很多相通的内容。经历，对项目经理来说，意味着不再是只停留在知识层面，而是可以展翅翱翔。

3）能力

能力是评判人非常重要的一个方面，以往对一个人的评判往往是依据文凭，但由于教育理念相对单一，因此结果可能会失之偏颇。除了读书、测试与书本有关的题目，还需要从纯能力的角度去评判项目经理，虽然评判环境可能不是那么完美，但对于具体评判的个体来讲，可以做得尽量客观。能力评判主要包括以下几个方面的内容：

（1）学习与思考。从项目的角度看，不存在相同的项目。"人不能两次踏入同一条河"，以往项目有的只是可借鉴的经验，可以完全复制的只是最抽象和根本的方法、理念。因此，要成为一名合格的项目经理，必须具有学习能力，掌握新的知识。同时，项目经理也应勤于思考，不断反思，摆脱思维定式，从成功经验和失败教训中总结出属于自己的知识。学习和思考可以让项目经理不断积累，提高项目管理水平，从量变走向质变，进而在更大的项目管理挑战中享受成功的喜悦。

（2）实践。书读得多了，知道得也多了，就知道"知易行难"。只在嘴上讲讲，甚至是只能放在肚子里，则无法产生效益。因此，项目经理必须有实践能力，甚至"没有条件，也要创造条件"去实践。只有通过实践才能把书本的内容真正变成自身的附属物。具有实践能力的前提有两点，一是要思路清楚，二是要勇于实践。

(3) 社交与沟通。项目管理要考虑的问题很多，这些问题都和人有着直接或间接的关系。项目经理需要和客户、公司领导、项目成员打交道，要让所有人员为共同的项目目标朝一个方向努力，首先要求项目经理有社交能力，和他们保持良好的关系，营造良好的项目氛围；然后要根据项目的需要，和有关人员不断沟通交流。

(4) 分析与决策。一个项目经理通常掌握很多信息。信息本身无法发挥作用，"信息的主人越聪明，信息的作用就越大"，因此项目经理必须具备分析能力。当遇到问题的时候，项目经理首先应该能够准确界定问题，然后能够从掌握的信息中"去其糟粕，取其精华"，形成对各种可能性的分析。分析之后的下一个步骤就是决策，项目管理中常常需要在短时间内确定哪种选择可行，因此在形成可供选择的行动方案后，项目经理需要建立客观的评判体系，只要有局部优势就可以作出抉择。

(5) 大局观与组织。项目管理就如下棋或打仗，需要大局观，如果只计较一子一地的得与失，却失去对全局形势的把握，失败则是必然的。现在的项目越来越复杂，尤其是非技术因素的影响日益增加，其非理性对项目的影响有可能是致命的；另外，从纯粹技术或业务的角度看，项目包含的内容也非常多，同样需要有大局观。

4) 性格

性格与能力相辅相成。性格决定命运，如果性格不能达到需要，能力就无从发挥；如果能力不济，性格就会变质。一般来说，合格的项目经理应该或多或少具备以下性格：

(1) 坚强。难度、复杂性、变化、风险，这些都使得项目经理要承受相当大的压力。如果没有坚强的性格，恐怕很难在项目中坚持原则，甚至可能会中途放弃；如果不够坚强，就无法相信自己，而一个连自己都不相信的项目经理，项目成员又如何信任他呢？因此，坚强对于项目经理，尤其是从事大型复杂项目的项目经理来说是第一位的。项目管理也可以说是逆水行舟，很多时候只要再坚持一下就可以渡过难关。

(2) 果断。项目总要在一定时间内完成，因此很多时候并没有太多时间去寻找完美的答案，这就需要项目经理果断地作出选择并实施。项目实施好比打仗，战场信息时刻在变，拖延时间只会贻误战机。

(3) 冷静。项目实施过程中随时存在着冲突，冷静是冲突得以解决的第一保证。只有冷静，项目经理才会专心去思考，去正视问题，才能找到真正的解决方案，而不只是"头痛医头，脚痛医脚"。

(4) 宽容。理解和尊重他人需要宽容的性格。只有理解和尊重别人，他人才会回报理解和尊重。知识经济时代的项目恰恰需要人员之间的理解和尊重，才能更好地把属于每个人的知识积聚在一起以产生聚变的效应，进而使项目获得效益。

(5) 开朗。开朗的性格能够让他人充分认识一个人。如果项目成员都不能认识到项目经理的存在和作用，项目管理肯定会失败。

5) 文化与价值观

企业有很多类型，比如，从资本类型看有外资、合资、国企、民营等，从总部所属地区看有北美、欧洲、日本、韩国、中国台湾地区、中国香港特区等，当然还有其他许多种分类方式。每类企业都有自己独特的文化与价值观。文化与价值观引起的冲突会给项目带来很大的不良影响。因此，选择项目经理需要评价其文化背景和价值观，看看是否能适应企业的文化与价值观,是否能够对各种客户企业文化认可和包容。

总之,评判一个项目经理是否合格,如果仅从知识(证书或者文凭)和经历的角度去评判,是不够全面的,还应加上能力、性格、文化与价值等角度,这样才能确保项目取得成功。

3.1.2　测绘项目管理基本知识

1. 测绘项目管理的主体和客体

1) 测绘项目管理主体

测绘项目管理主体是指在测绘部门中具有一定权限并实施管理行为的组织和人员。也就是说,测绘项目管理主体是在测绘活动中对他人的工作进行计划、组织、指挥、协调和控制等,以期实现管理目标的组织和人员。

(1) 管理组织。测绘项目管理所依赖的通常不是单个管理者的知识和能力,而是依赖由管理者所组成的群体,即管理组织。测绘的各级管理组织与测绘的组织体制相对应,由测绘部门各级领导人员或领导机关组成。各级管理组织中大多有一个领导核心,即领导班子。

(2) 管理人员。管理人员是在测绘部门中享有一定职权并实施管理行为的人,是组成管理组织的最小单元。管理人员按管理层次高低,分为高层管理人员、中层管理人员和基层管理人员。各级管理人员在自身权限范围内从事管理工作。高层管理人员主要指在测绘项目管理中从事决策、引导和协调工作的人员;中层管理人员主要指在测绘项目管理中从事计划、组织、沟通、治理等工作的人员,在决策、监督中也起一定作用;基层管理人员主要指班组长,其主要执行、贯彻上级指示,带领下属实现既定目标。

测绘项目管理主体在管理活动中处于主导和支配地位,是测绘项目管理活动的组织者、指挥者和实施者。测绘项目管理机制的建立与调整、管理决策的制定、管理计划的实施、管理活动的开展,都要依靠各级管理主体的能动作用。测绘项目管理主体在其管理活动中担任着至关重要的角色。当然,在管理活动中,管理者必然要受到内外环境的制约,从而影响其作用的发挥,因此,在一定的管理环境条件下,管理效果的好坏、管理目标能否顺利实现在很大程度上取决于管理主体的素质与行为。

2) 测绘项目管理客体

测绘项目管理客体就是测绘的管理对象,是管理主体行为的承受者。在测绘项目管理活动中,管理主体的主导作用必须表现在对管理客体的正确认识和作用上。正确了解管理客体及其特性,是管理主体发挥主观能动作用的前提。

(1) 客体类型。测绘项目管理客体主要指人、物、财。人是第一类客体,是管理客体诸要素中的核心要素。人与其他要素相比,最活跃、最积极、最具有能动性和影响力。物是测绘项目管理的第二类客体,主要指测绘仪器装备、车辆、设施及其他物资。测绘项目管理的一项重要职能就是物的管理。财是测绘项目管理的第三类客体,是资金或物质资料的价值表现。在许多情况下,特别是在市场经济条件下,财是测绘项目管理活动的一项先决条件。无论是内外业测量作业、训练,还是生活,都对资金有很大依赖。

用好物,管好财,对有效地实施管理具有非常重要的作用。除上述管理客体的三种基本要素外，还需要把信息、时间、空间视为管理系统的重要资源。测绘项目管理者应当重视对信息、时间、空间的管理。

(2) 客体特性。测绘项目管理客体主要有以下特性：

① 客观性。这是管理客体最根本的属性。客体独立于主体意识之外，有其自身的存在方式和活动规律。测绘部门都是由一定数量的作业技术人员、一定形式和数量的测绘仪器装备、一定规模的财力和物力组成的，这些都是客观存在的，不以管理主体意志而转移。

② 复杂性。从客体组成可以看出，测绘部门是一个小社会，是由多要素组成的综合体。测绘成员来自各地区、各层次、各民族，仪器和物资装备涉及各方面，内容不一，性质各异，呈现出高度的复杂性。在综合体中，既有有形的，又有无形的；既有人，又有物；既有人与人的关系，又有人与物的关系，还有物与物的关系。这些要素在系统中呈现一定的部门性、网络性和纵横交叉性。

③ 系统性。测绘项目管理客体(人、物、财)各要素进入某一组织管理领域内，就由原来的独立存在变为构成该系统的有机组成部分，相互之间便会产生密切联系，并作为一个系统而客观存在、运动和变化。

④ 动态性。当今测绘领域，科学技术迅速发展，仪器装备日新月异，测绘保障体系不断变化。这些变化在不同程度上影响测绘项目管理客体的性质和状态。同时，国家经济的发展和军事战略的调整，也会使测绘项目管理客体中的各要素发生变化。

管理者必须在客观现实的基础上，透过各种复杂的现象，系统、动态、正确地认识客体，以保证管理系统的正常运行。

(3) 客体作用。在测绘项目管理活动中，管理主体起着主导作用，管理客体也具有不容忽视的重要作用。测绘项目管理客体对管理目标有重要的作用。测绘项目管理的目标是提高测绘的保障能力，而单靠管理主体是无法完成这一目标的。管理客体的要素也是构成测绘作业能力不可缺少的要素，只有通过管理主体与管理客体的有机结合，充分发挥管理客体诸多要素的综合效益，才能保证测绘保障能力不断提高。

另外，管理客体对于管理主体作用的发挥具有重要影响。管理客体不仅是管理主体作用的对象，也是管理主体施展才干的舞台和发挥才能的平台，把握好管理客体的选用和补充对于管理主体实施下一步管理行为意义重大，构成测绘项目管理客体的人员素质越高、物质越丰富、测绘仪器装备越先进、财力越雄厚，越有利于管理主体实现管理目标。

3) 主、客体相对性

在测绘项目管理活动中，管理主体与管理客体相互依存，但都具有相对性。

一方面，管理者在特定条件下也是被管理者。任何一级组织或领导，在本系统、本单位内是管理者，是管理主体，但相对于上级机关和领导而言又是被管理者，是管理客体。这就意味着管理者在实施对下级组织和人员管理的同时，要接受上级组织和人员的领导及监督。

另一方面，被管理者在特定条件下也是管理主体。在测绘项目管理中，广泛实行民主集中制的原则，把集中管理与被管理者参加管理科学地结合起来，使被管理者与管理者在权利上处于平等的地位。在测绘部门中，广大作业人员参与管理主要表现为：对本单位的管理活动提出合理化建议，施加一定影响；通过职工代表大会或职工代表直接参与管理工作，成为管理主体。也就是说，被管理者既是管理客体，也是管理主体。

另外，管理者的管理权力对下级而言也不是绝对的。在管理活动中，管理者的有效管理是以被管理者的拥护、支持为条件的，而被管理者对管理者的拥护、支持是以管理者的正确管理为前提的。管理者在管理活动中应当接受下级的批评与监督。被管理者对本单位的工作依法依规进行监督，包括对管理者进行监督，从而成为管理主体。

2. 测绘项目管理的内容和方法

1）测绘项目管理的内容

测绘项目管理从广义上可分为国家对测绘工作的管理和测绘生产企业对测绘工作的管理，前者称为测绘行业管理，后者称为测绘项目管理。

（1）测绘行业管理。测绘工作是经济建设、国防建设、社会发展的基础性工作，国家为了对测绘工作进行管理制定了一系列的法律法规，测绘行业管理的主要工作有测绘资质资格管理、测绘成果管理、测量标志保护管理、基础测绘项目管理、地图编制管理等。

（2）测绘项目管理。测绘生产企业对测绘项目工作前期的决策、计划，中期的组织实施、合同管理、质量控制、安全生产，以及后期的成果验收所进行的一系列管理工作称为测绘项目管理。

① 项目策划。根据用户的要求，制定测绘项目的产品内容；根据测绘项目的内容、工期、技术、质量、安全生产等要求，分析判断需要投入的人员、设备等资源。

② 合同管理。对测绘项目实施过程中所涉及的经济、技术合同的签订、履行、变更、争议、终止的全过程进行管理。

③ 项目技术设计。按照测绘项目要求，根据《测绘技术设计规定》及有关的技术规范、技术标准，制定项目设计书，提出各项精度指标。

④ 项目组织安排。按照测绘项目的专业类别、性质、难度，以及有关人员的技术背景和工作安排等，根据项目实施流程，确定参加项目各个工序的技术和质量控制人员。

⑤ 项目实施与质量控制。依据测绘项目要求，对各个专业技术设计书的执行进行指导和监督，选择测量方案，确定测量手段，督促检定测绘仪器，明确质量检查方法。

⑥ 项目测绘技术总结。根据《测绘技术总结编写规定》及有关的技术规范、技术标准撰写技术总结，内容包括工期、成果精度指标、需要说明的问题等；对技术问题的处理进行分析、评估、认定，明确结论。

⑦ 项目产品成果整理。根据测绘项目的性质、周期及有关法规，进行地理信息数据安全风险评估，确定必要的数据备份、异地存放等防护措施，必要时制定信息安全预案。

⑧ 项目检查验收。按照《测绘产品检查验收规定》和《测绘生产质量管理规定》的要求，实行两级检查一级验收，经质量检验部门检验合格后，按照合同约定提交完整的测绘成果。

2）测绘项目管理方法

测绘产品质量取决于项目管理过程中的过程监控。质量工作的目标是建立起适应市场经济要求的质量监督机制，对测绘产品质量实施有效的监督管理，加强质量控制，确保测绘产品质量。

（1）完善质量监督管理规章制度，做到依法规范管理。国家颁发了《测绘地理信息质量管理办法》和《测绘成果质量监督抽查管理办法》，以及一些相应的检验实施细则，建立了相对完善的质量监督管理法规体系。但由于着重点不同，有些文件可操作性、针对性不强；另外，制定的检验实施细则尚不齐全，在实际执行过程中存在一定困难。为使制定的法规、部门规章和规范性文件更加切合实际情况，需要在法规的基础上完善质量监督管理规章制度，制定适合测绘单位的质量监督细则，使测绘质量监督管理更加科学、更加合理。

（2）建立质量监督机制，加强监督力度。测绘项目管理是一种行业管理，测绘队伍分布于国民经济建设各个部门，虽各有特点和差别，但共性是为国民经济建设提供各种基础测绘地理信息。为确保质量，测绘行业应建立相应的激励机制、监督机制和制约机制，实行综合质量管理。对国家指令性基础测绘项目实行项目管理，建立质量保证金制度，根据验收结果结算经费。质量保证金制度是市场经济条件下用经济手段监控产品质量比较有效的管理办法。加强行业产品质量监督抽检力度，完善质量监督抽检程序。对质量特别低劣的单位，责令停业整顿，取消部分业务范围，直至吊销资格证书；对有关质量违法行为提请有关部门依法惩处。

（3）建立测绘项目监理制度，加强生产过程质量控制监督。测绘项目监理的科学性、公正性、独立性、服务性等性质，能够很好地为业主提供项目管理服务、规范工程相关方的生产行为，以保障工程质量。同时，测绘过程监理通过对生产过程的监督，提出工作质量记录、质量报告，作为测绘项目成果验收质量评定的客观依据，也可作为测绘项目合同执行状况的客观证据。测绘项目监理工作应结合本行业的技术特点，逐步形成自己完善的工作体系。以政府的有效管理，规范监理企业和人员的行为，建立、完善测绘监理工程师职业资格和注册管理相关制度，保障监理工作的质量和服务水平。

测绘项目管理是测绘单位工作的一条主线，测绘产品质量控制是测绘产品合格的保障工程，它需要思想保证体系、技术保证体系及质量监督体系来进行支撑。要提高项目管理的质量和效率，应建立配套规章制度，加强产品质量控制，规范作业程序，不断提高技术人员的业务水平，使测绘项目管理更好地为测绘单位的经济发展服务。

3）测绘项目管理的特点

测绘项目管理是人类社会不同领域管理活动中的一种特殊管理活动，除具有一般管理的目的性、组织计划性、活动协调性和创造性等特点以外，还具有高精度要求、复杂的数据处理、跨学科协作、动态环境适应、高度依赖技术工具等特点，这些特点是由测绘环境决定的。其中，高精度要求是测绘项目管理的一个关键特点。测绘项目通常涉及地理空间数据的精确测量和分析，这就要求高精度的仪器设备和严格的操作规范。在项目实施过程中，任何微小的误差都可能导致最终数据的不准确，进而影响项目的整体质量和可用性。因此，测绘项目管理需要高度重视精度控制，从项目规划、设备选型、数据采集到后期数据处理，每一个环节都必须严格把关，确保数据的精确性和可靠性。

（1）高精度要求

测绘项目管理对精度的要求极高，任何微小的误差都可能导致项目失败。项目管理者需要选择高精度的测量仪器，如全站仪、全球导航卫星系统（GNSS）、激光扫描仪等，同时要确保测量人员具备专业技能和经验。在项目实施过程中，项目管理者需要设立严格的质量控制标准，定期对测量数据进行校核和验证，确保数据的精度和一致性。

（2）复杂的数据处理

测绘项目管理涉及大量的地理空间数据，这些数据需要经过复杂的处理和分析。项目管理者需要使用专业的数据处理软件，如 ArcGIS、AutoCAD、3D 建模软件等，对采集的数据进行处理、分析和可视化。这些软件要求项目成员具备较高的技术能力和专业知识，能够准确地解读和处理各种地理空间数据。

(3) 跨学科协作

测绘项目通常涉及多个学科领域，如地理信息系统、遥感技术、工程测量、地质勘探等。项目管理者需要协调和组织不同学科的专业人员，确保各个环节的工作能够顺利衔接和协同。跨学科的协作需要项目成员具备良好的沟通和团队合作能力，能够在不同的专业领域之间进行有效的沟通和协调。

(4) 动态环境适应

测绘项目往往在复杂的自然环境中进行，如山区、森林、城市等，这些环境具有动态变化的特性。项目管理者需要具备灵活应变的能力，能够根据环境的变化及时调整测量方案和技术手段。例如，在恶劣天气条件下，项目管理者需要采取相应的措施，确保测量工作的安全和数据的准确性。

(5) 高度依赖技术工具

测绘项目管理高度依赖各种先进的技术工具和设备，如无人机、激光雷达、卫星影像等。这些技术工具能够显著提高测量的效率和精度，但同时也对项目管理者提出了更高的技术要求。项目管理者需要不断学习和掌握最新的测绘技术和工具，确保项目能够紧跟技术发展的步伐，保持竞争优势。

(6) 项目风险管理

测绘项目管理需要高度重视项目风险管理，因为测绘工作往往面临自然环境、技术故障、人为错误等多种风险。项目管理者需要制订详细的风险管理计划，识别和评估潜在的风险，并采取相应的预防和应对措施。例如，在进行地质勘探测绘时，项目管理者需要考虑到地质灾害的风险，制定应急预案，确保项目的安全和顺利进行。

(7) 数据质量控制

数据质量是测绘项目成功的关键，项目管理者需要设立严格的数据质量控制标准，确保数据的准确性和可靠性。数据质量控制包括数据采集、处理、存储和分析的各个环节，项目管理者需要定期对数据进行校核和验证，发现问题及时纠正，确保数据的高质量。

(8) 成本和时间管理

测绘项目管理需要有效地控制项目成本和时间，确保项目能够按时按预算完成。项目管理者需要制订详细的项目计划，合理分配资源，确保各项工作能够按时完成。同时，项目管理者需要定期对项目进展进行监控和评估，及时发现和解决问题，确保项目顺利推进。

(9) 法律和规范遵循

测绘项目管理需要遵循相关的法律法规和行业规范，确保项目的合法性和规范性。项目管理者需要了解和掌握相关的法律法规和行业标准，确保项目的各项工作符合规定，避免法律风险。

(10) 项目后期管理

测绘项目的后期管理同样重要，包括数据的存储、管理和应用等。项目管理者需要制订详细的数据管理计划，确保数据的安全和长期保存。同时，项目管理者需要对项目成果进行总结和评估，发现和总结经验教训，为后续项目提供参考和借鉴。

测绘项目管理的以上特点决定了其复杂性和挑战性，项目管理者需要具备较高的专业知识和管理能力，能够有效地组织和协调各项工作，确保项目的成功完成。

3.2 测绘工程项目管理

3.2.1 测绘项目发包与承包

1. 测绘项目发包与承包的概念

1）测绘项目发包

测绘项目发包指项目建设单位遵循公开、公正、公平的原则，采用公告或邀请书等方式提出测绘项目内容及其条件和要求，邀请有意愿参与竞争的测绘单位按照规定条件提出测绘项目实施计划、方案和价格等，再采用一定的评价办法择优选定承包单位，最后以测绘项目合同形式委托其完成指定测绘工作的活动。测绘项目发包方式包括招标发包和直接发包两种。招标发包是由交易活动的发起方在一定范围内公布标的特征和部分交易条件，按照依法确定的规则和程序，对多个响应方提交的报价及方案进行评审，择优选择交易主体并确定交易条件的一种发包方式。直接发包是指由发包方直接选定特定的承包商，与其进行一对一的协商谈判，就双方的权利义务达成协议后，与其签订工程承包合同的发包方式。

2）测绘项目承包

测绘项目承包指具有测绘资质的测绘单位通过与工程项目的项目法人签订测绘项目合同，负责承担测绘项目组织实施的活动。测绘项目承包可以通过测绘项目发包方直接发包或者参与测绘项目投标的方式进行。

2. 测绘项目发包方与承包方的基本条件

1）测绘项目发包方（委托方）的条件

（1）测绘项目发包方（委托方）须具备有关法律法规规定的资格，其委托行为应当符合法律法规的规定。

（2）在中华人民共和国领域和管辖的其他海域内，外国的组织或者个人单独进行测绘或者与中华人民共和国有关部门、单位合作进行测绘的，应当遵守《外国的组织或者个人来华测绘管理暂行办法》规定，由国务院自然资源主管部门和军队测绘部门审查批准。

（3）台、港、澳人员在大陆进行测绘活动的，须报经国务院自然资源主管部门和军队测绘主管部门审查批准。

2）测绘项目承包方的条件

（1）进入测绘市场承揽测绘项目的单位，必须持有国务院自然资源主管部门或省、自治区、直辖市自然资源主管部门颁发的测绘资质证书，并按资质证书规定的业务范围和作业限额从事测绘活动。

（2）从事测绘活动的单位，应当依法取得企业或者事业单位法人资格，并在市场监督管理部门核准登记的经营范围内从事测绘活动。

（3）测绘事业单位在测绘市场活动中收费的，应当持有物价主管部门颁发的收费许可证。

3. 测绘项目发包方与承包方的权利与义务

1）测绘项目发包方的权利

（1）检验承包方的测绘资质证书。

（2）对委托的项目提出符合国家有关规定的技术、质量、价格、工期等要求。

（3）明确规定承包方完成的成果的验收方式。

（4）对由于承包方未履行合同造成的经济损失，提出赔偿要求。

（5）按合同约定享有测绘成果的所有权或使用权。

2）测绘项目发包方的义务

（1）遵守有关法律、法规，履行合同。

（2）向承包方提供与项目有关的可靠的基础资料，并为承包方提供必要的工作条件。

（3）向测绘项目所在省、自治区、直辖市自然资源主管部门汇交测绘成果目录或副本。

（4）执行国家规定的测绘收费标准。

3）测绘项目承包方的权利

（1）公平参与市场竞争。

（2）获得所承揽的测绘项目应得的价款。

（3）按合同约定享有测绘成果的所有权或使用权。

（4）拒绝发包方提出的违反国家规定的不正当要求。

（5）对由于发包方未履行合同而造成的经济损失提出赔偿要求。

4）测绘项目承包方的义务

（1）遵守有关的法律、法规，全面履行合同，遵守职业道德。

（2）保证成果质量合格，按合同约定向发包方提交成果资料。

（3）根据各省、自治区、直辖市人民政府对测绘任务登记的管理规定，向自然资源主管部门进行测绘任务登记。

（4）按合同约定，不向第三方提供受委托完成的测绘成果。

4. 测绘项目发包与承包相关规定

《中华人民共和国测绘法》(以下简称《测绘法》)第二十九条规定：测绘单位不得超越资质等级许可的范围从事测绘活动，不得以其他测绘单位的名义从事测绘活动，不得允许其他单位以本单位的名义从事测绘活动。测绘项目实行招标投标的，测绘项目的招标单位应当依法在招标公告或者投标邀请书中对测绘单位资质等级作出要求，不得让不具有相应测绘资质等级的单位中标，不得让测绘单位低于测绘成本中标。中标的测绘单位不得向他人转让测绘项目。

1）测绘单位不得超越其资质等级许可的范围从事测绘活动

测绘单位依法取得的测绘资质证书明确地载明了测绘单位的测绘资质等级、许可的业务范围和资质证书编号以及发证机关，测绘单位在承担测绘项目时，必须严格按照测绘资质证书上规定的资质等级和业务范围进行。

2）测绘单位不得以其他测绘单位的名义从事测绘活动

测绘单位不得以其他测绘单位的名义从事测绘活动。以其他测绘单位的名义从事测绘活动是借用他人的测绘资质证书从事测绘活动的行为，是《测绘法》所禁止的行为。

3）测绘单位不得允许其他单位以本单位的名义从事测绘活动

取得测绘资质证书的单位允许其他单位以本单位的名义从事测绘活动，是出借测绘资质证书的违法行为。在实际工作中，有些单位为获取经济利益将测绘资质证书出借给低资质等级或者不具有资质条件的测绘单位使用，也有些单位用假合作、联营、挂靠等方式允许其他单位以本单位的名义从事测绘活动，严重扰乱了测绘市场秩序，必须坚决予以禁止和打击。

4）测绘项目的发包单位不得向不具有相应测绘资质等级的单位发包

这是规范项目发包单位行为的法律规定，目的是维护测绘地理信息市场秩序，保障测绘地理信息市场健康有序发展，营造公平竞争、依法有序的市场环境。

5）测绘项目发包单位不得迫使测绘单位以低于测绘成本承包

迫使测绘单位以低于测绘成本承包，指测绘项目发包方不正确地运用自己所处的项目发包优势地位，以将要发生的损害或者以直接实施损害相威胁，使测绘单位产生恐惧而与之签订测绘项目合同。迫使签订合同包括两种情况：一是以将要发生的损害相威胁，而使他人产生恐惧；二是测绘项目发包单位实施不法行为，直接给测绘单位造成人为的损害和财产的损失，而迫使测绘单位签订合同。

6）测绘单位不得将承包的测绘项目转包

测绘项目转包，是指承包方在承包工程后，不履行合同约定的责任和义务，将其承包的全部工程转给他人或者将其承包的全部工程肢解以后以分包的名义分别转给其他单位承包，或者将测绘项目的主体工作或大部分工作转包给他人完成的行为。测绘项目合同的签订是测绘项目发包单位对承包单位资质、能力的认可，测绘项目承包单位应当以自己的测绘仪器设备、技术和劳力完成承揽的主要测绘工作。

7）测绘单位不得将承包的测绘项目违法分包

分包是指工程的承包单位（总承包单位）将其承包的工程建设任务中的一部分（除主体结构）通过合同委托给其他单位完成的行为。中标人应当按照合同约定履行义务，完成中标项目。中标人不得向他人转让中标项目，也不得将中标项目肢解后分别向他人转让。中标人按照合同约定或者经招标人同意，可以将中标项目的部分非主体、非关键性工作分包给他人完成。接受分包的人应当具备相应的资格条件，并不得再次分包。中标人应当就分包项目向招标人负责，接受分包的人就分包项目承担连带责任。

《测绘市场管理暂行办法》规定，测绘项目的承包方必须以自己的设备、技术和劳力完成所承揽项目的主要部分。测绘项目的承包方可以向其他具有测绘资质的单位分包，但分包量不得大于该项目总承包量的40%。将项目的关键部分或者主体部分分包出去，或者分包量超过40%的属于违法分包。

5. 案例分析

案例：测绘项目转包和无测绘资质从事测绘活动的行为

1）事件背景

2012年3月，A中心、B局、C公司三方签订合同，由A中心承担国家基础航空摄影某摄区项目。2012年5月，C公司与D公司（此时D公司没有相关的测绘资质）签订合同，将该项目转包给D公司。2012年6月至2013年12月，D公司完成该项目，并将测绘成果提交给C公司。2013年12月，A中心对C公司提交的该项目成果进行了验收，出具了验收合格报告。C公司将承包的测绘项目转包和D公司无测绘资质从事测绘活动的行为，分别违反了《测绘法》第二十四条和第二十二条的规定，扰乱了测绘市场秩序，造成了不良影响。

2）处理措施

根据《中华人民共和国行政处罚法》第二十九条关于追责时效的规定，C公司与D公司测绘违法行为至今已超过两年追责时效，依法不再给予行政处罚。为严肃法纪，原国家测绘地理信息局决定对上述两家公司给予以下处理：

（1）约谈C公司和D公司主要负责人，对其予以严肃批评教育。

（2）依据《测绘地理信息行业信用管理办法》和《测绘地理信息行业信用指标体系》，将C公司转包测绘项目行为纳入该单位严重失信信息，记入测绘地理信息行业信用管理平台向社会发布。自该信息生效之日起两年内，C公司不得申请新增测绘专业范围。

（3）将C公司和D公司测绘违法情况通报国家工商行政管理总局，记入国家企业信用信息公示系统。

（4）依据《国家航空航天遥感影像获取诚信与业绩考核办法》有关规定，取消C公司2017—2018年国家基础航空摄影项目投标资格。

（5）将D公司涉嫌非法获取、持有国家秘密载体情况通报国家保密局，依照保密管理法律法规予以处理。

（6）将C公司列为2017年度重点监管对象，对其测绘资质、质量、成果保密等情况进行全面检查。

《中华人民共和国民法典》（以下简称《民法典》）中规定，“总承包人或者勘察、设计、施工承包人经发包人同意，可以将自己承包的部分工作交由第三人完成。第三人就其完成的工作成果与总承包人或者勘察、设计、施工承包人向发包人承担连带责任。承包人不得将其承包的全部建设工程转包给第三人或者将其承包的全部建设工程肢解以后以分包的名义分别转包给第三人”。因此本案例中，经甲方同意，将合同的非主体部分转包给第三方是允许的。但是，根据《测绘法》规定，从事测绘活动的单位应当具备下列条件，并依法取得相应等级的测绘资质证书，方可从事测绘活动：（一）有法人资格；（二）有与从事的测绘活动相适应的专业技术人员；（三）有与从事的测绘活动相适应的技术装备和设施；（四）有健全的技术和质量保证体系、安全保障措施、信息安全保密管理制度以及测绘成果和资料档案管理制度。所以，本案例中，C公司把项目转包给没有资质的D公司是违法的。

3.2.2　测绘项目招投标

招标投标是一种市场经济的商品经营方式，已被广泛采用。这种方式是在货物、工程和服务的采购行为中，招标人通过事先公布的采购和要求，吸引众多的投标人按照同等条件进行平等竞争，按照规定程序并组织技术、经济和法律等方面专家对众多的投标人进行综合评审，从中择优选定项目的中标人的行为过程。其实质是以较低的价格获得最优的货物、工程和服务。

1. 测绘项目招投标的概念

1）测绘项目招标

招标是指在一定范围内公开货物、工程或服务采购的条件和要求，邀请众多投标人参加投标，并按照规定程序从中选取交易对象的一种市场交易行为。测绘项目招标是测绘项目发包的一种方式。招标发包是项目法人单位对自愿参加某一特定测绘项目的承包单位进行邀约、审查、评价和选定的过程。

目前大多数测绘项目采用招标的方式确定项目承担单位。实行招标的最显著特征是将竞争机制引入交易过程，与直接发包相比，其优越性在于：一是招标方通过对自愿参加承包的单位的条件进行综合比较，从中选择报价低、技术力量强、质量保证体系可靠、具有良好信誉的承包者，与其签订合同，有利于节约和合理使用资金，保证发包项目质量；二是招标活动要求依照法定程序公开进行，有利于防止行贿受贿等腐败和不正当竞争行为；三是有利于创造公平竞争的市场环境，促进公平竞争。

2）测绘项目投标

测绘项目投标是根据测绘项目招标方式或者委托招标代理机构的邀约，响应招标并向招标方书面提出测绘项目实施计划、方案和价格等，参与测绘项目竞争的过程。对于实行招标的项目来说，投标者往往较多，招标方在公平、公正、公开、平等竞争的原则下，择优选择承包单位。

从理论上讲，发包方通过招标发包测绘项目，不仅对发包方合理使用资金、保证项目质量具有重要意义，而且测绘单位通过投标竞争承揽测绘项目，对于保护公平竞争、维护测绘市场秩序、提高测绘成果质量、促进测绘事业发展也具有重要意义。但是，如果招标投标活动不规范，也会造成恶性竞争、市场混乱、测绘成果质量低劣等不良后果。例如，招标方任意压低项目价格，迫使测绘单位以低于成本的价格投标；测绘单位为了承揽项目，任意压低报价，以低于成本的价格投标；投标方与招标方相互勾结，采取不正当的手段承揽测绘项目等。其结果往往以牺牲测绘成果质量、危害公共安全和公共利益、破坏测绘市场秩序为代价。

2. 招投标的基本特性

（1）组织性。招标投标是一种有组织、有计划的商业交易活动，它必须按照招标文件的规定，在特定地点、时间内，按照规定的规则、办法和程序进行，有着高度的组织性。

（2）公开性。①进行招标活动的信息公开；②开标的程序公开；③评标的标准和程序公开；④中标的结果公开。

（3）公平性和公正性。①对待各方投标者一视同仁，招标方不得有任何歧视某一个投标者的行为；②开标过程实行公开公正方式；③严格的保密原则和科学的评标办法，保证评标过程的公正性；④与投标人有利害关系的人员不得作为评标委员会成员；⑤招标的组织性与公开性则是招标过程中公平、公正竞争的又一重要保证。

（4）一次性。招标与投标的交易行为不同于一般商品交换，也不同于公开询价与谈判交易。招标投标过程中，投标人没有讨价还价的权利是招标投标的又一个显著特征。投标人参加投标，只能应邀进行一次性秘密报价，是“一口价”。投标文件递交后，不得撤回或进行实质性条款的修改。

（5）规范性。按照目前通用做法，招标投标程序已相对成熟与规范，无论是工程施工招标，还是有关货物或服务采购招标，都要按照编制招标文件→发布招标公告→投标→开标→评标→签订合同这一相对规范和成熟的程序进行。

3. 测绘项目招投标管理

1）对测绘单位的规定

（1）测绘单位不得超越其资质等级许可的范围从事测绘活动。

（2）测绘单位不得以其他测绘单位名义从事测绘活动。

（3）测绘单位不得允许其他单位以本单位的名义从事活动。

（4）中标的测绘单位不得向他人转让测绘项目。

（5）测绘单位不得将承包的测绘项目违法分包。中标人按照合同约定或者经招标人同意，可以将中标项目的部分非主体、非关键性工作分包给他人完成。接受分包的人应当具备相应的资格条件，并不得再次分包。中标人应当就分包项目向招标人负责，接受分包的人就分包项目承担连带责任。

2）对项目招标单位的规定

（1）测绘项目的招标单位应当依法在招标公告或者投标邀请书中对测绘单位资质等级作出要求。

（2）测绘项目的招标单位不得让不具有相应测绘资质等级的单位中标。

（3）招标单位不得让测绘单位以低于测绘成本中标。

目前，我国地理信息产业发展迅速，从事测绘活动的单位越来越多，各种无序竞争现象也比较普遍，甚至出现“0 元中标”和“1 元中标”的现象，严重扰乱了测绘地理信息市场秩序。为保障测绘成果质量，维护测绘地理信息市场竞争秩序，必须严令禁止低价中标的现象。为此，《测绘法》明确规定，测绘项目的招标单位不得让测绘单位低于测绘成本中标。

4.《招标投标法》的有关规定

《中华人民共和国招标投标法》（以下简称《招标投标法》）是从事测绘项目招标投标时必须遵守的，为使测绘专业工作人员更好地理解和掌握，对有关规定做如下介绍。

1）招标人和投标人

招标人是依照招标投标的法律、法规提出招标项目，进行招标的法人或者其他组织，其应当具备三项基本条件：①要有可以依法进行招标的项目，比如，有些涉及国家秘密的项目不适宜招标；②具有合格的招标项目，比如，具有与项目相适应的资金或者可靠的资金来源；③招标人为法人或其他组织，应是依法进入市场进行活动的实体，他们能独立地承担责任、享有权利。

投标人是响应招标、参加投标竞争的法人或者其他组织。投标人须具备三个条件：一是响应招标的能力，二是承担招标项目的能力，三是符合资格条件以及其他相关条件。

2）招标方式

在《招标投标法》中规定了两种招标方式，即公开招标和邀请招标。公开招标属于非限制性竞争招标，是招标人以招标公告的方式邀请不特定的符合公开招标资格条件的法人或其他组织参加投标，按照法律程序和招标文件公开的评标方法、标准选择中标人的招标方式。邀请招标属于有限竞争性招标，也称选择性招标，招标人向已经基本了解或通过征询意向的潜在投标人，经过资格审查后，以投标邀请书的方式直接邀请符合资格条件的特定的法人或其他组织参加投标，按照法律程序和招标文件规定的评标方法、标准选择中标人的招标方式。邀请招标不必发布招标公告或招标资格预审文件，但应该组织必要的资格审查，且投标人不应少于3个。

3）招标投标文件

招标文件是招标投标过程中最重要的文件，是招标人依据招标项目的特点和需要编制的。招标文件的内容由《招标投标法》作出规定，应当包括招标项目的技术要求、对投标人资格审查的标准、投标报价要求和评标标准等所有实质性要求和条件以及拟签订合同的主要条款等。

投标文件是指具备承担招标项目的能力的投标人，按照招标文件的要求编制的文件。《招标投标法》还对投标文件的送达、签收、保存的程序作出规定，有明确的规则。对于投标文件的补充、修改、撤回也有具体规定，明确了投标人的权利义务，这些都是适应公平竞争需要而确立的共同规则。

4）评标和中标

评标和中标是招标投标整个过程中两个起决定性作用的环节，在《招标投标法》中对这两个环节作出了一系列的规定，确定了有关的行为规范。

（1）组织评标委员会。评标是对投标文件进行审查、评议、比较，其根据是法定的原则和招标文件的规定及要求。这是确定中标人的必经程序，也是保证招标获得有效成果的关键环节。评标应当有专家和有关人员参加，而不能只由招标人独自进行，还要有足够的知识、经验进行判断，力求客观公正。《招标投标法》对评标委员会的组成规则也作出了规定。

（2）评标规则。评标必须按法定的规则进行，这是公正评标的必要保证，《招标投标法》对此作出了规定。

（3）中标。在招标投标中选定最优的投标人，从投标人的角度来看，就是投标成功，争取到了招标项目的合同。《招标投标法》对确定中标人的程序、标准和中标人应当切实履行的义务等方面作出了规定，这既是保证竞争的公平、公正，也是为了维护竞争的成果。

5.《测绘法》有关规定

《测绘法》对测绘项目招投标作出的规定主要包括以下内容：

1）测绘项目的招标单位不得让不具有相应测绘资质等级的单位中标

（1）对于测绘项目招标单位来说，必须查验投标单位的测绘资质，不得把测绘项目让没有测绘资质或者测绘资质等级不符合要求的测绘单位中标。在测绘市场中，无证测绘或者超越资质等级测绘的现象还是或多或少存在着。这种行为的结果，往往由于承揽方缺乏相应的资质条件而致使测绘成果质量低劣，甚至造成重大财产损失和重大伤亡事故，必须明令禁止。《测绘法》规定：测绘项目的招标单位让不具有相应资质等级的测绘单位中标，或者让测绘单位低于测绘成本中标的，责令改正，可以处测绘约定报酬二倍以下的罚款。招标单位的工作人员利用职务上的便利，索取他人财物，或者非法收受他人财物为他人谋取利益的，依法给予处分；构成犯罪的，依法追究刑事责任。

（2）对于投标单位来说，未取得相应的测绘资质，不得投标测绘项目，也不得借用其他单位的名义投标测绘项目。

2）测绘项目的招标单位不得迫使测绘单位以低于测绘成本中标

所谓“迫使”，是指测绘项目招标方不正确地利用自己所处的项目招标优势地位，以将要发生的损害或者以直接实施损害相威胁，使对方测绘单位产生恐惧而与之订立合同。因迫使而订立合同要具有如下构成要件。

(1) 迫使人具有迫使的故意。即迫使人明知自己的行为将会对受迫使方从心理上造成恐惧而故意为之，并且迫使方希望通过迫使行为使受迫使方作出的意思表示与迫使方的意愿一致。

(2) 迫使方必须实施了迫使行为。

(3) 迫使行为必须是非法的。迫使人的迫使行为是给对方施加一种强制和威胁，但这种威胁必须是没有法律依据的。

(4) 必须要有受迫使方因迫使行为而违背自己的真实意思与迫使方订立合同。如果受迫使方虽受到了对方的迫使行为但不为之所动，没有与对方订立合同或者订立合同不是由于对方的迫使，则不构成迫使。

当前我国的经营性测绘活动被迫压价竞争现象比较普遍，测绘收费平均价格压到了国家指导价的50%，有的只达到了30%。有的测绘项目招标方因经费紧张，选择测绘单位时哪家收费最低选哪家，处于弱势地位的测绘单位迫于不正当的竞争压力，不惜以远低于自己生产成本的价格承揽测绘业务，由于入不敷出，往往拖延工期，甚至偷工减料，造成测绘成果质量低劣，对后续的各项工程建设造成重大质量隐患。因此，迫使测绘单位以低于测绘成本中标的行为必须禁止。

3) 测绘单位不得将中标的测绘项目转让

所谓转让是指中标方将所承揽的测绘项目全部转给他人完成，或者将测绘项目的主体工作或大部分工作转给他人完成。测绘合同的签订是测绘项目招标单位对中标单位能力的信任，中标单位应当以自己的设备、技术和劳力完成承揽的主要工作。这里的主要工作一般是指对测绘成果的质量起决定性作用的工作，也可以说是技术要求高的那部分工作。但是，目前有些单位和个人不顾招标单位的权益，将测绘项目层层转包，从中牟取暴利，使测绘成果质量难以得到保障；有些单位和个人与测绘项目招标方搞私下交易，暗中收回扣，严重扰乱测绘市场秩序，败坏社会风气。

《测绘法》第五十八条规定：违反本法规定，中标的测绘单位向他人转让测绘项目的，责令改正，没收违法所得，处测绘约定报酬一倍以上二倍以下的罚款，并可以责令停业整顿或者降低测绘资质等级；情节严重的，吊销测绘资质证书。

6.《中华人民共和国反不正当竞争法》有关规定

(1) 经营者在市场交易中，应当遵循自愿、平等、公平、诚实信用的原则，遵守法律和商业道德。投标者不得串通投标，抬高标价或者压低标价。投标者和招标者不得相互勾结，以排挤竞争对手的公平竞争。

(2) 国务院建立反不正当竞争工作协调机制，研究决定反不正当竞争重大政策，协调处理维护市场竞争秩序的重大问题。

(3) 县级以上人民政府履行工商行政管理职责的部门对不正当竞争行为进行查处；法律、行政法规规定由其他部门查处的，依照其规定。

(4) 经营者违反本规定，给他人造成损害的，应当承担损害赔偿责任。经营者的合法权益受到不正当竞争行为损害的，可以向人民法院提起诉讼。因不正当竞争行为受到损害的经营者的赔偿数额，按照其因被侵权所受到的实际损失确定；实际损失难以计算的，按照侵权人因侵权所获得的利益确定。赔偿数额还应当包括经营者为制止侵权行为所支付的合理开支。

7. 涉密地理信息数据建设项目招投标

用户在涉及加工、处理、集成等使用涉密地理信息数据的建设项目招投标中，必须委托给国内具有相应测绘资质的单位承担。严禁委托给外国企业或者外商独资、中外合资、合作企业以及具有外资背景的企业承担涉密项目建设。

3.2.3 测绘项目合同

《中华人民共和国合同法》由中华人民共和国第九届全国人民代表大会第二次会议于1999年3月15日通过，于1999年10月1日起施行。合同法是调整平等主体之间的交易关系的法律，它主要规定合同的订立、合同的效力及合同的履行、变更、解除、保全、违约责任等问题。2020年5月28日，十三届全国人大三次会议表决通过了《中华人民共和国民法典》，自2021年1月1日起施行，《中华人民共和国合同法》同时废止。

1. 合同的基本知识

合同指平等主体的双方或多方当事人（自然人或法人）关于建立、变更、终止民事法律关系的协议。

1）合同订立

合同的订立又称缔约，指两方以上当事人通过协商而建立合同关系的行为，是当事人为设立、变更、终止权利义务关系而进行协商、达成协议的过程。订立测绘合同时一定要根据具体的项目及相关条件（技术及其他约束条件），明确约定有关合同标的（包括测绘范围、数量、质量等方面）以及报酬和履约期限等，以保证合同能够被正常执行，保障合同双方的权益。订立合同应遵循以下基本原则：

（1）当事人法律地位平等；

（2）自愿的原则；

（3）公平的原则；

（4）诚实信用的原则；

（5）遵守法律和不得损害社会公共利益的原则。

合同订立是《民法典》（合同编）的重要内容，也是测绘项目管理的重要组成部分。当事人订立合同，应当具有相应的民事权利能力和民事行为能力。合同有书面形式、口头形式和其他形式。行政法规规定采用书面形式的，应当采用书面形式；当事人约定采用书面形式的，应当采用书面形式。书面形式指合同书、信件和数据电文（包括电报、电传、传真、电子数据交换和电子邮件）等可以有形地表现所载内容的形式。

合同的内容由当事人约定，条款一般包括：当事人的名称或者姓名和住所、标的、数量、质量、价款或者报酬、履行期限、地点和方式、违约责任、解决争议的办法等。当事人采取合同书形式订立合同的，自双方当事人签字、盖章或者按指印时合同成立。在签名、盖章或者按指印之前，当事人一方已经履行主要义务，对方接受时，该合同成立。当事人采用信件、数据电文等形式订立合同的，可以在合同成立之前要求签订确认书，签订确认书时合同成立。

2）合同效力

合同的效力，是指已经成立的合同在当事人之间产生的一定的法律约束力，也就是通常说的合同的法律效力。《民法典》(合同编)对合同的生效时间、附条件的合同、无效合同、可撤销合同等合同效力的主要问题作出了规定。

(1) 依法成立的合同，自成立时生效。行政法规规定应当办理批准、登记等手续生效的依照其规定。当事人对合同的效力可以约定附条件。附生效条件的合同，自条件成就时生效。附解除条件的合同，自条件成就时失效。

(2) 限制民事行为能力人订立的合同，经法定代理人追认后，该合同有效，但纯获利益的合同或者与其年龄、智力、精神健康状况相适应而订立的合同，不必经法定代理人追认。相对人可以催告法定代理人在一个月内予以追认。法定代理人未作表示的，视为拒绝追认。合同被追认之前，善意相对人有撤销的权利。撤销应当以通知的方式作出。行为人没有代理权、超越代理权或者代理权终止后以被代理人名义订立的合同，未经被代理人追认，对被代理人不发生效力，由行为人承担责任。相对人可以催告被代理人在一个月内予以追认。被代理人未作表示的，视为拒绝追认。合同被追认之前，善意相对人有撤销的权利。撤销应当以通知的方式作出。行为人没有代理权、超越代理权或者代理权终止后以被代理人名义订立合同，相对人有理由相信行为人有代理权的，该代理行为有效。

(3) 法人或者其他组织的法定代表人、负责人超越权限订立的合同，除相对人知道或者应当知道其超越权限的以外，该代表行为有效。无处分权的人处分他人财产，经权利人追认或者无处分权的人订立合同后取得处分权的，该合同有效。

3）合同无效

所谓无效合同就是不具有法律约束力和不发生履行效力的合同。一般合同一旦依法成立，就具有法律约束力，但是无效合同却由于违反法律、行政法规的强制性规定或者损害国家、社会公共利益，即使成立，也不具有法律约束力。

《民法典》(合同编)中对合同无效的情形进行了规定，主要包括以下五种情况：

(1) 一方以欺诈、胁迫的手段订立合同，损害国家利益；

(2) 恶意串通，损害国家、集体或者第三人利益；

(3) 以合法形式掩盖非法目的；

(4) 损害社会公共利益；

(5) 违反法律、行政法规的强制性规定。

4）合同履行

当事人应当按照约定全面履行自己的义务。当事人应当遵循诚实信用原则，根据合同的性质、目的和交易习惯履行通知、协议、保密等义务。合同生效后，当事人就质量、价款或者报酬、履行地点等内容没有约定或者约定不明确的，可以协议补充；不能达成补充协议的，按照合同有关条款或者交易习惯确定。合同成立后，合同的基础条件发生了当事人在订立合同时无法预见的、不属于商业风险的重大变化，继续履行合同对于当事人一方明显不公平的，受不利影响的当事人可以与对方重新协商；在合理期限内协商不成的，当事人可以请求人民法院或者仲裁机构变更或者解除合同。

《民法典》规定，执行政府定价或者政府指导价的，在合同约定的交付期限内政府价格调整时，按照交付时的价格计价。逾期交付标的物的，遇价格上涨时，按照原价格执行；价格下降时，按照新价格执行。逾期提取标的物或者逾期付款的，遇价格上涨时，按照新价格执行；价格下降时，按照原价格执行。

5）合同的变更和转让

合同变更是指有效成立的测绘合同在尚未履行完毕之前，双方当事人协商一致而使测绘合同内容发生改变，双方签订变更后的测绘合同的过程。测绘合同变更一般需要满足以下条件：

（1）原测绘合同关系的有效存在。测绘合同变更是在原测绘合同的基础上，通过当事人双方的协商或者法律的规定改变原测绘合同关系的内容。

（2）当事人双方协商一致，不损害国家及社会公共利益。在协商变更合同的情况下，变更合同的协议必须符合相关法律的有效要件，任何一方不得采取欺诈、胁迫的方式来欺骗或强制他方当事人变更合同。

（3）合同非要素内容发生变更。合同变更仅指合同的内容发生变化，不包括合同主体的变更。合同内容发生变化是合同变更不可或缺的条件。合同变更必须是非实质性内容的变更，变更后的合同关系与原合同关系应当保持同一性。

（4）须遵循法定形式。合同变更必须遵守法定的方式。一般来说，合同变更要及时进行书面确认和必要的备案，包括签订补充协议。

《民法典》规定，当事人协商一致，可以变更合同。当事人对合同变更的内容约定不明确的，推定为未变更。受要约人对要约的内容作出实质性变更的为新要约。有关合同标的、数量、质量、价款或者报酬、履行期限、履行地点和方式、违约责任和解决争议方法等的变更，是对要约内容的实质性变更。承诺对要约的内容作出非实质性变更的，除要约人及时表示反对或者要约表明承诺不得对要约的内容作出任何变更的以外，该承诺有效，合同的内容以承诺的内容为准。

6）合同的权利义务终止

合同的权利义务终止是指因一定的法律事实致使合同之债的关系在客观上不复存在。根据《民法典》的规定，合同的权利义务终止的条件包括：

（1）债务已经按照约定履行；

（2）合同解除；

（3）债务相互抵销；

（4）债务人依法将标的物提存；

（5）债权人免除债务；

（6）债权债务同归于一人；

（7）法律规定或者当事人约定终止的其他情形。

合同的权利义务终止后，当事人应当遵循诚实信用原则，根据交易习惯履行通知、协助、保密等义务。当事人协商一致，可以解除合同。当事人可以约定一方解除合同的条件。解除合同的条件成就时，解除权人可以解除合同。

根据《民法典》，有下列情形之一的，当事人可以解除合同：

（1）因不可抗力致使不能实现合同目的；

（2）在履行期限届满之前，当事人一方明确表示或者以自己的行为表明不履行主要债务；

（3）当事人一方迟延履行主要债务，经催告后在合理期限内仍未履行；

（4）当事人一方迟延履行债务或者有其他违约行为致使不能实现合同目的。

2. 测绘项目合同的内容

测绘项目合同是测绘项目管理的核心内容。测绘项目有别于其他工程项目，它是针对特定的地理位置和空间范围展开的工作，所以在测绘活动中，首先必须明确该测绘项目所涉及的工作地点、具体的地理位置、测区边界和所覆盖的测区面积等内容。这同时也是合同标的的重要内容之一，测绘范围、测绘内容和执行的技术标准构成了对测绘合同标的的完整描述。

1）测绘范围

测绘范围主要包括测区地点、面积、测区地理位置等，可用自然或人工地物的边界线来描述，也可以由委托方标绘概略图。在合同中，应明确描述测绘对象的特征和边界，并应提供相关的地理坐标或区域图，这有助于测绘单位准确了解任务的目标和范围。例如：测区范围东至××河，西至××公路，北至××山脚，南至××单位围墙。也可以由委托方在小比例尺地图上以标定测区范围的概略地理坐标来确定，例如：测区范围地理位置为东经155°45′～158°56′，北纬42°22′～53°30′。

2）测绘内容

测绘内容是指需要在测绘项目中进行的具体工作，是受委托方须完成的实际测绘任务，其内容必须用准确、简洁的语言描述，明确地逐一罗列出所需完成的任务及需提交的测绘成果种类、等级、数量及质量等，这些内容也是项目验收及成果移交的重要依据。例如，某地形测绘合同，其测绘内容主要包括：①本测区E级GNSS控制网；②本测区1∶1000比例尺数字化地形测量；③2000国家大地坐标系（CGCS 2000）、1985年国家高程基准。

3）技术依据和质量标准

测绘技术依据和质量标准是确保测绘成果准确性和一致性的重要保障，必须按照国家的相关技术规范（或规程）来执行。在测绘合同中，须明确约定所用的技术依据、成果质量等级及其检查验收标准，约定测绘项目生产实施测绘成果的数据基准。一般情况下，技术依据及质量标准的确定需在合同签订前由当事人双方协商确定；对于未做约定的情形，应注明按照本行业相关规范及技术规程执行，以避免出现合同漏洞，导致不必要的争议。

4）工程费用及其支付方式

为加强测绘生产成本费用核算，提高资金使用效率，合同中工程费用的计算应采用国家正式颁布的收费依据或收费标准，罗列出本项目涉及的各项收费分类明细项、预算工程总价款以及实际工程价款总额等。

费用的支付方式由甲乙双方参照行业惯例协商确定，一般来说，主要有以下几种支付方式：①按月结算。即实行旬末预支或月中预支，月终按当月完成的有效工程量进行结算，竣工后办理竣工结算。②分段结算。一般由甲乙双方约定，可以按阶段性标志成果来划分，也可以按照完成工程进度的百分比来划分，具体支付方式及支付额度需由双方协商解决。③竣工后一次结算。建设项目较少，工期较短，可以实行在施工过程中分几次预支、竣工后一次结算的方法。④双方约定的其他结算方式。发包人和承包人可以结合具体工程的建设规模、工期长短，合同价款多少，选择工程进度款的支付方式和相应的结算时间。

5）项目进度安排

项目进度安排，是指根据项目活动定义、项目活动顺序、各项活动估计时间和所需资源进行分析，制定出项目的起止日期和项目活动具体时间安排的工作。其主要目的是控制和节约项目的时间，保证项目在规定的时间内能够完成，它是评价承接方是否按计划执行项目以及是否达到约定的阶段性目标的重要依据，也是阶段性工程费用结算的重要依据。

项目进度计划是在拟定年度或实施阶段完成投资的基础上，根据相应的工程量和工期要求，对各项工作的起止时间、相互衔接协调关系所拟定的计划，同时对完成各项工作所需的时间、劳力、材料、设备的供应作出具体安排。进度安排应尽可能详细，一般应将拟定完成的工程内容罗列出来，标明每项工作计划完成的具体时间，以及预期的阶段性成果。

6）甲乙双方的义务

测绘项目的完成需要甲乙双方共同协作及努力，甲乙双方应尽的义务也必须在测绘合同中予以明确陈述。

甲方应尽义务主要包括：

（1）自合同签订之日起几日内向乙方提交有关资料；

（2）自接到技术设计书之日起几日内完成审定工作，并提出书面审定意见；

（3）应当保证乙方的测绘队伍顺利进场，并提供必要的生活工作条件；

（4）保证工程款按时到位；

（5）允许乙方内部使用执行本合同所产生的测绘成果等。

乙方的义务主要包括：

（1）自收到甲方的有关资料之日起，乙方应当在几日内完成技术设计书的编制并交甲方；

（2）自收到甲方对技术设计书同意实施的审定意见之日起，几日内组织队伍进场；

（3）乙方应该根据技术设计书要求确保测绘项目如期完成；

（4）允许甲方内部使用乙方为执行本合同所提供的属乙方所有的测绘成果；

（5）未经甲方允许，乙方不得将本合同标的全部或部分转包给第三方。

在合同中一般还需对各方应尽义务的部分条款进行时间约束，以保证限期完成或达到要求。

7）提交成果及验收方式

合同中必须对项目完成后拟提交的测绘成果进行详细说明，并逐一罗列出成果名称、种类、技术规格、数量及其他需要说明的内容。

成果的验收方式须由双方协商确定，一般应根据提交成果的不同类型进行分类验收。如果有项目监理方，则由委托方、项目承接方和项目监理方共同完成项目成果的质量检查及验收工作。

8）其他内容

除了上述内容外，合同中还需包括：

（1）对违约责任的明确规定；

（2）对不可抗拒因素的处理方式；

（3）争议的解决方式及办法；

(4) 防范和化解风险(如外业测绘的环境风险、经济风险、委托方的资信风险等)的措施；

(5) 测绘成果的版权归属和保密约定；

(6) 合同未约定事宜的处理方式及解决办法等。

3.2.4　测绘成本预算

测绘单位与甲方签订测绘合同后，财务部门根据合同规定的指标、项目施工技术设计书、测绘生产定额、测绘单位的承包经济责任制及相关的财务会计资料等编制测绘成本预算。测绘成本预算一般分为两种情况。如果项目是生产承包制，其成本预算由生产成本预算和承担的期间费用预算组成。如果项目是生产经营承包制，其成本预算由生产成本预算、应承担承包部门费用预算和应承担的期间费用预算组成。

1. 成本预算的依据

根据测绘单位的具体情况，其成本管理可分为三个层次：为适应测绘项目生产承包制的要求，第一层次管理的成本就是测绘项目的直接生产费用，它包括直接工资、直接材料、折旧费及生产人员的交通差旅费等，这一层次的项目成本合计数应等于该项目生产承包的结算金额。为适应测绘项目生产经营承包制的要求，第二层次管理的成本不仅包括测绘项目的直接生产费用，还包括可直接记入项目的相关费用和按规定的标准分配记入项目的承包部门费用。可直接计入项目的相关费用包括项目联系、结算、收款等销售费用、项目检查验收费用、按工资基数计提的福利费、工会经费、职工教育经费、住房公积金、养老保险金等。分配计入项目的承包部门费用包括部门开支的各项费用及根据承包责任制应上交的各项费用。为了正确反映测绘项目的投入生产效果，及全面有效地控制测绘项目成本，第三层次管理的成本包括测绘项目应承担的完成成本，它要求采用完全成本法进行管理。

2. 成本预算的内容

如前所述，成本预算除了直接的项目实施工程费用外还包括多项其他的内容(如员工他项费用及机构运作成本等)。成本预算方式也包括多种形式，其具体采用的方式依赖于所在单位的机构组织模式、分配机制和相关的会计制度，等等。总的来说，成本预算的主要内容包括以下几个部分。

(1) 生产成本。生产成本即直接用于完成特定项目所需的直接费用，主要包括直接人工费、直接材料费、交通差旅费、折旧费等，实行项目承包(或费用包干)的情景则只需计算直接承包费用和折旧费等内容。

(2) 经营成本。除去直接的生产成本外，成本预算还应包含维持测绘单位正常运作的各种费用分配，主要包括两大类：①员工福利及他项费用，包括按工资基数计提的福利费、职工教育经费、住房公积金、养老保险金、失业保险等分配计入项目的部分；②机构运营费用，包括业务往来费用，办公费用，仪器购置、维护及更新费用，工会经费，社团活动费用，质量及安全控制成本，基础设施建设等反映测绘单位正常运作的费用分配计入项目的部分。

3. 成本预算的注意事项

成本预算具体操作需视情况而定。如前所述，它和单位的组织形式、用工方式和会计制度都有直接关系。当然,严格的、合理的项目成本预算有利于调动测绘人员的积极性,同时能最大限度地降低成本,创造相应的效益。

4. 计算工程经费案例

某市根据基础测绘规划,拟对本地区进行二、三等水准测量。主要工作内容包括二等水准观测 1000km,三等水准观测 500km,对全区的水准网进行统一的平差计算,高程基准采用 1985 国家高程基准。根据测区实际情况设计埋设:二等点 307 个,其中基本标石点 8 座,普通标石点 299 个;三等点 361 个,全为普通标石点。(该地区为Ⅰ类地区)

请计算工程经费(保留小数点后两位)。

1) 二等点选埋经费:11 076.32×8 元=88 610.56 元

8455.49×299 元=2 528 191.51 元

2) 三等点选埋经费:

8455.49×361 元=3 052 431.89 元

3) 二等水准测量经费:

2070.94×1000 元=2 070 940.00 元

4) 三等水准测量经费:

1117.89×500 元=558 945.00 元

以上合计为:8 299 118.96 元

3.2.5 测绘合同案例分析

测绘合同是委托方与承接方之间就特定的测绘任务所达成的法律协议。合同通常会详细规定测绘的范围、标准、周期、费用以及双方的权利和义务等内容。从本质上讲,测绘合同是一种专业技术服务合同,它侧重于对特定测绘工作的完成和交付。

案例 1 合同构成要素以及解决合同纠纷

1) 案例概述

案例背景:A 公司与 B 公司签订了一份测绘合同,约定 B 公司为 A 公司提供土地测量服务。

合同内容:合同约定了 B 公司应以专业水平为 A 公司提供土地测量服务,并交付有关测绘成果图以及数据。合同约定了具体的服务范围、测量方式、时间表及报酬等内容。

纠纷原因:A 公司认为 B 公司未能如合同约定进行测量,提供精确的测绘成果图和数据。A 公司因此起诉 B 公司,要求赔偿损失。

2) 法律分析

(1) 合同构成要素。根据我国《民法典》的规定,合同的内容由当事人约定,一般包括下列条款:(一)当事人的名称或者姓名和住所;(二)标的;(三)数量;(四)质量;(五)价款或者报酬;(六)履行期限、地点和方式;(七)违约责任;(八)解决争议的方法。

在本案中,A 公司和 B 公司是合同当事人,合同的客体是土地测量服务,合同的标的是测量成果数据和图纸。合同的约定内容是具体的服务范围、测量方式、时间表及报酬等。履行期限和方式已在合同中明确约定。

因此,本合同符合合同构成要素。

(2) 合同违约。合同的约定内容将会约束合同各方的行为。若一方不履行约定的内容,将构成违约,并应对另一方负责。

在本案中,B公司未能如合同约定进行测量,提供精确的测绘成果图和数据,属于违约行为。

(3) 赔偿责任。根据我国《民法典》(合同编)的规定,违约方应对违约行为承担违约责任。违约方应当按照合同约定或者按照违反合同的性质和后果,对因违约所造成的损失承担赔偿责任。

在本案中,A公司因B公司的违约行为,无法按照合同约定进行后续工作,因此由违约方B公司承担赔偿责任。需要根据实际情况,对因违约所造成的损失进行具体计算,并要求违约方B公司按照法定标准对A公司进行相应的经济赔偿。

3) 结论

本案中,B公司未能按照合同约定进行测量活动,导致A公司无法按照合同约定进行后续工作,属于违约行为。根据我国《民法典》的规定,违约方应对违约行为承担赔偿责任。A公司可以依据合同约定或者按照违反合同的性质和后果,对因违约所造成的损失向B公司要求经济赔偿。

在实际工作中,签订合同可能存在因行为约束不明确,争议难以解决的局面。但是我们可以加强合同约束力的认识,严格约束合同各方的行为,严守合同契约精神,尽量减少合同纠纷的发生。同时,在签订合同前要详细了解合同内容,规范各方行为,尤其是注意关键约定的具体表述,以避免合同内容不清晰、模糊的情况发生。在合同的执行过程中,合同各方也要严格按照合同约定执行,即使发生纠纷,双方也应本着公平、合理的态度,尽量协商解决。

案例2 建设工程测绘合同

某建筑工程公司(以下简称甲方)与一家专业测绘公司(以下简称乙方)签订了一份建设工程测绘合同。合同约定,乙方负责为甲方提供工程所需的地形测绘服务,包括但不限于工程用地内的地形地貌、边界定位、高程测量等,并确保所提供数据的准确性和可靠性。同时,双方约定了详细的服务内容、完成时间、费用支付方式等合同条款。

在测绘工作进行到一半时,甲方发现乙方提供的初步测量数据存在较大误差,与实际情况严重不符。甲方立即通知乙方重新进行测量,但乙方坚称数据无误,拒绝重新测量。由于双方无法就此问题达成一致,工程进度受到严重影响,甲方因此遭受了不小的经济损失。

在多次协商无果后,甲方决定采取法律手段解决纠纷。甲方认为,乙方未能按照合同约定提供准确的测绘服务,构成违约,应当承担相应的违约责任。甲方要求乙方赔偿因测绘数据错误导致的工程延误损失,并要求解除合同。

乙方则辩称,其所进行的测绘工作符合行业标准,且已按照合同约定的程序和方法进行,不存在违约行为。乙方认为,甲方的要求缺乏事实和法律依据,不应予以支持。

案件进入司法程序后,法院经过审理认为,根据《民法典》及相关法律法规,合同双方应当遵循诚实信用原则,履行各自的义务。在本案中,乙方未能提供足够证据证明其测绘数据的准确性,且在甲方提出异议后未能及时采取措施纠正错误,未尽到合同义务,应当承担违约责任。

最终，法院判决乙方赔偿甲方因测绘数据错误导致的工程延误损失，并解除双方的测绘合同。同时，法院也指出，甲方在签订合同时应充分考察乙方的资质、技术能力及质量管理体系，以便更好地防范类似风险的发生。

3.3 测绘项目技术设计及技术总结

测绘技术设计是将顾客或社会对测绘成果的要求（即明示的、通常隐含的或必须履行的需求或期望）转化为测绘成果（或产品）、测绘生产过程或测绘生产体系规定或规范的一组过程。其目的是为测绘项目制定切实可行的技术方案，保证测绘成果（或产品）符合技术标准和满足顾客要求，并获得最佳的社会效益和经济效益。因此，每个测绘项目实施之前必须进行技术设计。

测绘技术设计分为项目设计和专业技术设计。项目设计是对测绘项目进行的综合性整体设计，一般由承担项目的法人代表单位负责编写。专业技术设计是对测绘专业活动的技术要求进行设计，是在项目设计基础上，按照测绘活动内容进行的具体设计，是指导测绘生产的主要技术依据，一般由具体承担相应测绘专业任务的法人单位负责编写。对于工作量较小的项目，可根据需要将项目设计和专业技术设计合并为项目设计。

3.3.1 测绘技术设计的基本规定

1. 测绘技术设计基本原则

(1) 技术设计应依据设计输入内容，充分考虑顾客的要求，引用适用的国家、行业或地方的相关标准或规范，重视社会效益和经济效益。

(2) 技术设计方案应先考虑整体而后局部，而且应考虑未来发展。要根据作业区的实际情况，考虑作业单位的资源条件（如人员的技术能力和软件、硬件配置等），挖掘潜力，选择最适用的方案。

(3) 积极采用适用的新技术、新方法和新工艺。

(4) 技术设计应认真分析和充分利用已有的测绘成果（或产品）和资料。对于外业测量，必要时应进行实地考察并编写踏勘报告。

2. 设计人员应满足的基本要求

(1) 具备完成有关设计任务的能力，具有相关的专业理论知识和生产实践经验。

(2) 明确各项设计输入内容，认真了解、分析作业区的实际情况，并积极收集类似设计内容执行的有关情况。

(3) 了解、掌握本单位的资源条件（包括人员的技术能力，软、硬件装备情况）、生产能力、生产质量状况等基本信息。

(4) 对其设计内容负责，并善于听取各方意见，发现问题应按有关程序及时处理。

3. 测绘技术设计过程

为了确保测绘技术设计文件满足规定要求的适宜性、充分性和有效性，测绘技术的设计活动应按照一定的设计过程进行。这个过程是一组将设计输入转化为设计输出的相互关联或相互作用的活动，主要包括设计策划、设计输入、设计输出、设计评审、设计验证（必要时）、设计审批和设计更改。

1）设计策划

技术设计实施前，承担设计任务的单位或部门的总工程师或技术负责人对测绘项目技术设计进行策划，并对整个设计过程进行控制。必要时，也可以指定相应的技术人员负责。

设计策划应根据需要决定是否进行设计验证。当设计方案采用新技术、新方法和新工艺时，应对设计输出进行验证。设计策划的内容包括：①设计的主要阶段；②设计评审、验证（必要时）和审批活动的安排；③设计过程中职责和权限的规定；④各设计小组之间的接口。

2）设计输入

设计输入是设计的依据，是与成果（或产品）、生产过程（或体系）要求有关的、设计输出必须满足的要求或依据的基础性资料。其主要包括：适用的法律、法规以及国际、国家或行业标准，测绘合同或任务书、顾客书面或口头对测绘成果（或产品）功能和性能方面的要求，顾客提供的或本单位收集的测区信息、测绘成果（或产品）资料及踏勘报告等。设计输入由技术设计负责人确定并形成书面文件，由设计策划负责人或单位总工程师审核其适宜性和充分性。

3）设计输出

设计输出是设计过程的结果，其表现形式为测绘技术设计文件。测绘技术设计文件是为测绘成果（或产品）固有特性和生产过程（或体系）提供规范性依据的文件，是设计形成的结果。设计文件主要包括项目设计书、专业技术设计书以及相应的技术设计更改文件。

4）设计评审

在技术设计的适当阶段，应依据设计策划的安排对技术设计文件进行评审，以确保达到规定的设计目标。设计评审应确定评审依据、评审目的、评审内容、评审方式及评审人员等，其主要内容和要求为：

（1）评审依据为设计输入的内容；

（2）评审目的包括评价技术设计文件满足要求（主要是设计输入要求）的能力，识别问题并提出必要的措施；

（3）评审内容包括送审的技术设计文件或设计更改内容及有关说明；

（4）依据评审的具体内容确定评审方式，评审方式包括传递评审、会议评审及有关负责人审核等；

（5）参加评审人员包括评审负责人、与所评审的设计阶段有关的职能部门的代表、必要时邀请的有关专家等。

5）设计验证

为确保技术设计文件满足输入的要求，应依据设计策划的安排，必要时对技术设计文件进行验证。根据技术设计文件的具体内容，设计验证的方法可选用：

（1）将设计输入要求和（或）相应的评审报告与其对应的输出进行比较校验；

（2）试验、模拟或试用，根据其结果验证符合其输入的要求；

（3）对照类似的测绘成果（或产品）进行验证；

(4) 变换方法进行验证,如采取可替换的计算方法等;

(5) 其他适用的验证方法。

设计方案采用新技术、新方法和新工艺时,应对技术设计文件进行验证。验证宜采用试验、模拟或试用等方法,根据其结果验证技术设计文件是否符合规定要求。

6) 设计审批

为确保测绘成果(或产品)满足规定的使用要求或已知的预期用途的要求,应依据设计策划的安排对技术设计文件进行审批。设计审批的依据主要包括设计输入内容、设计评审和验证报告等。技术设计文件报批之前,承担测绘任务的法人单位必须对其进行全面审核,并在技术设计文件和(或)产品样品上签署意见并签名(或盖章)。技术设计文件经审核签字后,一式二至四份报测绘任务的委托单位审批。

7) 设计更改

技术设计文件一经批准,不得随意更改。当确实需要更改或补充有关的技术规定时,应对更改或补充内容进行评审、验证和审批后,方可实施。

4. 测绘技术设计编写要求

(1) 技术设计的编写要内容明确、文字简练。对标准或规范中已有明确规定的,一般可直接引用,并根据引用的内容标明所引用标准或规范名称、日期以及引用的章、条编号,且应在其引用文件中列出;对于作业生产中容易混淆和忽视的问题,应重点描述。

(2) 名词、术语、公式符号、代号和计量单位等应与有关法规和标准一致。

(3) 技术设计书的幅面、封面格式和字体字号等应符合相关要求。

3.3.2 测绘项目技术设计书的主要内容

测绘项目设计书是测绘项目实施的指导性文件,测绘项目技术设计书包含的内容如表3.1所示。

表3.1 测绘项目技术设计书包含的内容

内容	分项内容	简要说明
概述	—	说明项目来源、内容和目标、作业区范围和行政隶属、任务量、完成期限、项目承担单位和成果(或产品)接收单位等
作业区自然地理概况和已有资料情况	作业区自然地理概况	说明与测绘作业有关的作业区自然地理概况,内容可包括作业区的地形概况、地貌特征,作业区的气候情况,其他需要说明的作业区情况等
	已有资料情况	说明已有资料的数量、形式、主要质量情况(包括已有资料的主要技术指标和规格等)和评价,说明已有资料利用的可能性和利用方案等
引用文件	—	说明项目设计书编写过程中所引用的标准、规范或其他技术文件
成果(或产品)主要技术指标和规格	—	说明成果(或产品)的种类及形式、坐标系统、高程基准,比例尺、分带、投影方法,分幅编号及其空间单元,数据基本内容、数据格式、数据精度以及其他技术指标等

续表

内　　容	分 项 内 容	简 要 说 明
技术设计方案	软件和硬件配置要求	硬件：规定生产所需要的主要测绘仪器和数据处理、存储、传输等设备，以及必要的交通工具、主要物资、通信联络设备等。 软件：生产过程中应用的主要软件
	技术路线及工艺流程	项目实施的主要生产过程和这些过程之间的输入、输出的接口关系。可采用文字或图表等形式表达
	技术规定	各专业活动的主要过程、作业方法和技术、质量要求，采用新技术、新方法、新工艺的依据和技术要求
	上交和归档成果	成果数据：规定需上交和归档的成果内容、组织、格式，存储介质，包装形式和标志及其上交和归档的数量等。 文档资料：规定需上交和归档的文档资料的类型(包括技术设计文件、技术总结、质量检查验收报告、必要的文档簿、作业过程中形成的重要记录等)和数量等
	质量保证措施和要求	组织管理措施：规定项目实施的组织管理制度和主要人员的职责、权限。 资源保证措施：对人员的技术能力或培养的要求，以及对软、硬件装备的需求等。 质量控制措施：规定生产过程中的质量控制环节和产品质量检查、验收的主要要求。 数据安全措施：规定数据安全和备份方面的要求
进度安排和经费预算	进度安排	划分作业区的困难类别；根据设计方案，分别计算统计各工序的工作量；根据统计的工作量和计划投入的生产实力，参照有关生产定额，分别列出年度计划和各工序的衔接计划
	经费预算	根据设计方案和进度安排，编制分年度(或分期)经费和总经费计划，并作出必要说明
附录	—	需进一步说明的技术要求，有关的设计附图、附表等

3.3.3 专业技术设计书的内容

专业技术设计也称分项设计，根据专业测绘活动内容的不同分为大地测量、工程测量、摄影测量与遥感、野外地形数据采集及成图、地图制图与印刷、界线测绘、基础地理信息数据建库等。下面分别介绍各种专业技术设计书应包括的内容。

专业技术设计书的内容通常包括概述、作业区自然地理概况与已有资料情况、引用文件、成果(或产品)主要技术指标和规格、技术设计方案等部分，具体内容如表 3.2 所示。

表 3.2　专业技术设计书包含的内容

内　　容	简 要 说 明
概述	主要说明任务的来源、目的、任务量、作业范围和作业内容、行政隶属以及完成期限等任务基本情况

续表

内　　容	简 要 说 明
作业区自然地理概况和已有资料情况	作业区自然地理概况：应根据不同专业测绘任务的具体内容和特点，根据需要说明与测绘作业有关的作业区自然地理概况，内容可包括作业区的地形概况、地貌特征，作业区的气候情况，测区需要说明的其他情况
	已有资料情况：主要说明已有资料的数量、形式、主要质量情况（包括已有资料的主要技术指标和规格等）和评价，说明已有资料利用的可能性和利用方案等
引用文件	说明专业技术设计书编写过程中所引用的标准、规范或其他技术文件
成果（或产品）主要技术指标和规格	根据具体成果（或产品），规定其主要技术指标和规格，一般可包括成果（或产品）类型及形式、坐标系统、高程基准、重力基准、时间系统，比例尺、分带、投影方法，分幅编号及其空间单元，数据基本内容、数据格式、数据精度以及其他指标等
技术设计方案	软、硬件环境及其要求：规定作业所需的测量仪器的类型、数量、精度指标及对仪器校准或检定的要求，规定对作业所需的数据处理、存储与传输等设备的要求，规定对专业应用软件的要求和其他软、硬件配置方面需特别规定的要求
	作业的技术路线或流程
	各工序的作业方法、技术指标和要求
	生产过程中的质量控制环节和产品质量检查的主要要求
	数据安全、备份或其他特殊的技术要求
	上交和归档成果及其资料的内容和要求
	有关附录，包括设计附图、附表和其他有关内容

3.3.4 测绘技术总结基本规定

1. 测绘技术总结的概念

测绘技术总结是在测绘任务完成后，对项目实施过程中执行测绘技术设计文件和技术标准、规范等的情况，技术设计方案实施中出现的主要技术问题和处理方法，成果（或产品）质量、新技术的应用等进行分析研究、认真总结，并作出客观描述和评价。测绘技术总结为用户（或下个工序）对成果（或产品）的合理使用提供方便，为测绘单位持续改进质量提供依据，同时也为测绘技术设计、有关技术标准和技术规定的制定提供资料。

2. 测绘技术总结的分类

测绘技术总结分为专业技术总结和项目总结。其中，专业技术总结是测绘项目中所包含的各测绘专业活动在其成果（或产品）检查合格后，分别总结撰写的技术文档。项目总结是一个测绘项目在其最终成果（或产品）检查合格后，在各专业技术总结的基础上，对整个项目所作的技术总结。对于工作量较小的项目，可根据需要将项目总结和专业技术总结合并为项目总结。

3. 测绘技术总结编写的依据

测绘技术总结的编写依据主要包括：

（1）测绘任务书或合同的有关要求，顾客书面要求或口头要求的记录，市场的需求或期望；

（2）测绘技术设计文件，相关的法律、法规、技术标准和规范；

(3) 测绘成果(或产品)的质量检查报告;

(4) 现有生产过程和产品的质量记录和有关数据,以往测绘技术设计、测绘技术总结提供的信息;

(5) 其他有关文件和资料。

4. 测绘技术总结的编写要求

(1) 项目总结由承担项目的法人单位负责编写或组织编写,专业技术总结由具体承担相应测绘专业任务的法人单位负责编写。具体的编写工作通常由单位的技术人员承担。

(2) 内容真实、全面,重点突出。说明和评价技术要求的执行情况时,不应简单抄录设计书的有关技术要求;应重点说明作业过程中出现的主要技术问题和处理方法、特殊情况的处理及其达到的效果、经验、教训和遗留问题等。

(3) 文字应简明扼要,公式、数据和图表应准确,名词、术语、符号和计量单位等均应与有关法规和标准一致。

(4) 测绘技术总结的幅面、封面格式、字体与字号等应符合相关要求。

(5) 技术总结编写完成后,单位总工程师或技术负责人应对技术总结编写的客观性、完整性等进行审查并签字,并对技术总结编写的质量负责。技术总结经审核、签字后,随测绘成果(或产品)、测绘技术设计文件和成果(或产品)检查报告一并上交和归档。

3.3.5 测绘技术总结的主要内容

测绘项目总结是一个测绘项目在其最终成果(或产品)检查合格后,在各专业技术总结的基础上,对整个项目所做的技术总结,由概述、技术设计执行情况、测绘成果(或产品)质量说明和评价、上交和归档的测绘成果(或产品)及资料清单四部分组成。项目总结的主要内容如表3.3所示。

表3.3　项目总结的主要内容

内　容	简要说明
概述	项目来源、内容、目标、工作量,项目的组织和实施,专业测绘任务的划分、内容和相应任务的承担单位,产品交付与接收情况等;项目执行情况,生产任务安排与完成情况,有关作业定额和作业率的统计,经费执行情况等;作业区概况和已有资料的利用情况
技术设计执行情况	说明生产所依据的技术性文件,包括项目设计书,项目所包括的全部专业技术设计书、技术设计更改文件,有关的技术标准和规范;说明和评价项目实施过程中,项目设计书和有关的技术标准、规范的执行情况,并说明项目设计书的技术更改情况(包括技术设计更改的内容、原因的说明等);重点描述项目实施过程中出现的主要技术问题和处理方法、特殊情况的处理及其达到的效果等;说明项目实施中质量保障措施(包括组织管理措施、资源保证措施、质量控制措施及数据安全措施)的执行情况;当生产过程中采用新技术、新方法、新材料时,应详细描述和总结其应用情况;总结项目实施中的经验、教训(包括重大的缺陷和失败)和遗留问题,并对今后生产提出改进意见和建议
测绘成果(或产品)质量说明和评价	说明和评价项目最终测绘成果(或产品)的质量情况(包括必要的精度统计)、产品达到的技术指标,并说明最终测绘成果(或产品)的质量检查报告的名称和编号

续表

内　　容	简要说明
上交和归档的测绘成果（或产品）及资料清单	测绘成果（或产品），说明其名称、数量、类型等，当上交成果的数量或范围有变化时应附成果分布图；文档资料，包括项目设计书及有关的设计更改文件，项目总结，质量检查报告，必要时也包括项目包含的专业技术设计书及有关的专业设计更改文件和专业技术总结、文档簿（图历簿），以及其他作业过程中形成的重要记录；其他需上交和归档的资料

3.3.6　专业技术总结的主要内容

专业技术总结是测绘项目中所包含的各测绘专业活动在其测绘成果（或产品）检查合格后，分别总结撰写的技术文档，由概述、技术设计执行情况、测绘成果（或产品）质量说明和评价、上交和归档的测绘成果（或产品）及资料清单四部分组成。专业技术总结的主要内容如表 3.4 所示。

表 3.4　专业技术总结的主要内容

内　　容	简要说明
概述	测绘项目的名称、专业测绘任务的来源，专业测绘任务的内容、任务量和目标，产品交付与接收情况等；计划与设计完成的情况、作业率的统计；作业区概况和已有资料的利用情况
技术设计执行情况	说明专业活动所依据的技术性文件，内容包括专业技术设计书及其有关的技术设计更改文件，必要时也包括本测绘项目的项目设计书及其更改文件，以及有关的技术标准和规范；说明和评价专业技术活动过程中专业技术设计文件的执行情况，并重点说明专业测绘生产过程中专业技术设计书的更改情况（包括专业技术设计更改的内容、原因的说明等）；描述专业测绘生产过程中出现的主要技术问题和处理方法、特殊情况的处理及其达到的效果等；当作业过程中采用新技术、新方法、新材料时，应详细描述和总结其应用情况；总结专业测绘生产中的经验、教训（包括重大的缺陷和失败）和遗留问题，并对今后生产提出改进意见和建议
测绘成果（或产品）质量说明和评价	说明和评价测绘成果（或产品）的质量情况（包括必要的精度统计）、产品达到的技术指标，并说明测绘成果（或产品）的质量检查报告的名称和编号
上交和归档的测绘成果（或产品）及资料清单	测绘成果（或产品），说明其名称、数量、类型等，当上交成果的数量或范围有变化时需附成果分布图；文档资料，包括专业技术设计文件、专业技术总结、检查报告，必要的文档簿（图历簿），以及其他作业过程中形成的重要记录；其他需上交和归档的资料

3.4　测绘项目安全生产管理

为加强安全生产管理，保障测绘职工在生产、经营活动中的安全和健康，促进测绘事业发展，测绘系统各单位必须认真贯彻“安全第一，预防为主，综合治理”的方针，落实以安全生产责任制为核心的各项安全生产管理制度，正确处理安全与生产、安全与效益的关系，提高安全生产管理水平。

3.4.1　测绘项目组织实施

1. 测绘项目的目标管理

测绘项目的目标是在规定的工期内尽量降低成本，保证测绘生产按计划进度正常进行；对生产过程进行有效控制，保证质量，使测绘成果满足委托方的要求；完成项目所有的测绘任务，创造最大经济效益和社会效益，即保证进度、过程控制、满足质量、创造效益。测绘项目组织与实施是完成测绘项目的重要环节，也是对测绘项目目标的具体管理阶段。测绘项目目标主要包括工期目标、成本目标和质量目标。

(1) 工期目标：在合同规定时间内完成整个项目。工期目标可分解为各个工序的工期目标，各工序的工期目标集合起来就构成整个项目的工期目标。

(2) 成本目标：完成项目所花费的目标金额，也可以称为成本预算。成本可分解为人工成本、设备折旧成本、消耗材料成本三大类，还可以将三类成本按不同工序进一步分解。

(3) 质量目标：期望项目最终达到的质量等级。质量等级分为合格、良好、优秀，利用详细的质量指标体系衡量项目质量，其等级应由测绘成果质量检验部门检查验收评定。

2. 测绘项目组织

测绘项目组织在测绘项目整个过程中十分重要，组织好坏直接决定了项目的成本、工期和质量。

1) 项目组织结构

测绘工程项目组织机构的设置能够明确测绘工作的责任主体，保证各项工作有序进行，避免工作重叠和责任不明。这种设置能够提高测绘工作的效率，保证各项测绘任务有序进行。此外，它还能规范测绘工作的管理程序，加强对测绘工作的监督和管理，确保测绘成果的质量和准确性。因此，建立健全的组织机构是推进测绘事业发展的根本保障。

工程项目组织结构图是指在工程项目中，为了实现项目目标而建立的组织结构图，如图 3.1 所示。它是一个重要的项目管理工具，是描述项目内部组织结构、职责分工、人员关系等的图示，可以帮助项目管理者更好地了解项目情况、协调资源、提高工作效率，从而实现项目目标。

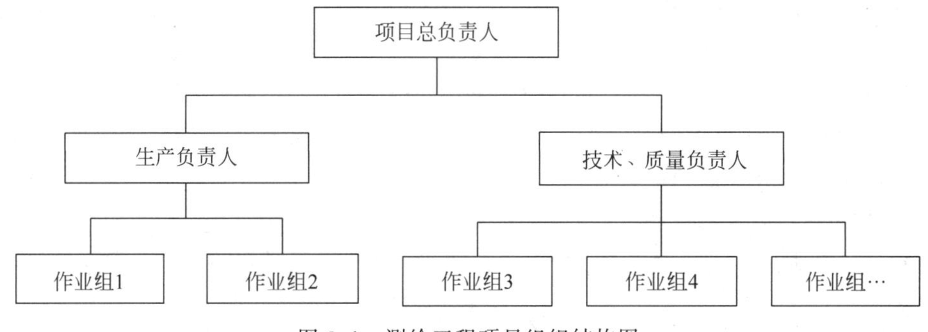

图 3.1　测绘工程项目组织结构图

2) 项目资源配置

项目应配置合适的人员和设备，这是完成项目的两个主要条件。

(1) 人员配置。

项目负责人：一般由单位的行政负责人担任，也可根据项目的特点委托其他人员担任，全面负责项目生产计划的实施、技术管理、质量控制、资料安全保密管理等工作。

生产管理组：一般分三个层次，即项目生产负责人、中队生产负责人以及作业组生产负责人。项目生产负责人一般由生产院长担任，全面负责整个项目的经费控制、进度控制、质量控制、人员管理等工作。中队生产负责人一般由生产部门负责人担任，负责中队的经费控制、进度控制、质量控制、安全生产、数据保密、人员管理等工作。作业组生产负责人一般由各生产作业组的组长担任，负责进度控制、质量控制、人员管理、安全生产、数据保密等工作。

技术管理组：分三个层次，即项目技术负责人、中队技术负责人以及作业组技术负责人。项目技术负责人一般由总工程师担任，他是项目的最高技术主管，负责整个项目的技术工作。中队技术负责人一般由中队工程师担任，全面负责中队的技术工作。作业组是最基本的作业单位，作业组技术负责人由组长兼任，负责全组的技术工作，是非脱产的岗位。

质量控制组：一般由质量管理部门负责，对每道工序进行质量检查。

后勤服务部门：主要负责资料管理、设备管理、安全保障、后勤保障等工作。

(2) 设备配置

项目生产中要根据项目需求配置适合的仪器设备，主要包括外业仪器、内业仪器设备及其他的辅助材料工具等。外业仪器包括水准仪、全站仪、GNSS接收机、航空摄影机，内业仪器包括数字摄影测量工作站、数字成图系统。另外还有相应的控制网平差、数字成图软件及相关计算辅助设备，以及材料工具等。仪器设备必须按相关规范的要求进行检定或校准，且保证检定合格并在有效期内。在项目进场前和作业过程中随时检查仪器设备的运行情况，确保测绘成果的正确可靠。

3. 测绘项目实施管理

测绘项目的实施管理主要是对测绘项目生产过程进行有效控制，保证测绘项目按生产计划正常进行，同时保证最终测绘成果能够满足项目委托方和有关标准规范的要求，创造测绘项目最大的经济效益和社会效益。其主要包括工程进度控制、资金预算控制和质量控制，它们两两之间存在既对立又统一的关系。做好质量控制有利于控制项目进度，提高测绘生产单位经济效益。如果片面追求进度，忽视工序上的质量控制，势必造成生产窝工或工序质量返工，从而使工程项目无法按计划进度正常进行。同样地，如果不注意质量控制和进度控制，或者片面追求质量的提高和进度的提前，也会加大生产单位的生产成本，不利于测绘生产单位经济效益的提高。

1) 工程进度控制

工程进度控制主要分为人力资源控制、仪器设备控制、完成进度控制、分析与改进四个方面。

(1) 人力资源控制。人力资源控制是项目实施的关键，直接关系到项目的进度和质量，在实际工程中应对人力资源的落实进行控制。其内容主要包括：

① 作业现场组织结构是否齐全，是否与投标方案中拟定的一致；

② 主要作业人员是否与投标文件一致，配置的人员数量、素质是否满足实际工作需要，

人员是否经过岗位培训；

③ 主要管理人员、技术人员是否与投标方案中拟定的人员一致。

(2) 仪器设备控制。设备是项目实施的基本工具，仪器设备是否符合要求直接影响测绘成果的质量，作业中应对设备的落实进行必要的控制。其内容主要包括：

① 投入使用的设备与准备的设备是否一致；

② 作业现场的设备总数是否满足项目工作的需要；作业的设备是否经过检定，检定结果是否符合要求。要对检定证书100%检查；

③ 生产人员是否具备操作设备的能力，如：仪器的使用方法，数据的记录、判读、处理等；

④ 作业使用的平差软件、数据处理及成图软件是否符合委托方的要求。

(3) 完成进度控制。进度控制是指在项目实施过程中，对项目各阶段的进展和最终完成的期限进行的控制，其目的是保证项目在满足其时间约束条件的前提下实现其总体目标。进度计划控制的主要内容有：

① 进度计划是否符合项目总目标和各工序目标的要求，与合同的开、竣工时间是否一致；

② 总的进度计划中的项目是否有遗漏；

③ 工序安排是否合理，是否符合生产工艺的要求；

④ 总包、分包分别编制的实施阶段进度计划是否相协调，各项分工与计划是否合理；

⑤ 委托方提供的施工条件是否明确、合理，是否有因委托方的原因而导致工期延误的可能。

(4) 分析与改进。在项目工程实施过程中，影响进度按计划完成的原因有以下几个：

① 在估计项目的特点和项目实现条件时，过高或过低估计了有利因素，如资金保障、测区的作业条件等；

② 在项目实施过程中工作上的失误，如设计要求的变更、作业顺序的调整等；

③ 不可预见事件的发生，包括政治的、经济的、自然的，等等。

针对上述存在的问题，要对影响进度的各种因素进行分析，找出问题的原因，制定措施，协调各方力量控制影响因素。如原有计划不能适应实际情况，必须及时作出调整形成新的进度计划，作为控制进度的新依据。

2) 资金预算控制

资金控制是在整个测绘项目实施阶段开展的一项管理活动，力求在保证质量和进度的同时使项目的实际投入不超过计划预算。它包含三层意思：资金控制与质量控制、进度控制同步；资金控制应具有全面性，将项目的全部费用纳入控制范围；坚持技术与经济相结合的措施，做到经济指标合理基础上的技术先进，技术指标先进条件下的经济合理。

资金的控制应贯穿于项目的全过程，一方面促进施工单位加强管理并充分利用资源，另一方面防止资金运用突破预算。主要包括如下内容：

(1) 项目资金预算的科学性、合理性：项目预算主要包含生产成本和经营成本，要全面、科学、合理，应根据不同项目的特点和要求核算成本。

(2) 预算的执行与进度的符合性：预算的执行随工程进度的推进逐步执行，实施到每个阶段都应核算资金的执行情况是否与预算成本相符，出现偏差及时调整。

(3) 预算执行的完整性：应将项目的全部费用纳入执行范围，包含各个工序资金测算、生产成本及经营成本测算，不能出现支出漏洞，费用总和应与预算总额一致。

3) 质量控制

测绘项目质量是指能够满足用户或社会需要的由合同、技术标准、设计文件、作业规范等详细设定其适用、安全、经济、美观等特性要求的项目实体质量与施工各阶段、各环节的工作质量的总和。项目质量是项目成功的基础。

(1) 质量控制的重要性及基本依据。测绘项目实施阶段是形成最终产品的最重要阶段，质量控制是测绘工作的重点和核心，是成本控制和进度控制的具体体现。因此，质量控制的重要性主要体现在以下几个方面：

① 质量控制是项目委托方快速获得收益的前提；

② 质量控制是保证测绘单位提供满足项目委托方要求的成果的有力保障；

③ 质量控制有利于生产进度计划的顺利实施；

④ 质量控制是目标控制的核心。

质量控制是一个设定标准、测量结果，判定是否达到预期要求，对质量问题采取措施进行矫正、补救，并防止再发生的过程，生产过程控制的核心是工序质量控制。质量控制必须结合以下几个基本依据：

① 项目合同文件：测绘合同；

② 设计文件：经审批的技术设计书或作业指导文件；

③ 法律、法规和规范：国家、行业及地方颁布的法律、法规和规范；

④ 质量检查检验的标准：国家、行业、地方和企业标准等。

(2) 质量控制的原则。质量控制是质量管理的一部分，是为满足顾客、法律、法规等所提出的质量要求，围绕产品形成过程每一阶段的工作，对人和设备等因素进行控制，使对产品质量有影响的各个过程都处于受控状态，提供符合规定要求的测绘成果。质量管理应根据 ISO 9000 族标准，遵循以下八项原则：①以顾客为关注焦点；②领导作用原则；③全员参与原则；④过程方法原则；⑤系统方法原则；⑥持续改进原则；⑦基于事实的决策方法原则；⑧互利的供方关系原则。同时，作为项目质量管理，在坚持质量管理的八项原则的基础上，还应遵循质量控制的五项原则：①坚持质量第一、用户至上的原则；②以人为控制核心的原则；③预防为主的原则；④坚持质量标准，严格检查，一切用数据说话的原则；⑤恪守职业道德，强化质量责任的原则。

(3) 质量控制的方法。质量控制主要通过"二级检查一级验收"的方法，对项目各个工序的过程成果和最终成果进行质量检查验收。对于大型或特殊测绘项目，要进行"首件产品"的试生产实验。

① 试生产实验。生产开工时要做好"首件产品"的试生产与质量检查。通过试生产实验，验证和完善项目的技术流程，为后续项目的全面开展提供可靠的生产流程与质量控制的依据。

② 工序(过程)成果质量控制。工序成果泛指测绘生产过程中各工序生产出来的阶段性成果，该成果可能是测绘最终成果的组成部分，也可能是一个过程产品。工序质量的控制就是利用一定的方法和手段对各工序操作及完成的产品质量进行实际而及时的检查，判断其是否合格或优良。只有作业过程中的中间产品质量都符合要求，才能保证最终测绘成

果的质量。

③ 二级检查。二级检查指测绘单位作业部门的过程检查、质量管理部门的最终检查。其特点是：作业人员必须进行自检；作业人员之间必须进行互检；不同工序之间的材料交接和转换必须进行交接检查；检查出来的问题及其处理办法和意见要有相应的整改记录。

④ 一级验收。指由项目发包单位或其委托的成果质量检验单位对测绘成果质量进行验收。

3.4.2　测绘项目安全生产管理的基本规定

1. 测绘项目安全生产管理的要求

1）安全生产职责

安全生产职责主要是为了确保生产过程中的安全，预防事故发生，以及在事故发生时采取适当措施减少损失，主要包括：自觉遵守安全生产规章制度，不违章作业，并随时制止他人违章作业；不断提高安全意识，丰富安全生产知识，增加自我防范能力；积极参加安全学习及安全培训，掌握本职工作所需的安全生产知识，提高安全生产技能；爱护和正确使用机械设备、工具及个人防护用品，主动提出改进安全生产工作意见。

2）测绘生产单位的职责

测绘生产单位应坚持安全第一、预防为主、综合治理的方针，遵守有关安全生产法律法规，建立、健全安全生产管理机构、安全生产责任制度和安全保障及应急救援预案，配备相应的安全管理人员，完善安全生产条件，强化安全生产教育培训，加强安全生产管理，确保安全生产。

测绘生产单位应安排安全生产费用用于野外人员定位系统配备、维护，野外应急食品、应急器械、应急药品支出，作业人员安全防护用品支出，安全宣传、培训、演练、相应保险等支出，安全生产适用的新技术、新标准、新工艺、新装备的推广应用支出，以及其他与安全生产直接相关的支出。

测绘生产单位应根据本部门、各工种和作业区域的实际特点，制定安全生产操作细则，指导和规范职工安全生产作业。测绘作业单位应设置安全员，安全员须经过安全生产知识和安全管理能力培训，具备与所从事的测绘专业活动相应的安全生产知识和管理能力。

3）作业人员的职责

作业人员应遵守本单位的安全生产管理制度和操作细则，爱护和正确使用仪器、设备、工具及安全防护装备，服从安全管理，了解作业场所、工作岗位存在的危险因素，做好各项安全防范措施；外业人员还应掌握必要的野外生存、避险和相关应急技能。

2. 测绘项目外业生产安全

1）出测前的准备

（1）针对测绘生产实际，应对进入测区的所有作业人员进行安全意识教育和安全技能培训，并制定安全预案。

（2）了解测区有关危害因素，包括动物、植物、微生物、流行传染病、自然环境、人文地理、交通、社会治安等状况，拟订具体的安全生产措施。

(3) 按规定配发劳动防护用品,根据测区具体情况添置必要的小组及个人的野外救生用品、药品、通信或特殊装备,并应检查有关防护用品及装备的安全可靠性。

(4) 掌握人员身体健康情况,进行必要的身体健康检查,避免作业人员进入与其身体状况不适应的地区作业。

(5) 应组织赴疫区、污染区和有可能散发毒性气体地区作业的人员学习相关知识,并注射相应的疫苗和配备防污染、防毒装具。对于高致病的疫区,应禁止作业人员进入。

(6) 所有作业人员都应该熟练使用通信、导航定位等安全保障设备,以及掌握利用地图或地物、地貌等判定方位的方法。

(7) 出测前应制订行车计划,对车辆进行安全检查,严禁疲劳驾驶。

2) 行车基本要求

(1) 驾驶人应遵守道路交通安全有关的法律、法规,严格遵守行车安全操作规程和安全运行的各种要求,具备野外环境下驾驶车辆的技能,掌握所驾驶车辆的基本知识或技能。

(2) 驾驶人应了解所运送物品的性能,保证人员和物品的安全。运送易燃易爆危险品时,应防止碰撞、泄漏,严禁危险物品与人员混装运送。

(3) 货运汽车车厢内载人,人身不能超过车厢以外。

(4) 编制行车计划,明确负责人。单车行驶应配有押车人员。

(5) 外业生产车辆应配备必要的检修工具和通信设备。

(6) 驾驶人应特别注意检查传动系统、制动系统、转向系统、灯光照明等主要部件是否完好。发现故障即行检修,禁止勉强出车。

(7) 在人烟稀少地区应采用双车作业,要配备适宜的轮胎,每车应有双备胎。

(8) 遇有暴风骤雨、冰雹、浓雾等恶劣天气时应停止行车。视线不清时不准继续行车。

(9) 高温天气应注意检查油路、电路、水温、轮胎气压,不要频繁制动。

(10) 沙土地带应停车观察选择路线,低挡位匀速行驶,避免停车。

(11) 高原、山区行车气压低时应低挡位行驶,少用制动,严禁滑行。

3) 饮食安全基本要求

(1) 禁止食用霉烂、变质和被污染过的食物,禁止食用不易识别的野菜、野果、野生菌菇等野生植物;禁止酒后生产作业;不接触和食用死、病畜肉;禁止饮用有异味、异色和被污染的地表水和井水。

(2) 生熟食物应分别存放,并应防止动物侵害。

(3) 使用煤气、天然气等灶具应保证连接件和管道完好,防止漏气和煤气中毒。禁止点燃灶具后人离开。

4) 住宿安全基本要求

(1) 外业作业人员应尽量居住民房或招待所,避免野外宿营。

(2) 便携式发电机应置于通风条件下使用,做到人、机分开,专人管理。

(3) 使用煤油灯应安装防风罩,取暖使用柴灶或煤炉前应先进行检修。

(4) 备好防寒、防潮、照明、通信等生活保障物品及必要消防物品。

(5) 搭设帐篷时应选择干燥避风处,避开滑坡、觇标、枯树、大树、独立岩石、河边、干涸湖、输电设备及线路等危险地带。

(6) 帐篷周围应挖排水沟,在草原、森林地区,周围应开辟防火道。

(7) 治安情况复杂、少数民族地区或野兽经常出没的地区,应设专人执勤。

3. 外业作业环境

1) 外业作业一般要求

(1) 应持有效证件(测绘作业证)与有关部门进行联系。在进入军事要地、边境、少数民族地区、林区、自然保护区或其他特殊防护地区作业时,应事先征得有关部门同意。

(2) 进入单位、居民宅院进行测绘时,应先出示相关证件,说明情况再进行作业。

(3) 雷电天气应停止作业,禁止在山顶、开阔的斜坡上、大树下、河边等区域停留。

(4) 在高压输电线路、电网等区域作业时,应采取安全防范措施,避免人员和标尺、测杆、棱镜支杆等测量设备靠近高压线路,防止触电。

(5) 外业作业时,应携带所需的装备、水和药品等,必要时应设立供应点,保证作业人员的饮食供给。野外一旦发生水、粮和药品短缺,应及时联系补给或果断撤离,以免发生意外。

(6) 外业作业时,所携带的燃油应使用密封、非易碎容器单独存放、保管,防止暴晒。洒过易燃油料的地方要及时处理。

(7) 人烟稀少地区应配备必要的通信器材,以保持人员之间联系;应配备必要的判定方位的工具,如导航定位仪器、地形图等。必要时要请熟悉当地情况的向导带路。

(8) 外业测绘必须遵守各地方、各部门相关的安全规定,如在铁路和公路区域应遵守交通管理部门的有关安全规定;进入草原、林区作业必须严格遵守防火法律法规及当地的安全规定;下井作业前必须学习相关的安全规程,掌握井下工作的一般安全知识,了解工作地点的具体要求和安全保护规定。

(9) 安全员必须随时检查现场的安全情况,发现安全隐患立即整改。

(10) 外业测绘严禁单人夜间行动。在发生人员失踪时必须立即寻找,并应尽快报告上级部门,同时与当地公安部门取得联系。

2) 城镇地区

在人、车流量大的街道上作业时,应穿着色彩醒目的带有安全警示反光马甲,应设置安全警示标志牌,必要时还应安排专人担任安全警戒员。迁站时要撤除安全警示标志牌,应将器材纵向肩扛行进,防止发生意外。

3) 水上作业

(1) 作业人员应穿救生衣,避免单人上船作业。

(2) 应选择租用配有救生圈、绳索、竹竿等安全防护救生设备和必要的通信设备的船只,行船应听从船长指挥。

(3) 租用的船只必须具有营业许可证,雇用的船工必须熟悉当地水性并有载客的经验。

(4) 风浪太大的时段不能强行作业。对水流湍急的地段要根据实地具体情况采取相应安全防护措施后方可作业。

(5) 海岛、海边作业时,应注意涨落潮时间,避免事故发生。

4) 涉水、渡河

(1) 涉水、渡河前,应观察河道宽度,探明河水深度、流速、水温及河床砂石等情况,了解上游水库和电站放水情况。根据以上情况选择安全的涉水地点,并应做好涉水时的防护措施。

(2) 水深在0.6m以内、流速不超过3m/s,或者流速虽然较大但水深在0.4m以内时允许徒涉。水深过腰、流速超过4m/s的急流,应采取保护措施涉水过河,禁止独自涉水过河。

(3) 遇较深、流速较大的河流,应绕道寻找桥梁或渡口。通过轻便悬桥或独木桥时,要检查木质是否腐朽,若可使用,应逐人通过,必要时应架防护绳。

(4) 骑牲畜涉水时一般只限于水深0.8m以内,同时应逆流斜上,不应中途停留。要了解牲畜的水性,必要时对牲畜蹄采取防滑措施。

(5) 乘小船或其他水运工具时,应检查其安全性能,并雇用有经验的水手操纵,严禁超载。

(6) 暴雨过后要特别注意有无山洪的到来,严禁在无安全防护保障的条件下和河流暴涨时渡河。

5) 高原、高寒地区

(1) 进入高海拔区域前要进行气候适应训练,严禁单人夜间行动,雾天应停止作业。

(2) 注意防止感冒、冻伤和紫外线灼伤,在高海拔区域发生高原反应、感冒、冻伤等疾病时,应立即采取有效的救治措施。

(3) 在冰川、雪山作业时,应戴雪镜、穿色彩醒目的防寒服。

(4) 应按选定路线行进。遇无路情况,则应选择缓坡迂回行进,不得强行通过。

6) 高空作业

(1) 患有心脏病、高血压、癫痫、眩晕、深度近视等高空禁忌证的人员禁止从事高空作业。

(2) 现场作业人员应佩戴安全防护带和防护帽,不得赤脚。安全防护带要高挂低用,不能打结使用。

(3) 应事先检查树、杆、梯、站台以及觇标等各部位结构是否牢固,有无损伤、腐朽和松脱,存在安全隐患的应经过修补后才能作业。到达工作位置后要选坚固的枝干、桩作为依托,并扣好安全防护带后再开始作业;返回地面时严禁滑下或跳下。高楼作业时,应了解楼顶的设施和防护情况,避免在楼顶边缘作业。

(4) 传递仪器和工具时禁止抛投。使用的绳索要结实,滑轮转动要灵活,禁止使用断股或未经检查过的绳索,防止脱落伤人。

(5) 造标、拆标工作时,应由专人统一指挥。在行人通过的道路或居民地附近造标、拆标时,必须将现场围好,悬挂"危险"标志,禁止无关人员进入现场。作业场地半径不得小于15m。

7) 沼泽地区

(1) 应配备必要的绳索、木板和长约1.5m的探测棒。

(2) 过沼泽地时,应组队行进,禁止单人涉险。遇有繁茂绿草地带应绕道而行。

(3) 应保持身体干燥清洁,防止皮肤溃烂。

8) 人烟稀少或草原、林区

(1) 应携带手持导航定位仪器及地形图,着装要扎紧领口、裤脚,要配备防止蛇、虫等叮咬的面罩及药品,并注射森林脑炎疫苗。

(2) 行进路线及点位附近,均应设置能够为本队人员所共同识别的明显标志。

(3) 禁止夜间单人外出,特殊情况确需外出时,应两人以上。应详细报告去向,并要携带电源充足的照明和通信器材,以保持随时联系;同时,宿营地应设置灯光引导标志。

9) 少数民族地区

(1) 出测前要组织学习有关的少数民族政策,了解当地的风俗、治安和气候特点,制定具体的安全防范措施。

(2) 进入少数民族地区作业时,应事先征得有关部门同意,主动与当地测绘地理信息行政主管部门、公安机关进行沟通。

10) 地下管线

(1) 无向导协助,禁止进入情况不明的地下管道作业。

(2) 作业人员必须佩戴防护帽、安全灯,身穿安全警示工作服,应配备通信设备,并保持与地面人员的通信畅通。

(3) 在城区或道路上进行地下管线探测作业时,应在管道口设置安全隔离标志牌,安排专人担任安全警戒员;夜间作业时,应设置安全警示灯。工作完毕必须清点人员,在确保井下没有留人的情况下及时盖好井盖。

(4) 对规模较大的管道,在下井调查或施放探头、电极导线时严禁明火,并应进行有害、有毒及可燃气体的浓度测定,超标时应打开连续的3个井盖排气通风半小时以上,确认安全并采取保护措施后方可下井作业。

(5) 在有易燃、易爆隐患环境下作业时,应使用具备防爆性能的测量设备。

(6) 使用大功率电器或设备时,作业人员应具备安全用电和触电急救的基础知识。工作电压超过36V时,供电作业人员应使用绝缘防护用品,接地电极附近应设置明显的警告标志,并设专人看管。雷电天气禁止使用大功率仪器设备作业。井下作业的所有电气设备外壳都应接地。

(7) 进入企业厂区进行地下管线探测的作业人员,必须熟悉该厂安全保护规定。

11) 铁路、公路区域

(1) 在铁路和封闭式道路作业前,应征得主管单位同意。

(2) 沿铁路、公路作业时,应穿着色彩醒目的安全警示反光马甲。

(3) 在电气化铁路附近作业时,禁止使用铝合金标尺、镜杆,防止触电。

(4) 在桥梁和隧道附近以及公路弯道和视线不清的地点作业时,应事先设置安全警示标志牌,必要时安排专人担任安全指挥。

(5) 工间休息应离开铁路、公路路基,选择安全地点休息。

12) 沙漠、戈壁地区

(1) 应配备卫星电话、容水器、绳索、地图资料、导航定位仪器、风镜、药品、色彩醒目的工作服和睡袋等。

(2) 在距水源较远的地区作业,应制订供水计划,必要时可分段设立供水站。

(3) 应随时注意天气变化,防止沙漠寒潮和沙暴的侵袭。

4. 测绘项目内业生产安全

创造安全、舒适的内业工作环境,是保障内业工作顺利进行的重要条件,测绘单位应分析、评估内业生产环境的安全情况,制定生产安全细则,确保生产安全。

1）作业场所要求

（1）照明、噪声、辐射等环境条件应符合作业要求。

（2）计算机等生产仪器设备的放置，应有利于减少放射线对作业人员的危害。各种设备与建筑物之间应留有满足生产、检修需要的安全距离。

（3）作业场所中不应随意拉设电线，空调、照明等用电设施要有专人管理、检修。

（4）面积大于 $100m^2$ 的作业场所的安全出口不少于两个，安全出口、通道、楼梯等应设明显标志和应急照明设施。

（5）作业场所按规定配备灭火器具，小于 $40m^2$ 的重点防火区域也应配置灭火器具。应定期进行消防设施和安全装置的有效期与能否正常使用的检查，保证安全有效。

（6）作业场所应配置必要的安全标志，如配电箱标志、严禁烟火标志、严禁吸烟标志、119 火警电话标志、紧急疏散示意图、上下楼梯警告线以及生产区玻璃隔断提醒标志等。

（7）使用电器取暖或烧水，不用时应切断电源。

（8）严禁携带易燃易爆物品进入生产和办公区。作业区禁止堆放与工作无关的物品。

2）作业人员安全操作

（1）仪器设备的安装、检修和使用须符合安全要求，所有电力动力设备必须按照规定埋设接地网。

（2）仪器设备须有专人管理，并进行定期的检查、维护和保养，禁止仪器设备带故障运行。

（3）作业人员应熟悉操作规程，必须严格按有关规程进行操作。作业前要认真检查所要操作的仪器设备是否处于安全状态。未经批准，无关人员不得动用各类仪器设备。

（4）饮水时，应远离仪器设备，防止泼洒造成电路短路。

（5）修理仪器设备一般不准带电作业，特殊情况而不能切断电源时，必须采取可靠的安全措施，并且须有两名电工现场作业。

（6）因故停电时，凡用电的仪器设备应立即断开电源。

（7）汽油、煤油等挥发性易燃物质不得存放在作业室、车间及办公室内。洒过易燃油料的地方要及时处理。油料着火应用细沙、泥土熄灭，不可向油上泼水。

3.4.3 测绘仪器设备安全管理

测绘仪器是工程测绘工作中的重要组成部分，当前常用的测绘仪器主要有光学仪器、电子仪器以及光、机、电、算相结合的仪器。测绘仪器的费用一般比较高，在生产、运输、保存和使用过程中都会受到外界的影响，有时会对仪器的性能造成十分严重的损坏。在日常使用过程中加强管理和维护，不仅可以保证测绘仪器的可靠性，还能延长仪器的使用寿命，从而节约成本。

1. 仪器设备的管理制度

对测绘仪器进行相应的管理，首先要对管理制度进行确定。当前我国测绘仪器的管理制度主要有以下几个方面。

（1）设置仪器管理员。根据单位仪器设备的具体情况，设置专门的仪器管理人员，负责仪器设备的保管、维护、检校和维修等。

(2) 建立技术档案。对每台仪器设备应建立其技术档案，内容包括仪器设备的规格、性能、附件、精度检定、损伤记录、修理记录和移交验收记录等。

(3) 执行设备审批手续。对仪器设备的借用、出租、转借、调拨、大修、报废、出入库等应有一定的审批手续。

(4) 仪器设备专人使用。外业队使用的仪器设备必须由专人使用、管理。使用人员需经过基本培训，掌握仪器设备的功能和使用方法。为防止仪器损坏，严禁未经培训的人员使用仪器设备。作业队的负责人应经常了解仪器设备维护、保养、使用等情况，及时解决有关问题。

(5) 检查登记制度。仪器入出库必须有严格的检查和登记制度。

(6) 仪器设备专库存放。仪器设备库房应是耐火建筑，库房内的温度不能有剧烈变化，室温最好保持在12～16℃。应有消防设备，但不能用一般酸碱式灭火瓶，宜用液体 CO_2 或 CCl_4 及新的消防瓶。

2. 测绘仪器设备的安全搬运

(1) 长途搬运。长途搬运仪器时，应将仪器装入专门的运输箱内。若无防震运输箱，而又需运输较精密的仪器时，可特制套箱，再把装有仪器的箱子装入特制的套箱内，仪器箱与套箱内包面之间的空隙处可用刨花或纸片等紧紧填实。

(2) 短途搬运。短途搬运仪器时，除特别怕震的仪器设备外，一般可不装入运输箱内，但需要专人护送。

无论长短途仪器运送，都要防止日晒雨淋，而且放置仪器设备的地方要安全妥当、清洁和干燥。

3. 测绘仪器设备的使用和维护

(1) 领仪器。领仪器时要检核仪器，检核箱盖是否关好锁好，背带和提手是否结实牢固，脚架与仪器是否配套，脚架各部件是否完好，其他器材和附件是否齐全。

(2) 开箱。仪器开箱前应将仪器箱平放在地上，严禁手提或怀抱着仪器开箱。开箱后应注意看清楚仪器在箱中安放的状态。仪器取出前应先松开各制动螺栓，提取仪器时，要用手托住仪器的基座，握持支架将仪器轻轻取出，严禁用手提望远镜和横轴。仪器及所用部件取出后，应及时合上箱盖。仪器箱放在测站附近，严禁踩、坐、压仪器箱。

(3) 装箱。作业完毕后，应将所有微动螺栓退回到正常位置，并用擦镜纸或软毛刷除去仪器上表面的灰尘，按出箱时的位置放入原箱。盖箱前应将各制动螺栓轻轻旋紧，检查附件齐全后可轻合箱盖。若无法盖箱，须重放仪器，严禁强力盖箱，箱盖吻合方可上盖，并扣紧锁好。

(4) 架设。架设仪器时，先将三脚架架稳并大致对中，然后放上仪器，并立即拧紧中心连接螺栓。

(5) 连接。所有仪器连接外部设备时，应注意相对应的接口、电极连接是否正确，确认无误后方可开启主机和外围设备。拔插接线时不要抓住线就往外拔，应握住接头顺方向拔插。盘线时不要弯折，应盘成圈收藏，以免各类连接线被折断而影响工作。

(6) 防护。仪器要小心轻放，避免强烈的冲击震动，安置仪器前应检查三脚架的牢固性，作业过程中仪器要随时有人防护，以免丢失或行人、车辆、牲畜等碰坏仪器造成重大损失。仪器在野外使用时应防止暴晒和雨淋,必要时应持伞保护。

(7) 搬站。仪器搬站时,可视搬站的远近、道路情况以及周围环境等决定仪器是否要装箱。搬站时,应把仪器的所有制动螺栓略微拧紧,但不要拧得太紧,严禁将三脚架收拢后把仪器扛在肩上迁移。对于远距离或通过行走不方便的地区,应将仪器按要求装箱后搬迁。

(8) 清洁。应保持仪器光学元件清洁,如沾染灰尘必须用毛刷或柔软的擦镜纸清除,禁止用手指抚摸仪器的任何光学元件表面。在潮湿环境中作业结束后,应当用软布擦干仪器表面的水分或灰尘后才能装箱。回到驻地后立即开箱取出仪器放置于干燥处,彻底晾干后才能装入仪器箱内。

4. 测绘仪器的三防措施

生霉、生雾、生锈是测绘仪器的"三害",直接影响测绘仪器的质量和使用寿命,须按不同仪器的性能要求,采取必要的防霉、防雾、防锈措施,确保仪器处于良好状态。

1) 测绘仪器防霉措施

(1) 外业三防。每日收装仪器前,应将仪器光学零件外露表面清刷干净后再盖镜头盖,并使仪器外表清洁后方能装箱密封保管。仪器外壳有通孔的,用完后须将通孔盖住;仪器箱内放入适当的防霉剂;一般情况下,每隔6个月(温热季节或湿热地区1~3个月)应对仪器的光学零件外露表面进行一次全面的擦拭。

(2) 内业三防。每台内业仪器必须配备仪器罩,每次操作完毕,应将仪器罩罩上;一般一年(湿热季节或湿热地区6个月)须对仪器未密封的部分进行一次全面的擦拭。

(3) 检修三防。对所修理的仪器外表和内部必须进行一次彻底的清擦,注意不应用有机溶剂和粗糙擦布用力擦仪器的密封部位,以免破坏仪器的密封性;对产生霉斑的光学零件表面必须彻底除霉,使仪器的光学性能恢复到良好状态;修复的仪器装配时须对仪器内部的零件进行干燥处理,并更换或补放仪器内腔的防霉药片;修复装配后,必须密封的仪器部位应恢复密封状态。

(4) 保管三防。保管室内必须清洁防尘,相对湿度控制在70%以下;仪器箱内应放适当防霉剂,并将仪器置于仪器箱内密封保存;对于带电气装置的仪器在其保管期内应在1~3个月通电干燥一次;一般情况下1年之内应对所保管的仪器光学零件外露表面进行一次全面清擦检查,发现霉斑应及时清除,且在雨季过后应立即增加一次清擦。

2) 测绘仪器防雾措施

(1) 外业三防。每次清擦完光学零件表面后,再用干棉球擦拭一遍,以便除去表面潮气;调整或操作仪器时勿用手心对准光学零件表面;一般情况下,6个月(湿热季节或湿热地区3个月)须对仪器的光学零件外露表面进行一次全面清擦;防止人为破坏仪器的密封造成潮气进入仪器内腔和浸润光学零件表面。

(2) 内业三防。一旦发现水雾,应用烘烤或吸潮的方法清除;发现油性雾应用清洗剂擦拭干净并进行干燥处理;一般每年(湿热季节或湿热地区3~6个月)应对仪器外表进行一次全面清擦,并用300~500W电吹风机烘烤光学零件外露表面(温度不得超过60℃);一旦发现水性雾,应用烘烤或吸潮的方法清除,发现油性雾应用清洗剂擦拭干净并进行干燥处理。

(3) 检修三防。对光学零件外露表面上出现的雾迹进行彻底清除;除雾后或新配置的光零件表面用防霉剂进行处理；严禁使用吸潮后的干燥剂；光学镜头盖内须垫适量脱脂棉。

(4) 保管三防。保管室内应配备除湿装置；长期不用的仪器外露光学零件，经干燥后垫一层干燥脱脂棉，再盖镜头盖。

3) 测绘仪器防锈措施

(1) 外业三防。测区作业终结收测时，将金属外露面的临时保护油脂全部清除干净，涂上新防锈脂；外业仪器防锈用油脂除具有良好的防锈性能以外，还应具有优良的置换性，并应符合挥发性低、流散性小的要求；一般情况下每隔6个月(湿热季节或湿热地区1～3个月)须对仪器外露表面的润滑防锈油脂进行一次更换。

(2) 内业三防。一般应每隔1年(湿热季节或湿热地区6个月)须将仪器所用临时性防锈油脂全部更换一次，如发现锈蚀现象，必须立即除锈。

(3) 检修三防。必须将原用油脂彻底清除，通过干燥处理后，涂抹新的油脂进行防锈；必须对长锈部位除锈，除锈时应保持原表面粗糙度数值或降低不超过相邻部位的粗糙度数值；对金属裸露表面清洗或除锈后，必须进行干燥处理；对有运动配合的部位涂防锈油脂后必须来回运动几次，并除去挤压出来的多余油脂。

(4) 保管三防。对非成保护膜型防锈油脂，涂抹后应用电容器纸或防锈纸等封盖；保管室不能保证满足恒温恒湿的要求时，须做到通风、干燥、防尘。

4) 其他要求

(1) 收到一台新仪器应进行一次全面的三防性能检查并作记录，建立三防保养档案。如果发现有霉、雾、锈现象产生，在三防保证期内应立即与销售单位或生产厂联系，超过三防保证期的应由接收单位及时进行除霉、除雾、除锈处理，更新三防材料。

(2) 仪器在运输过程中，必须有防震设施，以免因震动剧烈引起仪器的密封性能下降。密封性能下降的部位应重新采取密封措施，使仪器恢复良好的密封状态。

(3) 作业中暂时使用的电子仪器每周至少通电一小时，以保证各个部件功能正常运转。

3.4.4 地理信息数据安全管理

1. 基础地理信息数据安全管理

基础地理信息数据是在基础测绘生产活动中形成的、以数字形式存在的、关于地球表面自然地理形态和社会经济概况的基础信息数据，应采用国家标准格式或通用格式。非通用格式基础地理信息数据归档时，应同时归档操作软件。基础测绘地理信息数据档案形成单位应指定专人负责归档材料的积累和整理工作，归档材料的完整性和准确性由单位项目负责人总负责。数据档案管理单位负责数据档案的收集、接收、保管和维护等工作，并对归档材料从形成到归档的全过程进行监督检查和指导。

1) 归档内容

(1) 基础地理信息数据成果包括其最终数据成果、重要的阶段性数据成果、重要的原始数据成果和数据说明文件。如数据成果包含元数据，应随同数据成果一起归档。数据说明文件应包含数据背景、数据组织、应用方式及联系方式。

(2) 文档材料包括项目立项文件、项目实施文件、项目总结文件及项目成果文件。文档材料有电子文件形式的，应一并归档。

(3) 相关软件包括在基础地理信息数据成果形成过程中开发的特定数据管理软件、演示软件。与软件相关的技术手册、使用手册等有关材料应同时归档。

(4) 档案目录数据指与归档材料相关的档案目录数据。

2) 归档要求

(1) 档案形成单位应在项目完成后两个月内完成归档。

(2) 基础测绘数据成果应与文档材料一同归档。

(3) 归档的基础地理信息数据应为最终版本。

(4) 归档后，如果档案形成单位又对基础地理信息数据成果进行了更新(即补充或完善)，应将更新后的数据成果及时归档，以替换原归档的数据成果。

(5) 文档材料归档一份，数据成果复制归档两份。

(6) 归档的数据成果和相关软件一般不压缩、不加密。如进行了压缩和加密，应将解压软件和密钥、加密和解密软件同时归档。

3) 归档检验

档案形成单位和接收单位须对归档材料进行检验，并填写"基础地理信息数据建(归)档登记表"一式两份，双方各持一份。检验内容包括：

(1) 数据成果：载体外观和标识检验，成果内容完整性检验，数据有效性检验，数据内容一致性检验，数据逻辑立卷检验，病毒检验。

(2) 相关软件：载体外观和标识检验，特定软件完整性，运行有效性，说明材料完整性。

(3) 文档材料：外观和标志，内容完整性，文件有效性，文件一致性，文档整理立卷。

(4) 目录数据：目录数据项完整性，数据有效性，计算机病毒。

4) 移交手续

归档材料移交，需办理相关手续。档案形成单位须填写"基础地理信息数据档案移交文件"一式两份，经交接单位双方签字盖章后，双方各持一份。

5) 归档介质

(1) 两份归档的数据成果应完全相同。

(2) 同一项目的数据档案应存储在同种载体介质上。

(3) 归档的介质应有标识，可视标签大小依次选标档号、条形码、密级、题名、运行环境等，但至少应标注档号、条形码和密级。

(4) 归档工作之前，放置在储存环境下的光盘必须在工作环境中放置至少 2h，磁带必须在工作环境中放置至少 24h。

6) 储存环境

(1) 温度选定范围为 17～20℃，相对湿度选定范围为 35%～45%，并配有二氧化碳型灭火器。

(2) 库房内的设备要避免水淹，介质架最低一层搁板应高于地面 30cm。

(3) 磁带应放在距钢筋房柱或类似结构物 10cm 以外。

(4) 磁带与磁场源(永久磁铁、电动机、变压器等)之间的距离不得少于 76mm。

(5) 不得将任何磁性材料及其制品(包括磁化杯、保健磁铁、磁铁图钉等)带入库房。库房应远离强磁场，并应有必要的磁屏蔽装置和检测措施。

(6) 库房门窗应有密闭措施，不允许阳光直接照射数据载体。

(7) 库房内照明应采用防爆、防紫外线灯具。不允许有紫外线直接照射数据载体。

7) 异地储存

(1) 归档的两份数据档案介质应异地储存。

(2) 异地储存的距离应大于 100km，最佳距离为 500km 以上。

(3) 数据档案应自入馆之日起 60 天内完成异地存储工作。

(4) 数据档案应在离开储存地之日起的 60 天内重新完成异地储存工作。

(5) 异地储存介质的读检，原则上应在储存地进行。

(6) 异地储存的数据档案的管理权属于原数据档案管理单位，不经授权，任何单位和个人不能擅自复制和提供利用。

8) 介质维护

(1) 数据档案管理单位应定期对所有磁介质的检查（倒带、读检）、复制、介质更换、销毁等日常工作进行记录，并存档复查。

(2) 数据档案管理单位每年应读检不低于 5%的数据档案。

(3) 数据档案介质不得外借，只能提供数据复制介质。

9) 数据维护

(1) 出现介质故障或出现损坏迹象而需要更换介质时，介质更换的重新复制工作应在 30 天内完成。

(2) 如果软件平台能够反映介质的读写错误，则当累计读写错误达 10 次时，应停止使用该介质，并将数据复制迁移到新的一份介质上。

(3) 线性磁带应每 10 年迁移一次，光盘应每 5 年迁移一次。

(4) 数据档案管理单位应保证介质的可读性，适时将数据迁移到新的介质上。

(5) 数据档案进行转存新格式复制后，原数据档案应继续保存 3 年。

(6) 数据档案由原格式向新格式转存之前应进行鉴定，转存新格式后应在数据说明文件的第一部分"数据背景"中反映数据档案的变化情况。

10) 运输要求

对于已使用磁带的温度范围要求为 5～32℃，相对湿度范围为 20%～80%；对于未被使用磁带的温度范围要求为－23～49℃，相对湿度范围为 20%～80%。

11) 销毁

(1) 数据档案在销毁之前应进行鉴定，经鉴定需销毁的数据档案，应按有关规定履行销毁手续。

(2) 经数据迁移后废弃的原介质，除数据转存新格式情况外，原数据档案的介质不需鉴定，经审批后直接销毁。

(3) 销毁数据档案时，应对包括异地储存在内的两份数据档案同时销毁。

(4) 若磁带还有再利用价值，可对磁带进行消磁或全容量写操作，不得只进行初始化。否则，应对磁带载体进行物理销毁。

(5) 当销毁光盘上的数据档案时，须连同光盘一起销毁。

(6) 数据档案逻辑或物理销毁后，应从计算机系统中将其彻底清除。

(7) 无论是逻辑销毁还是物理销毁，数据档案销毁时应有数据档案管理单位派员监销，防止泄密。

2. 影响地理信息数据安全的因素

（1）安全意识淡薄。缺乏足够的安全意识可能导致地理信息数据容易被未经授权的人员访问或修改。

（2）黑客入侵。黑客通过技术手段侵入系统，窃取或篡改数据，对数据安全构成直接威胁。

（3）自然灾害。如地震、洪水等自然灾害可能导致数据存储设备的物理损坏，从而影响数据安全。

（4）电源故障。电源问题可能导致设备突然断电，影响数据的正常读写，从而影响数据安全。

（5）硬盘驱动器损坏。硬盘驱动器的物理损坏可能导致数据无法读取或恢复。

（6）人为错误。操作失误或不当的管理措施可能导致数据泄露或损坏。

（7）病毒。计算机病毒可以感染存储设备，导致数据被破坏或窃取。

（8）信息窃取。指通过非法手段获取地理信息数据，对数据安全构成威胁。

（9）磁干扰。外部磁场的干扰可能影响存储介质的稳定性，从而影响数据安全。

（10）工作环境和储存环境的不利条件。不适宜的工作和储存环境可能导致设备故障或数据损坏。

（11）存储信息数据介质的质量问题。存储介质的质量问题可能导致数据无法读取或损坏。

（12）操作软件的问题。软件的不稳定或缺陷可能导致数据操作错误，从而影响数据安全。

这些因素涵盖了从人为因素到技术因素、环境因素等多个方面，对地理信息数据的安全构成了多方面的威胁。因此，保障地理信息数据安全需要从多个维度进行综合考虑和防范。

3. 测绘成果保密措施

1）建立保密管理制度

涉密单位应当建立保密管理领导责任制，设立保密工作机构，配备保密管理人员，根据接触、使用、保管涉密测绘成果的人员情况，对核心涉密人员、重要涉密人员和一般涉密人员实行分类管理。

2）强化安全保密措施

（1）要依照国家有关规定，对生产、加工、提供、传递、使用、复制、保存和销毁涉密测绘成果进行严格登记管理。

（2）要确定涉密测绘成果保密要害部门、部位，明确岗位责任，设置安全可靠的保密防护措施。

（3）应对涉密计算机信息系统采取安全保密防护措施，不得使用无安全保密保障的设备处理、传输、存储涉密测绘成果。

（4）加强涉密计算机和存储介质的管理，禁止将涉密载体作为废品出售或处理。

3）规范成果提供使用行为

（1）县级以上测绘地理信息行政主管部门要依法履行提供涉密测绘成果的行政审批职能，明确规定申请、受理、审批、提供、使用等环节的具体要求，并向社会公布。

（2）法人或者其他组织申请使用涉密测绘成果的，应当具有明确、合法的使用目的和范围，具备成果保管、保密的基本设施与条件，按管理权限报测绘成果所在地的县级以上测绘地理信息行政主管部门审批。

（3）测绘成果保管单位负责接收和保管本地区涉密测绘成果，并按照批准文件向用户提供。其他任何单位不得擅自提供涉密测绘成果。

（4）经审批获得的涉密测绘成果只能用于被许可的使用目的和范围。如果需要用于其他目的，则应另行办理审批手续。任何单位和个人不得擅自复制、转让或转借涉密测绘成果。

（5）委托第三方承担成果开发、利用任务的，第三方必须具有相应的成果保密条件、承担相关保密责任；委托任务完成后，必须及时回收或监督第三方按保密规定销毁涉密测绘成果及其衍生产品。

（6）涉密测绘成果严格实行"管""用"分开，成果保管单位不得擅自使用涉密测绘成果。确因工作需要使用的，必须办理审批手续。

（7）涉密测绘成果及其衍生产品，未经国家测绘地理信息行政主管部门或者省、自治区、直辖市测绘地理信息行政主管部门进行保密技术处理的，不得公开使用，严禁在公共信息网络上登载发布使用。

4. 依法对外提供测绘成果

（1）凡涉及对外提供我国涉密测绘成果的，要依法报测绘地理信息行政主管部门或者省、自治区、直辖市测绘地理信息行政主管部门审批后再对外提供。

（2）外国的组织或者个人经批准在中华人民共和国领域内从事测绘活动的，所产生的测绘成果归中方部门或单位所有；未经测绘地理信息行政主管部门批准不得向外方提供，不得以任何形式将测绘成果携带或者传输出境。

（3）严禁任何单位和个人未经批准擅自对外提供涉密测绘成果。

3.4.5　测绘生产突发事故应急处理

1. 突发事故应急处理预案的基本原则

测绘工作是为了获取地理空间数据和制作地图等目的的一项重要活动。然而在实际操作中，可能会遇到各种应急情况，如设备故障、人员伤亡等突发状况。测绘单位应制定测绘生产突发事故应急处理预案，并应遵循以下基本原则。

（1）科学性原则：根据测绘工作的实际情况，制定基于科学理论和技术要求的应急处理措施。

（2）实用性原则：预案要简洁明了，易于操作和实施，并考虑到实际情况下的各种变数。

（3）灵活性原则：应急处理预案应具有一定的灵活性，能够根据不同的应急情况进行调整和变换。

（4）综合性原则：预案应综合考虑事前、事中和事后的处理措施，做到全方位的应急处理。

2. 突发事故应急处理内容

1）事故报告

安全事故一经发生或发现，现场人员要在第一时间报警。随后，自作业组开始逐级上报。安全事故报告时限为：①泄密事故应在发生或发现后24h内报告；②轻伤事故应在发生或发现后2h内报告；③其他事故应在发生或发现后立即报告。

2）预案启动

应急领导小组接到报告后，认为符合安全事故标准的，应宣布启动预案。预案一经启动，前线应急领导小组及其成员必须按照责任分工立即就位，相关作业队、作业组及作业人员必须无条件服从应急指挥人员的命令，全力投入应急处理工作。①对于较轻微的安全事故，应急领导小组指挥应急处理工作；②对于较严重的安全事故，应急领导小组派员至前线指挥应急处理工作。

3）事故救援

（1）救援基本要求。应急救援工作以最大限度地减少人员伤亡和经济损失为目标，遵循统一指挥、分工负责、以人为本、损失最小的方针，按照现场自救与外部救援相结合的原则实施救援。事故发生现场的人员应立即停止生产，在第一时间采取先行控制措施开展自救，立即抢救受伤人员和物资，疏散危险区域人员，控制事故扩大，并保护好事故现场。现场负责人及时向上级简要汇报案情、后果及先行处理情况，关注事故的发展和事故处理进展情况，随时向上级报告。作业队接到现场报告后，及时向前线应急领导小组和单位应急领导小组报告，指挥安全保障组、临近作业组赴现场施救。单位应急领导小组指挥前线应急领导小组，协调当地医疗、消防、公安等部门，以及武警部队、友邻作业队伍等外部救援力量开展救援，派出事故处理人员协调事故善后工作。

（2）人员受困事故处置。现场负责人立即收缩队伍，组织现场人员进行自救，尽量向路边靠拢，逐级上报事故情况（现场位置、受困原因、涉及的人员、脱困方案和救援需求）。作业队及救援组及时制订救援计划。指挥救援力量携带救援器材及保障用品前往现场营救。若有需要，及时向地方政府和当地武警部队请求援助。

（3）人员失踪事故处置。现场负责人立即收缩队伍，组织现场人员尽量利用通信设备与失踪人员取得联系，按照失踪人员行进路线向最后发出信息的方向循迹搜寻，逐级上报事故情况（失踪人员、失踪位置、救援计划和救援需求）。作业队及救援组及时向地方政府和当地武警部队请求援助，及时制订救援计划。指挥救援力量前往现场营救，尽一切可能找到失踪人员。

（4）意外伤害事故处置。现场负责人立即组织现场人员进行抢险、救护，随队医生实施急救，并监护伤员转运至就近医院。紧急时拨打“120”或“110”电话求助。现场负责人逐级上报事故情况（灾害类型、现场位置、涉及的人员、抢险方案和救援需求），并组织现场人员撤离危险地带。作业队立即组织力量，迅速赶赴现场处置。

（5）交通事故处置。现场负责人立即组织现场人员抢救，随队医生实施急救，将监护伤员集中转运至就近医院。如果需要，向急救中心呼救并派人到主要路口引导车辆。现场负责人组织保护事故现场，及时向交通事故受理中心报警，逐级上报现场情况，配合当地公安、保险等部门勘查、清理现场。

(6) 火灾事故处置。现场负责人立即组织力量采取措施扑救，尽力控制火情，防止火灾蔓延，尽量确保人员安全，降低财产损失；若火势无法控制，应及时将现场人员疏散至安全区域。现场负责人及时向消防中心报警，逐级上报火灾现场情况(方位、火势、火灾范围、抢险人员数量、灭火措施以及伤亡情况等)，协助消防部门开展灭火及现场勘验工作。

(7) 中毒事故处置。现场负责人立即安排随队指挥医生实施急救，组织人员以最快速度将中毒人员送往就近医院；如果需要，向急救中心呼救。现场负责人组织事故现场保护，逐级上报事故情况。根据事态严重程度，经单位应急领导小组同意，报告地方卫生管理部门并配合调查。

(8) 疫病感染事故处置。现场负责人立即向当地疾病控制中心报警，配合防疫部门将被感染者送入定点医院，对与被感染者有密切接触的人员进行医学排查，必要时进行隔离观察，对驻地及相关设施进行全面消毒。现场负责人逐级上报事故情况。若存在疫情暴发的风险，作业队应及时撤离至安全区休整。

(9) 泄密事故处置。涉密测绘成果资料及涉密数据载体遗失后，现场负责人立即组织力量寻找。若确认已被盗，应及时向公安部门报警，保护现场，配合侦查。现场负责人及时向上级报告涉密物品的密级、种类、数量、范围、发生环节、涉及人员、预计后果或影响程度、已采取措施等有关情况。事关机密、绝密事项时，经单位应急领导小组同意，作业队向当地保密工作部门和国家安全部门报案并协助调查处理。

4) 事故善后

事故救援结束后，在单位应急领导小组的协调下，按照规定对事故中的伤亡人员、救援参与人员、紧急调集单位或个人的物资给予抚恤、补助、补偿，并做好保险理赔和伤亡人员家属的安抚工作。前线应急领导小组及作业队做好职工情绪稳定工作，注意维护正常的工作秩序，积极配合事故调查组开展事故调查工作。未经单位应急领导小组的授权，任何人不得接受新闻媒体采访或以个人名义发布消息，以避免因消息失真而导致不良影响。

3.5 测绘成果质量检查验收

3.5.1 检查验收的术语

1. 检查验收的概念

检查验收是指为了评定测绘成果质量，严格按照相关技术细则或技术标准，通过观察、分析、判断和比较，适当结合测量、试验等方法对测绘成果质量进行的符合性评价。

2. 相关术语

(1) 单位成果：为实施检查与验收而划分的基本单位。

(2) 批成果：同一技术设计要求下生产的同一测区的、同一比例尺(或等级)单位成果集合。

(3) 批量：批量成果中单位成果的数量。

(4) 样本：从批成果中抽取的用于评定批成果质量的单位成果集合。

(5) 样本量：样本中单位成果的数量。

(6) 全数检查：对批成果中全部单位成果逐一进行的检查。

(7) 抽样检查：从批成果中抽取一定数量样本进行检查。

(8) 质量元素：说明质量的定量、定性组成部分。即成果满足规定要求和使用目的的基本特性。质量元素的适用性取决于成果的内容以及成果规范，并非所有的质量元素适用于所有的成果。

(9) 质量子元素：质量元素的组成部分，描述质量元素的一个特定方面。

(10) 检查项：质量子元素的检查内容。说明质量的最小单位，质量检查和评定的最小实施对象。

(11) 详查：对单位成果质量要求的全部检查项进行的检查。

(12) 概查：对单位成果质量要求中的部分检查项进行的检查。部分检查项一般指重要的、特别关注的质量要求或指标，或系统性的偏差、错误。一般指记录A类、B类错漏和普遍性问题。若概查中未发现A类错漏或B类错漏小于3个时，判概查为合格；否则，判概查为不合格。

(13) 错漏：检查项的检查结果与要求存在的差异。根据差异的程度，将其分为A、B、C、D四类。

A类：极重要检查项的错漏，或检查项的极严重错漏。

B类：重要检查项的错漏，或检查项的严重错漏。

C类：较重要检查项的错漏，或检查项的较重错漏。

D类：一般检查项的轻微错漏。

(14) 高精度检测：检测的技术要求高于生产的技术要求。

(15) 同精度检测：检测的技术要求与生产的技术要求相同。

(16) 简单随机抽样：从批成果中抽取样本时，使每一个单位成果都以相同概率构成样本，可采用简单随机抽取单位成果的方法。

(17) 分层随机抽样：将批成果按作业工序或生产时间段、地形类别、作业方法等分层后，根据样本量分别从各层中随机抽取一个或若干个单位成果组成样本。

3.5.2 测绘成果质量验收的基本规定

1. 检查验收制度

根据《数字测绘成果质量检查与验收》(GB/T 18316—2008)，数字测绘成果应依次通过测绘单位作业部门的过程检查、测绘单位质量管理部门的最终检查和项目管理单位组织的验收或委托具有资质的质量检验机构进行质量验收，即“二级检查一级验收”。各级检查工作应独立进行，不应省略或代替。具体要求如下：

(1) 过程检查。通过自查、互查的单位成果才能进行过程检查。过程检查对批成果中的单位成果进行全数检查，不作单位成果质量评定。过程检查应逐单位成果进行详查，检查出的错误修改后应通过复查，直至检查无误为止，方可提交最终检查。

(2) 最终检查。最终检查对批成果中的单位成果进行全数检查并逐幅评定单位成果质量等级。最终检查应逐单位成果详查，对野外实地检查项可抽样检查，样本量不低于规范要求。最终检查不合格的单位成果应退回处理，处理后再进行最终检查，直至检查合格为止。最终检查合格的单位成果，检查出的错误修改后经复查无误，方可提交验收。最终检查完成后应编写检查报告，随成果一并提交验收。最终检查完成后，应书面申请验收。

(3) 验收。验收对批成果中的单位成果进行抽样检查并评定质量等级，同时以批成果合格判定条件判定批成果质量等级。样本内的单位成果应逐一详查，样本外的单位成果根据需要进行概查。

2. 检查验收依据

成果质量检查验收的依据主要涉及有关的法律法规、有关国家标准、行业标准、设计书、测绘任务书、合同书和委托验收文件等。

3. 质量检查

1) 质量检查的方法

(1) 参考数据比对：与高精度数据、专题数据、生产中使用的原始数据以及可收集到的国家各级部门公布、发布、出版的资料数据等各类参考数据对比，确定被检数据是否错漏或者获取被检数据与参考数据的差值。

(2) 野外实测：与野外测量、调绘的成果对比，确定被检数据是否错漏或者获取被检数据与野外实测数据的差值。

(3) 内部检查：检查被检数据的内在特性。

2) 质量检查的方式

(1) 计算机自动检查。软件自动分析和判断结果，如可计算值(属性)的检查、逻辑一致性检查、值域的检查、各类统计计算等。

(2) 计算机辅助检查。通过人机交互检查，筛选并人工分析和判断结果。

(3) 人工检查。不能通过软件检查的只能人工检查，如矢量要素的遗漏等。

4. 提交验收的成果资料

测绘项目提交的成果资料必须齐全，主要包括：

(1) 项目设计书、专业设计书，技术总结等；

(2) 文档记录簿、质量跟踪卡等；

(3) 数据文件，包括图库内外整饰信息文件、元数据文件等；

(4) 作为数据源使用的原图或复制的二底图；

(5) 图形或影像数据输出的检查图或模拟图；

(6) 技术规定或技术设计书规定的其他文件资料。

提交验收时，还应提交检查报告。

5. 数学精度检测

图类单位成果的数学精度检测包括高程精度检测、平面位置精度检测及相对位置精度检测等，检测点(边)应分布均匀、位置明显。检测点(边)数量视地物复杂程度、比例尺等具体情况确定，每幅图一般应该选取20～50个。按单位成果统计数学精度，困难时可以适当扩大统计范围。

(1) 同精度检测：允许中误差的 $2\sqrt{2}$ 倍及以内的误差值均应参与数学精度统计，超过的视为粗差。中误差计算公式为

$$M=\pm\sqrt{[\Delta\Delta]/2n}\text{（将检测值与原观测值视为双观测值）} \tag{3.1}$$

式中，M 为成果中误差；n 为检测点(边)总数；Δ 为检测点(边)的检测值与原观测值的较差。

(2) 高精度检测：允许中误差的 2 倍及以内的误差值均应参与数学精度统计，超过的视为粗差。中误差计算公式为

$$M=\pm\sqrt{[\Delta\Delta]/n}\text{（将检测值视为真值）} \tag{3.2}$$

式中符号含义同上。

(3) 检测点(边)数量少于 20 个时，以误差的算术平均值代替中误差；多于 20 个时，按中误差统计。

6. 检查验收记录与报告

检查验收记录包括质量问题及其处理记录、质量统计记录等。最终检查、验收工作完成后，应分别编写检查、验收报告，并随测绘成果一起归档。

7. 质量问题处理

验收中若发现有不符合技术标准、技术设计书或其他有关技术规定的成果时，应及时提出处理意见，交测绘单位进行改正。当问题较多或性质较严重时，可将部分或全部成果退回测绘单位或部门重新处理，然后再进行验收。

经验收判为合格的批，测绘单位或部门要对验收中发现的问题进行处理，然后进行复查。经验收判为不合格的批，要将检验批全部退回测绘单位或部门进行处理，然后再次申请验收。再次验收时应重新抽样。

对于过程检查、最终检查中发现的质量问题应改正。在过程检查、最终检查工作中，当对质量问题的判定存在分歧时，由测绘单位总工程师裁定；在验收工作中，当对质量问题的判定存在分歧时，由委托方或项目管理单位裁定。

3.5.3 测绘成果抽样检查程序

抽样检查的程序包括组成批成果、确定样本量、抽取样本、检验、质量评定和编制报告等环节。

(1) 组成批成果。批成果应由同一技术设计书指导下生产的同等、同规格单位成果汇集而成。生产量较大时，可根据生产时间的不同、作业方法的不同或作业单位的不同等条件分别组成批成果，实施分批检验。

(2) 确定样本量。抽样检查时根据检验批的批量确定样本量，具体见表 3.5。

表 3.5 批量与样本量对照表

批量	样本量	批量	样本量
1～20	3	61～80	9
21～40	5	81～100	10
41～60	7	101～120	11

续表

批量	样本量	批量	样本量
121～140	12	181～200	15
141～160	13	＞201	分批次提交，批次数应最小，各批次的批量应均匀
161～180	14		

注：当样本量等于或大于批量时，则全数检查。

(3) 抽取样本。样本应分布均匀，以“点”“景”“测段”“幢”或“区域网”等为单位在检验批中随机抽取样本，一般采用简单随机抽样，也可根据生产方式或时间、等级等用分层随机抽样。按样本量从批成果中提取样本，并提取单位成果的全部有关资料。

下列资料按100%提取样本原件或复印件：项目设计书、专业技术设计书，生产过程中的补充规定，技术总结、检查报告及检查记录，仪器检定证书和检验资料复印件，其他需要提供的文档资料等。

(4) 检验。根据成果质量的内容与特性，分别采用详查、概查的方式检验，并统计存在的各种错漏数量、错误率、中误差等。

(5) 质量评定。质量评定包括单位成果质量评定、样本质量评定和批成果质量评定。

(6) 编制报告。质量检验报告、检查报告的内容和格式按《数字测绘成果质量检查与验收》的规定。质量检验报告主要包括：检验工作成果概况、检验依据、抽样情况、检验内容及方法、主要质量问题及处理、质量统计及质量综述、附件(附图、附表)。

3.5.4 测绘成果质量评定方法

测绘产品的检查验收实行二级检查一级验收制度，对其产品单位成果的质量评定须遵守数学精度评分方法、质量错漏扣分标准、质量子元素评分方法、质量元素评分方法以及单位成果质量评分的规定。

1. 质量评分方法

1) 数学精度评分方法

数学精度按表3.6的规定采用分段直线内插的方法计算质量分数；多项数学精度评分时，若单项数学精度得分均大于60分，取其算术平均值或加权平均。

表3.6 数学精度评分标准

数学精度值	质量分数
$0 \leqslant M \leqslant \frac{1}{3}M_0$	$S=100$分
$\frac{1}{3}M_0 < M \leqslant \frac{1}{2}M_0$	90分$\leqslant S <$100分
$\frac{1}{2}M_0 < M \leqslant \frac{3}{4}M_0$	75分$\leqslant S <$90分
$\frac{3}{4}M_0 < M \leqslant M_0$	60分$\leqslant S <$75分

表3.6中，M_0为允许中误差的绝对值，其计算方法见式(3.3)；M为成果中误差的绝对值；S为质量分数(根据数学精度的绝对值所在区间进行内插)。

$$M_0 = \sqrt{m_1^2 + m_2^2} \tag{3.3}$$

式中，m_1——规范或相应技术文件要求的成果中误差；

m_2——检测中误差(高精度检测时取 $m_2=0$)。

2）质量错漏扣分标准

质量错漏扣分标准按表3.7执行。大地测量、工程测量、摄影测量与遥感、地图编制、地籍测绘、地理信息系统等测绘成果具体的质量错漏扣分标准参考相关国家标准。

表3.7　质量错漏扣分标准

差错类型	扣分值
A类	42分
B类	$\frac{12}{t}$分
C类	$\frac{4}{t}$分
D类	$\frac{1}{t}$分

注：一般情况下取 $t=1$。需要进行调整时，以困难类别为原则，按《测绘生产困难类别细则》进行调整(平均困难类别取 $t=1$)。

3）质量子元素评分方法

首先将质量子元素得分预置为100分，然后根据表3.7的要求对相应质量子元素中出现的错漏逐个扣分。S_2 的值由式(3.4)计算得到：

$$S_2=100-\left(a_1\times\frac{12}{t}+a_2\times\frac{4}{t}+a_3\times\frac{1}{t}\right) \tag{3.4}$$

式中，S_2——质量子元素得分；

a_1、a_2、a_3——质量子元素中相应的B类错漏个数、C类错漏个数、D类错漏个数；

t——扣分值调整系数。

4）质量元素评分方法

采用加权平均法计算质量元素得分。S_1 的值由式(3.5)计算得到：

$$S_1=\sum_{i=1}^{n}S_{2i}p_i \tag{3.5}$$

式中，S_1——质量元素得分；

S_{2i}——相应质量子元素得分；

p_i——相应质量子元素的权；

n——质量元素中包含的质量子元素个数。

5）单位成果质量评分

采用加权平均法计算单位成果质量得分，质量元素的权值需查阅现执行的相关国家标准确定。单位成果质量得分 S 的值由式(3.6)计算得到：

$$S=\sum_{i=1}^{n}S_{1i}p_i \tag{3.6}$$

式中，S——单位成果质量得分；

S_{1i}——质量元素得分；

p_i——相应质量元素的权；

n——单位成果中包含的质量元素个数。

2. 成果质量评定

测绘单位评定单位成果质量和批成果质量等级，验收单位根据样本质量等级核定批成果质量等级。

1）单位成果质量评定

当单位成果出现以下情况之一时，即判定为不合格：①单位成果中出现A类错漏；②单位成果高程精度检测、平面位置精度检测及相对位置精度检测，任一项粗差比例高于5%；③质量子元素质量得分小于60分。根据单位成果的质量得分，质量等级分为优、良、合格、不合格，具体如表3.8所示。

表3.8 单位成果质量等级评定标准

质量等级	质量得分
优	$S \geqslant 90$分
良	75分$\leqslant S < 90$分
合格	60分$\leqslant S < 75$分
不合格	$S < 60$分

2）样本质量评定

当样本中出现不合格单位成果时，评定样本质量为不合格。

全部单位成果合格后，根据单位成果的质量得分，按算术平均方式计算样本质量得分S，按表3.9评定样本质量等级。

表3.9 样本质量等级评定标准

质量等级	质量得分
优	$S \geqslant 90$分
良	75分$\leqslant S < 90$分
合格	60分$\leqslant S < 75$分

3）批质量判定

（1）最终检查批成果质量评定。最终检查批成果合格后，按以下原则评定批成果质量等级：

① 优级：优良品率达到90%以上，其中优级品率达到50%以上。

② 良级：优良品率达到80%以上，其中优级品率达到30%以上。

③ 合格：未达到上述标准的。

（2）批成果质量核定。验收单位根据评定的样本质量等级，核定批成果质量等级。当测绘单位未评定批成果质量等级，或验收单位评定的批成果质量等级与测绘单位评定的批成果质量等级不一致时，以验收单位评定的样本质量等级作为批成果质量等级。

（3）批成果质量判定。①生产过程中使用未经计量检定或检定不合格的测量仪器的，均判为批不合格。②当详查和概查均为合格时，判为批合格；否则，判为批不合格。若验收中只实施了详查，则只依据详查结果判定批质量。③当详查和概查中发现伪造成果现象或技术路线存在重大偏差时，均判为批不合格。

3.5.5 测绘成果的质量元素及检查项

考虑到测绘成果种类繁多，本节以大地测量、工程测量和摄影测量与遥感等主要测绘成果的质量元素和检查项为例，对测绘成果的质量元素及检查项进行说明，其他测绘项目成果的质量元素和检查项可根据项目实施的技术方法和成果类型综合确定。

1. 大地测量

大地测量成果主要包括GNSS测量成果、三角测量成果、导线测量成果、水准测量成果、光电测距成果、天文测量成果、重力测量成果和大地测量计算成果。

1）GNSS测量成果

GNSS测量成果的质量元素和检查项如表3.10所示。

表3.10 GNSS测量成果的质量元素和检查项

质量元素	质量子元素	检查项
数据质量	数学精度	点位中误差与规范及设计书的符合情况；边长相对中误差与规范及设计书的符合情况
	观测质量	仪器检验项目的齐全性，检验方法的正确性；观测方法的正确性，观测条件的合理性；卫星定位测量点水准联测的合理性和正确性；归心元素、天线高测定方法的正确性；卫星高度角、有效观测卫星总数、时段中任一卫星有效观测时间、观测时段数、时段长度、数据采样间隔、位置精度衰减因子、钟漂、多路径效应等参数的规范性和正确性；观测手簿记录和注记的完整性和数字记录、划改的规范性；数据质量检验的符合性；规范和设计方案的执行情况；成果取舍和重测的正确性、合理性
	计算质量	起算点选取的合理性和起始数据的正确性；起算点的兼容性及分布的合理性；平差计算方法的正确性；数据使用的正确性和合理性；各项外业验算项目的完整性、方法正确性，各项指标符合性
点位质量	选点质量	点位布设及点位密度的合理性；点位观测条件的符合情况；点位选择的合理性；点之记内容的齐全性、正确性
	埋石质量	埋石坑位的规范性和尺寸的符合性；标石类型和标石埋设规格的规范性；标志类型、规格的正确性；标石质量，如坚固性、规格等；托管手续内容的齐全性、正确性
资料质量	整饰质量	点之记和托管手续、观测手簿、计算成果等资料的规范性；技术总结、检查报告格式的规范性；技术总结、检查报告整饰的规整性
	资料完整性	技术总结编写的齐全和完整情况；检查报告编写的齐全和完整情况；上交资料的齐全性和完整性

2）三角测量成果

三角测量成果的质量元素和检查项如表3.11所示。

表 3.11　三角测量成果的质量元素和检查项

质量元素	质量子元素	检　查　项
数据质量	数学精度	最弱边相对中误差符合性；最弱点中误差符合性；测角中误差符合性
	观测质量	仪器检验项目的齐全性和检验方法正确性；各项观测误差的符合性；归心元素的测定方法、次数、时间及投影偏差情况，觇标高的测定方法及量取部位的正确性；水平角的观测方法、时间选择、光段分布、成果取舍和重测的合理性和正确性；天顶距(或垂直角)的观测方法、时间选择、成果取舍和重测的合理性和正确性；观测手簿计算正确性、注记的完整性和数字记录、划改的规范性
	计算质量	外业验算项目的齐全性、验算方法的正确性；验算数据的正确性及验算结果的符合性；已知三角点选取的合理性和起始数据的正确性
点位质量	选点质量	点位密度的合理性；点位选择的合理性；锁段图形权倒数值的符合性；展点图内容的完整性和正确性；点之记内容的完整性和正确性
	埋石质量	觇标的结构及橹柱与视线关系的合理性；标石的类型、规格和预制的质量情况；标石的埋设和外部整饰情况；托管手续内容的齐全性和正确性
资料质量	整饰质量	选点、埋石及验算资料整饰的齐全性和规整性；成果资料整饰的规整性；技术总结整饰的规整性；检查报告整饰的规整性
	资料完整性	技术总结内容的齐全性和完整性；检查报告内容的齐全性和完整性；上交资料的齐全性和完整性

3）导线测量成果

导线测量成果的质量元素和检查项如表 3.12 所示。

表 3.12　导线测量成果的质量元素和检查项

质量元素	质量子元素	检　查　项
数据质量	数学精度	点位中误差符合性；边长相对精度符合性；方位角闭合差符合性；测角中误差符合性
	观测质量	仪器检验项目的齐全性、检验方法的正确性、各项观测误差的符合性；归心元素的测定方法、次数、时间及投影偏差情况；觇标高的测定方法及量取部位的正确性；水平角和导线测距的观测方法、时间选择、光段分布、成果取舍和重测的合理性和正确性；天顶距(或垂直角)的观测方法、时间选择、成果取舍和重测的合理性和正确性；观测手簿计算正确性、注记的完整性和数字记录、划改的规范性
	计算质量	外业验算项目的齐全性、验算方法的正确性；验算数据的正确性及验算结果的符合性；已知三角点选取的合理性和起始数据的正确性；上交资料的齐全性
点位质量	选点质量	导线网网形结构的合理性；点位密度的合理性；点位选择的合理性；展点图内容的完整性和正确性；点之记内容的完整性和正确性；导线曲折度
	埋石质量	觇标的结构及橹柱与视线关系的合理性；标石的类型、规格和预制的规整性；标石的埋设和外部整饰情况；托管手续内容的齐全性和正确性
资料质量	整饰质量	选点、埋石及验算资料整饰的齐全性和规整性；成果资料整饰的规整性；技术总结整饰的规整性；检查报告整饰的规整性
	资料完整性	技术总结内容的齐全性和完整性；检查报告内容的齐全性和完整性；上交资料的齐全性和完整性

4）水准测量成果

水准测量成果的质量元素和检查项如表3.13所示。

表3.13 水准测量成果的质量元素和检查项

质量元素	质量子元素	检查项
数据质量	数学精度	每公里偶然中误差的符合性；每公里全中误差的符合性
	观测质量	测段、区段、路线闭合差的符合性；仪器检验项目的齐全性、检验方法的正确性；测站观测误差的符合性；对已有水准点和水准路线联测和接测方法的正确性；观测和检测方法的正确性；观测条件选择的正确性、合理性；成果取舍和重测的正确性、合理性；观测手簿计算正确性、注记的完整性和数字记录、划改的规范性
	计算质量	环闭合差的符合性；外业验算项目的齐全性、验算方法的正确性；已知水准点选取的合理性和起始数据的正确性
点位质量	选点质量	水准路线布设及点位密度的合理性；路线图绘制的正确性；点位选择的合理性；点之记内容的齐全性、正确性
	埋石质量	标石类型的正确性；标石埋设规格的规范性；托管手续内容的齐全性、正确性
资料质量	整饰质量	观测、计算资料整饰的规整性；成果资料整饰的规整性；技术总结整饰的规整性；检查报告整饰的规整性
	资料完整性	技术总结内容的齐全性和完整性；检查报告内容的齐全性和完整性；上交资料的齐全性和完整性

5）光电测距成果

光电测距成果的质量元素和检查项如表3.14所示。

表3.14 光电测距成果的质量元素和检查项

质量元素	质量子元素	检查项
数据质量	数学精度	边长精度超限
	观测质量	仪器检验项目的齐全性、检验方法的正确性；观测手簿计算正确性、注记的完整性和数字记录、划改的规范性；归心元素测定方法的正确性以及测定时间和投影偏差情况；测距边两端点高差测定方法正确性及精度情况；观测条件选择的正确性、光段分配的合理性，气象元素测定情况；成果取舍和重测的正确性、合理性；观测误差与限差的符合情况；外业验算的精度指标与限差的符合情况
	计算质量	外业验算项目的齐全性；外业验算方法的正确性；验算结果的正确性；观测成果采用正确性
资料质量	整饰质量	观测、计算资料整饰的规整性；成果资料整饰的规整性；技术总结整饰的规整性；检查报告整饰的规整性
	资料完整性	技术总结内容的齐全性和完整性；检查报告内容的齐全性和完整性；上交资料的齐全性和完整性

6）天文测量成果

天文测量成果的质量元素和检查项如表3.15所示。

表 3.15　天文测量成果的质量元素和检查项

质量元素	质量子元素	检　查　项
数据质量	数学精度	经纬度中误差的符合性；方位角中误差的符合性；正、反方位角之差的符合性
	观测质量	仪器检验项目的齐全性、检验方法的正确性；观测手簿计算正确性、注记的完整性和数字记录、划改的规范性；归心元素测定方法的正确性；经纬度、方位角观测方法的正确性；观测条件选择的正确性、合理性；成果取舍和重测的正确性、合理性；各项外业观测误差与限差的符合性；各项外业验算的精度指标与限差的符合性
	计算质量	外业验算项目的齐全性；外业验算方法的正确性；验算结果的正确性；观测成果采用正确性
点位质量	选点质量	点位选择的合理性
	埋石质量	天文墩结构的规整性、稳定性；天文墩类型及质量符合性；天文墩埋设规格的正确性
资料质量	整饰质量	观测、计算资料整饰的规整性；成果资料整饰的规整性；技术总结整饰的规整性；检查报告整饰的规整性
	资料全面性	技术总结内容的齐全性和完整性；检查报告内容的齐全性和完整性；上交资料的齐全性和完整性

7）重力测量成果

重力测量成果的质量元素和检查项如表 3.16 所示。

表 3.16　重力测量成果的质量元素和检查项

质量元素	质量子元素	检　查　项
数据质量	数学精度	重力联测中误差符合性；重力点平面位置中误差符合性；重力点高程中误差符合性
	观测质量	仪器检验项目的齐全性、检验方法的正确性；重力测线安排的合理性，联测方法的正确性；重力点平面坐标和高程测定方法的正确性；成果取舍和重测的正确性、合理性；手簿计算的正确性、注记的完整性和数字记录、划改的规范性；外业观测误差与限差的符合性；外业验算的精度指标与限差的符合性
	计算质量	外业验算项目的齐全性；外业验算方法的正确性；重力基线选取的合理性；起始数据的正确性
点位质量	选点质量	重力点位布设密度的合理性；重力点位选择的合理性；点之记内容的齐全性、正确性
	埋石质量	标石类型的规范性和标石质量情况；标石埋设规格的规范性；照片资料的齐全性；托管手续的完整性
资料质量	整饰质量	观测、计算资料整饰的规整性；成果资料整饰的规整性；技术总结整饰的规整性；检查报告整饰的规整性
	资料全面性	技术总结内容的全面性和完整性；检查报告内容的全面性和完整性；上交成果资料的齐全性

8）大地测量计算成果

大地测量计算成果的质量元素和检查项如表 3.17 所示。

表 3.17 大地测量计算成果的质量元素和检查项

质量元素	质量子元素	检查项
成果正确性	数学模型	采用基准的正确性；平差方案及计算方法的正确性、完备性；平差图形选择的合理性；计算、改算、平差、统计软件功能的完备性
	计算质量	外业观测数据取舍的合理性、正确性；仪器常数及检定系数选用的正确性；相邻测区成果处理的合理性；计量单位、小数取舍的正确性；起算数据、仪器检验参数、气象参数选用的正确性；计算图、表编制的合理性；各项计算的正确性
成果完整性	整饰质量	各种计算资料的规整性；成果资料的规整性；技术总结的规整性；检查报告的规整性
	资料完整性	成果表编辑或抄录的正确性、全面性；技术总结或计算说明内容的全面性；精度统计资料的完整性；上交成果资料的齐全性

2. 工程测量

工程测量成果主要包括平面控制测量成果、高程控制测量成果、大比例尺地形图、线路测量成果、管线测量成果、变形测量成果、施工测量成果及水下地形测量成果。

1）平面控制测量成果

平面控制测量成果的质量元素和检查项如表 3.18 所示。

表 3.18 平面控制测量成果的质量元素和检查项

质量元素	质量子元素	检查项
数据质量	数学精度	点位中误差与规范及设计书的符合情况；边长相对中误差与规范及设计书的符合情况
	观测质量	仪器检验项目的齐全性、检验方法的正确性；观测方法的正确性、观测条件的合理性；GNSS 点水准联测的合理性和正确性；归心元素、天线高测定方法的正确性；卫星高度角、有效观测卫星总数、时段中任一卫星有效观测时间、观测时段数、时段长度、数据采样间隔、PDOP 值、钟漂、多路径效应等参数的规范性和正确性；观测手簿记录和注记的完整性和数字记录、划改的规范性；数据质量检验的符合性；水平角和导线测距的观测方法，成果取舍和重测的合理性和正确性；天顶距（或垂直角）的观测方法、时间选择，成果取舍和重测的合理性和正确性；规范和设计方案的执行情况；成果取舍和重测的正确性和合理性
	计算质量	起算点选取的合理性和起始数据的正确性；起算点的兼容性及分布的合理性；坐标改算方法的正确性；数据使用的正确性和合理性；各项外业验算项目的完整性、方法正确性，各项指标符合性
点位质量	选点质量	点位布设及点位密度的合理性；点位满足观测条件的符合情况；点位选择的合理性；点之记内容的齐全性、正确性
	埋石质量	埋石坑位的规范性和尺寸的符合性；标石类型和标石埋设规格的规范性；标志类型、规格的正确性；托管手续内容的齐全性、正确性
资料质量	整饰质量	点之记和托管手续、观测手簿、计算成果等资料的规整性；技术总结整饰的规整性；检查报告整饰的规整性
	资料完整性	技术总结编写的齐全和完整情况；检查报告编写的齐全和完整情况；上交资料的齐全和完整情况

2）高程控制测量成果

高程控制测量成果的质量元素和检查项如表 3.19 所示。

表 3.19　高程控制测量成果的质量元素和检查项

质量元素	质量子元素	检　查　项
数据质量	数学精度	每公里高差中数偶然中误差的符合性；每公里高差中数全中误差的符合性；相对于起算点的最弱点高程中误差的符合性
	观测质量	仪器检验项目的齐全性、检验方法的正确性；测站观测误差的符合性；测段、区段、路线闭合差的符合性；对已有水准点和水准路线联测及接测方法的正确性；观测和检测方法的正确性；观测条件选择的正确性、合理性；成果取舍和重测的正确性、合理性；观测手簿计算的正确性、注记的完整性以及数字记录、划改的规范性
	计算质量	外业验算项目的齐全性，验算方法的正确性；已知水准点选取的合理性和起始数据的正确性；环闭合差的符合性
点位质量	选点质量	水准路线布设、点位选择及点位密度的合理性；水准路线图绘制的正确性；点位选择的合理性；点之记内容的齐全性、正确性
	埋石质量	标石类型的规范性和标石质量情况；标石埋设规格的规范性；托管手续内容的齐全性
资料质量	整饰质量	观测、计算资料整饰的规整性；各类报告、总结、附图、附表、簿册整饰的完整性；成果资料整饰的规整性；技术总结整饰的规整性；检查报告整饰的规整性
	资料完整性	技术总结、检查报告编写内容的全面性及正确性；提供成果资料项目的齐全性

3）大比例尺地形图

大比例尺地形图的质量元素和检查项如表 3.20 所示。

表 3.20　大比例尺地形图的质量元素和检查项

质量元素	质量子元素	检　查　项
数学精度	数学基础	坐标系统、高程系统的正确性；各类投影计算、使用参数的正确性；图根控制测量精度；图廓尺寸、对角线长度、格网尺寸的正确性；控制点间图上距离与坐标反算长度较差
	平面精度	平面绝对位置中误差；平面相对位置中误差；接边精度
	高程精度	高程注记点高程中误差；等高线高程中误差；接边精度
数据及结构质量	—	文件命名、数据组织的正确性；数据格式的正确性；要素分层的正确性、完备性；属性代码的正确性；属性接边质量
地理精度	—	地理要素的完整性与正确性；地理要素的协调性；注记和符号的正确性；综合取舍的合理性；地理要素接边质量
整饰质量	—	符号、线划、色彩质量；注记质量；图面要素协调性；图面、图廓外整饰质量
附件质量	—	元数据文件的正确性、完整性；检查报告、技术总结内容的全面性及正确性；成果资料的齐全性；各类报告、附图（接合图、网图）、附表、簿册整饰的规整性；资料装帧

4）线路测量成果

线路测量成果的质量元素和检查项如表 3.21 所示。

表 3.21　线路测量成果的质量元素和检查项

质量元素	质量子元素	检　查　项
数据质量	数学精度	平面控制测量、高程控制测量、地形图成果数学精度；点位或桩位测设成果数学精度；断面成果精度与限差的符合情况
	观测质量	平面控制测量、高程控制测量成果观测质量
	计算质量	验算项目的齐全性和验算方法的正确性；平差计算及其他内业计算的正确性
点位质量	选点质量	控制点布设及点位密度的合理性；点位选择的合理性
	造埋质量	标石类型的规范性和标石质量情况；标石埋设规格的规范性；点之记、托管手续内容的齐全性、正确性
资料质量	整饰质量	观测、计算资料整饰的规整性；技术总结、检查报告整饰的规整性
	资料完整性	技术总结、检查报告内容的全面性；提供项目成果资料的齐全性；各类报告、总结、图、表、簿册资料的完整性

5）管线测量成果

管线测量成果的质量元素和检查项如表 3.22 所示。

表 3.22　管线测量成果的质量元素和检查项

质量元素	质量子元素	检　查　项
控制测量精度	数学精度	平面控制测量、高程控制测量成果数学精度
管线图资料	数学精度	明显管线点埋深量测精度；隐蔽管线点平面探测精度；隐蔽管线点埋深探查精度；隐蔽管线开挖点精度；管线点平面测量精度；管线点高程测量精度；管线点与地物相对位置测量精度
	地理精度	管线属性的齐全性、正确性、协调性；管线图注记和符号的正确性；管线调查和探测综合取舍的合理性
	逻辑一致性	格式一致性；概念一致性；拓扑一致性
	整饰质量	符号、线划质量；图廓外整饰质量；注记质量；接边质量
资料质量	整饰规整性	依据资料、记录图表归档的规整性；各类报告、总结、图、表、簿册整饰的规整性
	资料完整性	工程依据文件；工程凭证资料；原始资料；探测图表、成果表；元数据；技术报告或技术要求

6）变形测量成果

变形测量成果的质量元素和检查项如表 3.23 所示。

表 3.23　变形测量成果的质量元素和检查项

质量元素	质量子元素	检　查　项
数据质量	数学精度	基准网精度；水平位移、垂直位移测量精度
	观测质量	仪器设备的符合性；规范和设计方案的执行情况；各项限差与规范或设计书的符合情况；观测方法的规范性、观测条件的合理性；成果取舍和重测的正确性、合理性；观测周期及中止观测时间确定的合理性；数据采集的完整性、连续性
	计算分析	计算项目的齐全性和方法的正确性；平差结果及其他内业计算的正确性；成果资料的整理和整编；成果资料的分析
点位质量	选点质量	基准点、观测点布设及点位密度、位置选择的合理性
	造埋质量	标石类型、标志构造的规范性和质量情况；标石、标志埋设的规范性
资料质量	整饰质量	观测、计算资料整饰的规整性；技术报告、检查报告整饰的规整性
	资料完整性	技术报告、检查报告内容的全面性；提供成果资料项目的齐全性；技术问题处理的合理性

7）施工测量成果

施工测量成果的质量元素和检查项如表 3.24 所示。

表 3.24　施工测量成果的质量元素和检查项

质量元素	质量子元素	检　查　项
数据质量	数学精度	控制测量精度；点位或桩位测设成果数学精度
	观测质量	仪器检验项目的齐全性、检验方法的正确性；技术设计和观测方案的执行情况；水平角、天顶距、距离观测方法的正确性，观测条件的合理性；成果取舍和重测的正确性、合理性；观测手簿计算的正确性、注记的完整性和数字记录、划改的规范性；电子记录簿记录程序的正确性和输出格式的标准化程度；各项观测误差与限差的符合情况
	计算质量	验算项目的齐全性和验算方法的正确性；平差计算及其他内业计算的正确性
点位质量	选点质量	控制点布设及点位密度的合理性；点位选择的合理性
	造埋质量	标石类型的规范性和标石质量情况；标石埋设规格的规范性；点之记内容的齐全性、正确性；托管手续内容的齐全性
资料质量	整饰质量	观测、计算资料整饰的规整性；技术总结、检查报告整饰的规整性
	资料完整性	技术总结、检查报告内容的全面性；提供成果资料项目的齐全性

8）水下地形测量成果

水下地形测量成果的质量元素和检查项如表 3.25 所示。

表 3.25　水下地形测量成果的质量元素和检查项

质量元素	质量子元素	检　查　项
数据质量	观测仪器	仪器选择的合理性；仪器检验项目的齐全性、检验方法的正确性
	观测质量	技术设计和观测方案的执行情况；数据采集软件的可靠性；观测要素的齐全性；观测时间、观测条件的合理性；观测方法的正确性；观测成果的正确性、合理性；岸线修测、陆上和海上具有引航作用的重要地物测量、地理要素表示的齐全性与正确性；成果取舍和重测的正确性；重复观测成果的符合性
	计算质量	计算软件的可靠性；内业计算验算情况；计算结果的正确性
点位质量	观测点位	工作水准点埋设、验潮站设立、观测点布设的合理性、代表性；周边自然环境
	观测密度	相关断面线布设及密度的合理性；观测频率、采样率的正确性
资料质量	观测记录	各种观测记录和数据处理记录的完整性
	技术总结	技术总结内容的全面性和规格的正确性；提供成果资料项目的齐全性；成果图绘制的正确性

3. 摄影测量与遥感

摄影测量与遥感成果主要包括像片控制测量成果、像片调绘成果、空中三角测量成果及中小比例尺地形图。

1）像片控制测量成果

像片控制测量成果的质量元素和检查项如表 3.26 所示。

表 3.26　像片控制测量成果的质量元素和检查项

质量元素	质量子元素	检　查　项
数据质量	数学精度	各项闭合差、中误差等精度指标的符合情况
	观测质量	观测手簿的规整性和计算的正确性；计算手簿的规整性和计算的正确性
布点质量	—	控制点点位布设的正确性、合理性；控制点点位选择的正确性、合理性
整饰质量	—	控制点判断的正确性；控制点整饰规范性；点位说明的准确性
附件质量	—	布点略图、成果表

2）像片调绘成果

像片调绘成果的质量元素和检查项如表 3.27 所示。

表 3.27　像片调绘成果的质量元素和检查项

质量元素	检　查　项
地理精度	地物、地貌调绘的全面性、正确性；地物、地貌综合取舍的合理性；植被、土质符号配置的准确性、合理性；地名注记内容的正确性、完整性
属性精度	各类地物、地貌性质说明，以及说明文字、数字注记等内容的完整性、正确性
整饰质量	各类注记的规整性；各类线划的规整性；要素符号间关系表达的正确性、完整性；像片的整洁度
附件质量	上交资料的齐全性；资料整饰的规整性

3）空中三角测量成果

空中三角测量成果的质量元素和检查项如表 3.28 所示。

表 3.28　空中三角测量成果的质量元素和检查项

质量元素	质量子元素	检查项
数据质量	数学基础	大地坐标系、大地高程基准、投影系等
	平面位置精度	内业加密点的平面位置精度
	高程精度	内业加密点的高程精度
	接边精度	区域网间接边精度
	计算质量	基本定向权，内定向、相对定向精度，多余控制点不符值，公共点较差
布点质量	—	平面控制点和高程控制点是否超基线布控；定向点、检查点设置的合理性、正确性；加密点点位选择的正确性、合理性
附件质量	—	上交资料的齐全性；资料整饰的规整性；点位略图

4）中小比例尺地形图

中小比例尺地形图的质量元素和检查项如表 3.29 所示。

表 3.29　中小比例尺地形图的质量元素和检查项

质量元素	质量子元素	检查项
数据质量	数学基础	格网、图廓点、三北方向线
	平面精度	平面绝对位置中误差；接边精度
	高程精度	高程注记点高程中误差；等高线高程中误差；接边精度
数据及结构质量	—	文件命名、数据组织的正确性；数据格式的正确性；要素分层的正确性、完备性；属性代码的正确性；属性接边的正确性
地理精度	—	地理要素的完整性与正确性；地理要素的协调性；注记和符号的正确性；综合取舍的合理性；地理要素接边质量
整饰质量	—	符号、线划、色彩质量；注记质量；图面要素的协调性；图面、图廓外整饰质量
附件质量	—	元数据文件的正确性、完整性；检查报告、技术总结内容的全面性及正确性；成果资料的齐全性；各类报告、附图（接合图、网图）、附表、簿册整饰的规整性

第4章

测绘法律与法规

测绘是一项关系到国家安全、经济发展和社会管理的重要工作，而测绘法律法规则是保障测绘工作正常进行的基石。落实并实施好测绘法律法规，对于促进我国测绘事业持续健康发展，提高测绘保障能力和水平，满足经济建设和人民生活对空间地理信息日益增长的需求，推进测绘法制建设和测绘依法行政，加强测绘统一监管，规范测绘行为，具有十分重要的意义。

4.1 测绘法律法规概述

4.1.1 我国测绘法律法规基本体系

目前，我国测绘法律法规基本体系是一个多层次、全方位的法律规范体系，由法律、行政法规、地方性法规、部门规章、政府规章、重要规范性文件等共同组成，为加强测绘管理，促进测绘事业发展，保障测绘事业为经济建设、国防建设、社会发展和生态保护服务，维护国家地理信息安全等提供依据和基本准则，为测绘活动的顺利进行提供了坚实的法律保障。

1. 测绘法

在我国，法律由全国人民代表大会及其常务委员会制定。现行测绘法律是《中华人民共和国测绘法》(简称《测绘法》)。《测绘法》于 1992 年 12 月 28 日经第七届全国人民代表大会常务委员会第二十九次会议审议通过，自 1993 年 7 月 1 日起施行；2002 年 8 月 29 日第九届全国人民代表大会常务委员会第二十九次会议对《测绘法》进行第一次修订，自 2002 年 12 月 1 日起施行；2017 年 4 月 27 日第十二届全国人民代表大会常务委员会第二十七次会议对《测绘法》进行第二次修订，自 2017 年 7 月 1 日起施行。2017 年新修订的《测绘法》共有十章六十八条，是我国在今后一段时期从事测绘活动和进行测绘管理的基本准则和依据，是我国测绘工作的基本法律。

《测绘法》是我国从事测绘活动和进行测绘管理的基本准则和依据，是我国测绘工作的基本法律和从事测绘活动的基本准则。但考虑到测绘地理信息主管部门的职责归属自然资源主管部门，以及《测绘法》等法律法规于 2018 年之前修订，为保证内容的一致性，以下相应条文中仍保留“测绘地理信息行政主管部门”名称。

2. 行政法规

行政法规是国务院为领导和管理国家各项行政工作，根据宪法和法律，按照《行政法规制定程序条例》的规定而制定的。行政法规在法律效力上仅次于宪法和法律，但高于地方性法规和规章。行政法规是国务院履行宪法和法律赋予的职责的重要形式，对于实施宪法和法律、保障改革开放和社会主义现代化建设、促进经济社会全面协调可持续发展、推进各级人民政府依法行政发挥着重要作用。目前，测绘行政法规主要有《地图管理条例》、《基础测绘条例》、《中华人民共和国测绘成果管理条例》和《中华人民共和国测量标志保护条例》。

1)《地图管理条例》

《地图管理条例》是中华人民共和国国务院为了加强地图管理，维护国家主权、安全和利益，促进地理信息产业健康发展，为经济建设、社会发展和人民生活服务而制定的一项行政法规，于 2015 年 11 月 11 日经国务院第 111 次常务会议通过，2015 年 12 月 14 日中华人民共和国国务院第 664 号令公布，自 2016 年 1 月 1 日起施行。国务院 1995 年 7 月 10 日发布的《中华人民共和国地图编制出版管理条例》同时废止。该条例是一部专门规范地图编制出版活动的行政法规，也是现行地图管理的主要依据。该条例对地图编制、地图审核、地图出版、互联网地图服务、监督检查和法律责任等方面都作出了具体的规定，并明确了法律责任。《地图管理条例》的实施对于维护国家主权、安全和利益，促进地理信息产业健康发展具有重要意义。各级人民政府及其测绘地理信息行政主管部门应当加强对地图活动的监督管理，确保地图的准确性和合法性。同时，公民、法人和其他组织也应当遵守《地图管理条例》的规定，使用正确表示国家版图的地图。《地图管理条例》共有八章五十八条。

2)《基础测绘条例》

《基础测绘条例》是中华人民共和国为了加强基础测绘管理，规范基础测绘活动，保障基础测绘事业为国家经济建设、国防建设和社会发展服务而制定的一项行政法规，于 2009 年 5 月 12 日由国务院第 556 号令公布，自 2009 年 8 月 1 日起施行。该条例对基础测绘规划、基础测绘项目的组织实施和基础测绘成果的更新与利用等作出了规定，并明确了法律责任。《基础测绘条例》共有六章三十五条。

3)《中华人民共和国测绘成果管理条例》

《中华人民共和国测绘成果管理条例》(简称《测绘成果管理条例》)是为了加强对测绘成果的管理，维护国家安全，促进测绘成果的利用，满足经济建设、国防建设和社会发展的需要而制定的重要法规，于 2006 年 5 月 27 日由国务院第 469 号令公布，自 2006 年 9 月 1 日起施行。该条例对测绘成果的汇交与保管、测绘成果的利用、重要地理信息数据的审核与公布以及法律责任等作出了规定。《测绘成果管理条例》共有六章三十二条。

4)《中华人民共和国测量标志保护条例》

《中华人民共和国测量标志保护条例》(简称《测量标志保护条例》)于 1996 年 9 月 4 日由中华人民共和国国务院第 203 号令发布，自 1997 年 1 月 1 日起施行，2011 年 1 月进行修订。该条例对测量标志管理的职责分工，测量标志建设的要求、占地范围、设置标记、义务保管、检查维修、有偿使用、拆迁审批、标志保护、打击破坏测量标志的违法行为等作出了规定。该条例的实施，对于保障测量标志的安全和完好，维护国家测绘基准和测绘系统的稳定，促进测绘事业的健康发展具有重要意义。《测量标志保护条例》共有二十六条。

3. 部门规章

部门规章是由国务院各部门、各委员会、审计署以及具有行政管理职能的直属机构制定的规范性文件。部门规章根据法律、行政法规、国务院的决定和命令制定，在其权限范围内调整行政管理关系，这些规章的制定旨在实施特定的法律或行政法规，确保其内容不与宪法、法律和行政法规相抵触，部门规章的形式多样，包括命令、指示、规定等。与测绘工作相关的现行部门规章主要有：

1)《测绘地理信息行政执法证管理办法》

《测绘地理信息行政执法证管理办法》于 2014 年 4 月 10 日经国土资源部第 2 次部务会议通过，自 2014 年 7 月 1 日起施行。该办法是为了加强测绘地理信息行政执法证管理，规范测绘地理信息行政执法行为，促进测绘地理信息行政执法队伍建设，其制定依据包括《中华人民共和国行政处罚法》、《中华人民共和国测绘法》等有关法律法规制定。

2)《测绘行政处罚程序规定》

《测绘行政处罚程序规定》于 2000 年 1 月 4 日由国家测绘局第 6 号令发布，根据 2010 年 11 月 30 日《国土资源部关于修改〈测绘行政处罚程序规定〉的决定》修正。该规定是为规范和保证各级测绘主管部门依法行使职权，正确实施行政处罚，维护测绘行政执法相对人的合法权益，依照《中华人民共和国行政处罚法》、《中华人民共和国测绘法》及有关行政法规的规定制定的。《测绘行政处罚程序规定》对测绘行政处罚的管辖、简易程序、一般程序、听证程序和送达方式等作出了具体规定。

3)《外国的组织或者个人来华测绘管理暂行办法》

《外国的组织或者个人来华测绘管理暂行办法》是为实施《测绘法》的有关外国组织或者个人来华测绘制度而制定的部门规章，于 2007 年 1 月 19 日由中华人民共和国国土资源部第 38 号令公布，自 2007 年 3 月 1 日起施行。根据 2019 年 7 月自然资源部第 2 次部务会议《自然资源部关于第一批废止和修改的部门规章的决定》进行修正，于 2019 年 8 月 13 日重新公布施行。办法中针对外国组织或者个人来华测绘必须遵循的原则、组织形式、审批和监督管理、禁止从事的活动、资质条件和资质的申请审批、一次性测绘的申请审批、罚则等作出了具体规定。

4)《地图审核管理规定》

《地图审核管理规定》是为加强地图审核管理，保证地图质量，根据《测绘法》等有关法律、法规制定的部门规章，于 2006 年 6 月公布，2019 年 7 月进行修正。该规定对地图审核主体、地图审核的申请与受理、地图内容审查、审批与备案、罚则等作出了规定。

5)《重要地理信息数据审核公布管理规定》

《重要地理信息数据审核公布管理规定》是为实施《测绘法》的有关条款而制定的部门规章，于 2003 年 3 月 25 日由国土资源部第 19 号令发布，自 2003 年 5 月 1 日起施行。该规定对重要地理信息数据的含义、审核公布的主体、建议人提出审核公布建议的办法、审核的主要内容、公布的办法、罚则等作出了规定。

6)《房产测绘管理办法》

《房产测绘管理办法》为加强房产测绘管理，规范房产测绘行为，保护房屋权利人的合法权益，根据《测绘法》和《中华人民共和国城市房地产管理法》制定，于 2000 年 12 月 28 日由建设部、国家测绘局第 83 号令发布，自 2001 年 5 月 1 日起施行。该办法对房产测绘的委托、资格管理、成果管理、法律责任等作出了具体规定。

4. 重要规范性文件

规范性文件是指除政府规章外，由行政机关或经法律、法规授权的具有管理公共事务职能的组织在法定职权范围内，依照法定程序制定并公开发布的文件。这类文件涉及公民、法人和其他组织的权利义务，具有普遍约束力，并在一定期限内可以反复适用。规范性文件不包括行政机关内部的管理规范、工作制度等文件。这些文件可以是行政措施、决定、命令等，用于贯彻执行上级决策部署、指导推动工作，或对特定事项作出规定。测绘工作中经常涉及的重要规范性文件主要有：

1)《国家涉密基础测绘成果资料提供使用审批程序规定(试行)》

2010 年 12 月 29 日，国家测绘局在发布的《关于印发甲级测绘资质审批程序规定等 10 项行政审批程序规定的通知》(测办〔2010〕108 号)中，修订了《国家涉密基础测绘成果资料提供使用审批程序规定(试行)》，对涉密测绘成果的申请、受理、审批程序以及保密责任书等作出了规定。

2)《测绘资质管理办法》

为促进地理信息产业发展，维护国家地理信息安全，根据《测绘法》和《中华人民共和国行政许可法》，自然资源部于 2021 年 6 月对《测绘资质管理办法》进行了修订，自 2021 年 7 月 1 日起施行，原国家测绘地理信息局 2014 年 7 月 1 日发布的《关于印发测绘资质管理规定和测绘资质分级标准的通知》(国测管发〔2014〕31 号)同时废止。《测绘资质管理办法》对测绘资质申请与受理、审查与决定、变更与延续、监督管理、罚则等作出了规定。

3)《测绘资质分类分级标准》

《测绘资质分类分级标准》与《测绘资质管理办法》相衔接，现执行的《测绘资质分类分级标准》于 2021 年 6 月由自然资源部进行修订，自 2021 年 7 月 1 日起施行。测绘资质分类分级标准对各个测绘专业不同等级测绘资质应当具备的最低条件的标准作出规定，包括主体资格、专业技术人员、仪器设备、办公场所、质量管理、档案和保密管理、测绘业绩和测绘监理等方面的标准。

4)《注册测绘师制度暂行规定》

《注册测绘师制度暂行规定》是为实施《测绘法》规定的测绘执业资格制度的有关条款制定的，于 2007 年 1 月 24 日由中华人民共和国人力资源和社会保障部、国家测绘局共同发布，自 2007 年 3 月 1 日起施行。其中对注册测绘师的管理、考试科目、申请考试条件、考试办法，注册测绘师资格证书的取得、注册，注册测绘师的执业范围、执业能力、权利、义务等作出了规定。《注册测绘师制度暂行规定》是一部测绘师制度暂行规定办法，主要是为了提高测绘专业技术人员素质，保证测绘成果质量，维护国家和公众利益。

5)《注册测绘师执业管理办法(试行)》

为加强注册测绘师管理，规范注册测绘师注册、执业和继续教育行为，国家测绘地理信息局制定了《注册测绘师执业管理办法(试行)》，自 2015 年 1 月 1 日起施行。

6)《测绘作业证管理规定》

《测绘作业证管理规定》是为实施《测绘法》中有关测绘作业证件的条款而制定的，于2004年3月19日由国家测绘局发布，于2004年6月1日起施行。其中对测绘作业证的管理、申请、受理、审核、发放、注册、使用以及当事人的权利义务等作出了规定。

7)《建立相对独立的平面坐标系统管理办法》

《建立相对独立的平面坐标系统管理办法》是为实施《测绘法》中有关建立相对独立平面坐标系统的条款而制定的，于2023年6月11日由自然资源部发布，自发布之日起施行。其中对相对独立的平面坐标系统的含义、审批主体、申请、受理、审批程序和期限等作出规定。

8)《地理信息标准化工作管理规定》

《地理信息标准化工作管理规定》由国家测绘局与国家标准化工作委员会依据《标准化法》和《测绘法》制定，于2009年4月1日发布，自发布之日起施行。该规定进一步建立健全了标准化工作管理制度，通过制度来强化对测绘与地理信息标准化工作的统筹，并通过标准化工作来强化对测绘事业和地理信息产业发展的技术统筹。其中对地理信息标准化工作的职责，地理信息标准的立项、制修订、实施与监督等作出了规定。

9)《测绘计量管理暂行办法》

为加强测绘计量管理，确保测绘量值准确溯源和可靠传递，保证测绘产品质量，依据《中华人民共和国计量法》制定本办法，并于1996年5月22日由国家测绘局发布，自发布之日起施行。其中对计量标准的考核认证、测绘计量器具的检定机构的授权、计量检定人员的考核认证、测绘计量器具的鉴定办法和要求等作出了规定。

10)《测绘质量监督管理办法》

为加强测绘质量监督管理，确保测绘产品质量，维护用户及测绘单位的合法权益，根据《测绘法》和《中华人民共和国产品质量法》制定本办法，并于1997年8月6日由国家测绘局发布，自发布之日起施行。其中对测绘产品质量遵循的原则、测绘单位的责任和义务、测绘标准化、计量检定、产品验收、测绘产品质量监督、罚则等作出了规定。

11)《测绘生产质量管理规定》

为提高测绘生产质量管理水平，确保测绘产品质量，依据《测绘法》及有关规定制定本规定，并于1997年7月22日由国家测绘局发布，自发布之日起施行。其中对测绘单位质量管理机构和人员、测绘质量责任制、生产组织的质量管理、生产过程的质量管理、产品使用过程的质量管理、质量奖罚等作出了规定。

12)《测绘地理信息业务档案管理规定》

为加强测绘地理信息业务档案管理工作，确保测绘地理信息业务档案真实、完整、安全和有效利用，根据《档案法》、《测绘法》等法律，国家测绘地理信息局会同国家档案局制定了《测绘地理信息业务档案管理规定》，其中对测绘地理信息业务档案管理工作的机构与职责、建档与归档、保管与销毁、服务与利用以及监督管理等作出了规定。

5. 地方性法规与政府规章

1) 地方性法规

地方性法规，是指法定的地方国家权力机关依照法定的权限，在不同宪法、法律和行政法规相抵触的前提下，制定和颁布的在本行政区域范围内实施的规范性文件。

省级人大及其常委会、省会市人大及其常委会、国务院批准的较大市人大及其常委会可以制定地方性法规，经济特区的人大及其常委会可以制定特区法规和地方性法规。

目前，绝大多数省、自治区、直辖市都制定了测绘地方性法规，多见于各地的测绘管理条例或者实施测绘法办法。如《无锡市测绘管理条例》、《江苏省测绘地理信息条例》、《四川省测绘成果管理办法》和《山东省测绘管理条例》等，都属于地方性法规。

2）政府规章

地方政府规章是指由省、自治区、直辖市和较大的市的人民政府根据法律和法规，并按照规定的程序所制定的普遍适用于本行政区域的规定、办法、细则、规则等规范性文件的总称。地方性法规的效力高于本级和下级地方政府规章。部门规章与地方政府规章具有同等效力，在各自的权限范围内施行。部门规章与地方政府规章之间对同一事项的规定不一致时，由国务院裁决。国务院有权改变或者撤销不适当的部门规章和地方政府规章。

地方政府规章由省长、自治区主席、市长或者自治州州长签署命令予以公布。目前，有一些地方政府制定了测绘方面的政府规章。

4.1.2 我国测绘基本法律制度

《测绘法》是我国最高国家立法机关制定的国家法律，是我国测绘的基本法律，是从事测绘活动和进行测绘管理的基本依据和基本准则，是我国整个测绘法规体系中的母法，是制定测绘行政法规、部门规章和规范性文件的主要依据。

《测绘法》所确定的基本制度可划分为测绘管理体制、测绘活动主体资质资格与权利保障制度、测绘项目发包与承包制度、测绘基准制度、基础测绘制度、维护国家安全和权益的制度、维护不动产权益的测绘管理制度、测绘标准化和质量管理制度、测绘成果管理制度和测绘公共设施保护制度等。

1. 测绘管理体制

1）各级人民政府加强测绘工作领导

《测绘法》第三条规定：测绘事业是经济建设、国防建设、社会发展的基础性事业。各级人民政府应当加强对测绘工作的领导。根据该条规定，国务院、省（自治区、直辖市）人民政府、市人民政府、县人民政府以及乡镇人民政府应当加强对测绘工作的领导。

2）自然资源主管部门对测绘工作实行统一监督管理

《测绘法》第四条规定：国务院测绘地理信息主管部门负责全国测绘工作的统一监督管理。国务院其他有关部门按照国务院规定的职责分工，负责本部门有关的测绘工作。

根据该条规定，县级以上地方人民政府测绘地理信息行政主管部门负责本行政区域测绘工作的统一监督管理。

3）县级以上人民政府其他有关部门的责任

《测绘法》第四条规定：县级以上地方人民政府其他有关部门按照本级人民政府规定的职责分工，负责本部门有关的测绘工作。

4）军事测绘部门的责任

《测绘法》第四条规定：军队测绘部门负责管理军事部门的测绘工作，并按照国务院、中央军事委员会规定的职责分工负责管理海洋基础测绘工作。

2. 测绘活动主体资质资格与权利保障制度

1）测绘资质管理制度

《测绘法》第二十七条规定：国家对从事测绘活动的单位实行测绘资质管理制度。从事测绘活动的单位应当具备下列条件，并依法取得相应等级的测绘资质证书，方可从事测绘活动：

（1）有法人资格；

（2）有与从事的测绘活动相适应的专业技术人员；

（3）有与从事的测绘活动相适应的技术装备和设施；

（4）有健全的技术和质量保证体系、安全保障措施、信息安全保密管理制度以及测绘成果和资料档案管理制度。

《测绘法》第二十八条规定：国务院测绘地理信息主管部门和省、自治区、直辖市人民政府测绘地理信息主管部门按照各自的职责负责测绘资质审查、发放测绘资质证书。具体办法由国务院测绘地理信息主管部门商国务院其他有关部门规定。军队测绘部门负责军事测绘单位的测绘资质审查。

《测绘法》第二十九条规定：测绘单位不得超越资质等级许可的范围从事测绘活动，不得以其他测绘单位的名义从事测绘活动，不得允许其他单位以本单位的名义从事测绘活动。

《测绘法》第五十五条规定：违反本法规定，未取得测绘资质证书，擅自从事测绘活动的，责令停止违法行为，没收违法所得和测绘成果，并处测绘约定报酬一倍以上二倍以下的罚款；情节严重的，没收测绘工具。以欺骗手段取得测绘资质证书从事测绘活动的，吊销测绘资质证书，没收违法所得和测绘成果，并处测绘约定报酬一倍以上二倍以下的罚款；情节严重的，没收测绘工具。

《测绘法》第五十六条规定：违反本法规定，测绘单位有下列行为之一的，责令停止违法行为，没收违法所得和测绘成果，处测绘约定报酬一倍以上二倍以下的罚款，并可以责令停业整顿或者降低测绘资质等级；情节严重的，吊销测绘资质证书：

（1）超越资质等级许可的范围从事测绘活动；

（2）以其他测绘单位的名义从事测绘活动；

（3）允许其他单位以本单位的名义从事测绘活动。

根据上述规定，测绘单位应当申请领取测绘资质证书，自然资源主管部门应当对测绘单位进行测绘资质审查和发放测绘资质证书，对未取得测绘资质证书从事测绘活动的应当予以处罚。

2）测绘执业资格制度

《测绘法》第三十条规定：从事测绘活动的专业技术人员应当具备相应的执业资格条件。具体办法由国务院测绘地理信息主管部门会同国务院人力资源和社会保障主管部门规定。

《测绘法》第三十二条规定：测绘单位的测绘资质证书、测绘专业技术人员的执业证书和测绘人员的测绘作业证件的式样，由国务院测绘地理信息主管部门统一规定。

《测绘法》第五十九条规定：违反本法规定，未取得测绘执业资格，擅自从事测绘活动的，责令停止违法行为，没收违法所得和测绘成果，对其所在单位可以处违法所得二倍以下的罚款；情节严重的，没收测绘工具；造成损失的，依法承担赔偿责任。

根据上述规定，测绘专业技术人员应当申请取得测绘执业资格，未取得测绘执业资格从事测绘活动的应当受到处罚，国务院自然资源主管部门应当会同国务院人事行政主管部门制定执业资格的具体规定，国务院自然资源主管部门应当规定测绘专业技术人员的执业证书的式样。

3）测绘权利保障制度

《测绘法》第三十一条规定：测绘人员进行测绘活动时，应当持有测绘作业证件。任何单位和个人不得阻碍测绘人员依法进行测绘活动。

根据该规定，持有测绘作业证件的测绘人员从事合法的测绘活动的权利受《测绘法》的保护，任何单位和个人不得阻碍测绘人员依法进行测绘活动。

3. 测绘项目发包与承包制度

《测绘法》第二十九条规定：测绘项目实行招投标的，测绘项目的招标单位应当依法在招标公告或者投标邀请书中对测绘单位资质等级作出要求，不得让不具有相应测绘资质等级的单位中标，不得让测绘单位低于测绘成本中标。中标的测绘单位不得向他人转让测绘项目。

《测绘法》第五十七条规定：违反本法规定，测绘项目的招标单位让不具有相应资质等级的测绘单位中标，或者让测绘单位低于测绘成本中标的，责令改正，可以处测绘约定报酬二倍以下的罚款。招标单位的工作人员利用职务上的便利，索取他人财物，或者非法收受他人财物为他人谋取利益的，依法给予处分；构成犯罪的，依法追究刑事责任。

《测绘法》第五十八条规定：违反本法规定，中标的测绘单位向他人转让测绘项目的，责令改正，没收违法所得，处测绘约定报酬一倍以上二倍以下的罚款，并可以责令停业整顿或者降低测绘资质等级；情节严重的，吊销测绘资质证书。

根据上述规定，测绘项目发包和承包的当事人应当依法进行发包和承包活动；自然资源主管部门应当对测绘项目发包和承包活动进行监督，依法查处违法行为。

除《测绘法》外，《中华人民共和国投标招标法》也赋予了自然资源主管部门在测绘项目招标投标活动中的监督管理责任，包括监督检查招标投标活动，审查招标投标情况的书面报告，查处招标投标过程中的违法行为等。

4. 测绘基准制度

1）测绘基准

《测绘法》第九条规定：国家设立和采用全国统一的大地基准、高程基准、深度基准和重力基准，其数据由国务院测绘地理信息主管部门审核，并与国务院其他有关部门、军队测绘部门会商后，报国务院批准。

该规定包括几层含义：一是国家设立全国统一的测绘基准；二是设立测绘基准要有严格的审核审批程序，测绘基准数据由国务院自然资源主管部门审核，并与国务院其他有关部门、军队测绘部门会商后，报国务院批准；三是从事测绘活动应当采用国家规定的测绘基准。

2）测绘系统

《测绘法》第十条规定：国家建立全国统一的大地坐标系统、平面坐标系统、高程系统、地心坐标系统和重力测量系统，确定国家大地测量等级和精度以及国家基本比例尺地图的系列和基本精度。

该规定包括两层含义：一是国家设立统一的测绘系统；二是在测绘活动中，应当采用国家统一的坐标系统。

3）建立相对独立的平面坐标系统制度

《测绘法》第十一条规定：因建设、城市规划和科学研究的需要，国家重大工程项目和国务院确定的大城市确需建立相对独立的平面坐标系统的，由国务院测绘地理信息主管部门批准；其他确需建立相对独立的平面坐标系统的，由省、自治区、直辖市人民政府测绘地理信息主管部门批准。建立相对独立的平面坐标系统，应当与国家坐标系统相联系。

《测绘法》第五十二条规定：违反本法规定，未经批准擅自建立相对独立的平面坐标系统，或者采用不符合国家标准的基础地理信息数据建立地理信息系统的，给予警告，责令改正，可以并处五十万元以下的罚款；对直接负责的主管人员和其他直接责任人员依法给予处分。

根据上述规定，建立和使用相对独立的平面坐标系统，必须经过自然资源主管部门的批准，否则将受到处罚。

4）卫星导航定位基准站建设

《测绘法》第十二条规定：国务院测绘地理信息主管部门和省、自治区、直辖市人民政府测绘地理信息主管部门应当会同本级人民政府其他有关部门，按照统筹建设、资源共享的原则，建立统一的卫星导航定位基准服务系统，提供导航定位基准信息公共服务。

《测绘法》第十三条规定：建设卫星导航定位基准站的，建设单位应当按照国家有关规定报国务院测绘地理信息主管部门或者省、自治区、直辖市人民政府测绘地理信息主管部门备案。国务院测绘地理信息主管部门应当汇总全国卫星导航定位基准站建设备案情况，并定期向军队测绘部门通报。本法所称卫星导航定位基准站，是指对卫星导航信号进行长期连续观测，并通过通信设施将观测数据实时或者定时传送至数据中心的地面固定观测站。

《测绘法》第十四条规定：卫星导航定位基准站的建设和运行维护应当符合国家标准和要求，不得危害国家安全。卫星导航定位基准站的建设和运行维护单位应当建立数据安全保障制度，并遵守保密法律、行政法规的规定。县级以上人民政府测绘地理信息主管部门应当会同本级人民政府其他有关部门，加强对卫星导航定位基准站建设和运行维护的规范和指导。

5. 基础测绘制度

1）基础测绘分级管理

《测绘法》第十五条规定：基础测绘是公益性事业。国家对基础测绘实行分级管理。

根据该条规定，国家的基础测绘应当是一个完整的体系，采用县级以上人民政府分级管理的办法。

2）基础测绘规划编制

《测绘法》第十六条规定：国务院测绘地理信息主管部门会同国务院其他有关部门、军队测绘部门组织编制全国基础测绘规划，报国务院批准后组织实施。县级以上地方人民政府测绘地理信息主管部门会同本级人民政府其他有关部门，根据国家和上一级人民政府的基础测绘规划及本行政区域的实际情况，组织编制本行政区域的基础测绘规划，报本级人民政府批准后组织实施。

根据该条规定，基础测绘应当制定规划，国家的基础测绘规划应当报国务院批准后实施。省（自治区、直辖市）、市、县的自然资源主管部门组织编制本行政区域的基础测绘规划，报本级人民政府批准后组织实施。

3）基础测绘列入国民经济和社会发展年度计划及财政预算

《测绘法》第十八条规定：县级以上人民政府应当将基础测绘纳入本级国民经济和社会发展年度计划，将基础测绘工作所需经费列入本级政府预算。

根据该条规定，国务院、省（自治区、直辖市）、市、县人民政府将基础测绘列入本级政府预算。

4）基础测绘年度计划编制

《测绘法》第十八条规定：国务院发展改革部门会同国务院测绘地理信息主管部门，根据全国基础测绘规划编制全国基础测绘年度计划。县级以上地方人民政府发展改革部门会同本级人民政府测绘地理信息主管部门，根据本行政区域的基础测绘规划编制本行政区域的基础测绘年度计划，并分别报上一级部门备案。

根据该条规定，应当编制基础测绘年度计划，编制年度计划要符合基础测绘规划的要求，下级基础测绘年度计划要报上一级部门备案。

5）基础测绘成果更新

《测绘法》第十九条规定：基础测绘成果应当定期更新，经济建设、国防建设、社会发展和生态保护急需的基础测绘成果应当及时更新。基础测绘成果的更新周期根据不同地区国民经济和社会发展的需要确定。

根据该条规定，应当按需制定基础测绘成果更新周期。更新周期根据不同的地区国民经济和社会发展的需要确定，对于国民经济、国防建设和社会发展急需的基础测绘成果，则应当及时更新。

6）海洋基础测绘

《测绘法》第十七条规定：军队测绘部门负责编制军事测绘规划，按照国务院、中央军事委员会规定的职责分工负责编制海洋基础测绘规划，并组织实施。

海洋基础测绘规划是全国基础测绘规划的组成部分，但是海洋基础测绘具有一定的特殊性，故本条作出了军队测绘部门“按照国务院、中央军事委员会规定的职责分工负责编制海洋基础测绘规划，并组织实施”的规定。

6. 维护国家安全和权益的制度

1）外国的组织或者个人来华测绘

《测绘法》第八条规定：外国的组织或者个人在中华人民共和国领域和中华人民共和国

管辖的其他海域从事测绘活动，应当经国务院测绘地理信息主管部门会同军队测绘部门批准，并遵守中华人民共和国有关法律、行政法规的规定。外国的组织或者个人在中华人民共和国领域从事测绘活动，应当与中华人民共和国有关部门或者单位合作进行，并不得涉及国家秘密和危害国家安全。

《测绘法》第五十一条规定：违反本法规定，外国的组织或者个人未经批准，或者未与中华人民共和国有关部门、单位合作，擅自从事测绘活动的，责令停止违法行为，没收违法所得、测绘成果和测绘工具，并处十万元以上五十万元以下的罚款；情节严重的，并处五十万元以上一百万元以下的罚款，限期出境或者驱逐出境；构成犯罪的，依法追究刑事责任。

根据上述规定，外国的组织或者个人来华从事测绘活动，必须与我国有关部门或单位合作进行，并经过批准，否则将受到处罚。

2）测绘成果的保密

《测绘法》第三十四条规定：测绘成果保管单位应当采取措施保障测绘成果的完整和安全，并按照国家有关规定向社会公开和提供利用。测绘成果属于国家秘密的，适用保密法律、行政法规的规定；需要对外提供的，按照国务院和中央军事委员会规定的审批程序执行。

3）国界线测绘

《测绘法》第二十条规定：中华人民共和国国界线的测绘，按照中华人民共和国与相邻国家缔结的边界条约或者协定执行，由外交部组织实施。中华人民共和国地图的国界线标准样图，由外交部和国务院测绘地理信息主管部门拟定，报国务院批准后公布。

4）行政区域界线测绘

《测绘法》第二十一条规定：行政区域界线的测绘，按照国务院有关规定执行。省、自治区、直辖市和自治州、县、自治县、市行政区域界线的标准画法图，由国务院民政部门和国务院测绘地理信息主管部门拟定，报国务院批准后公布。

5）地图管理

《测绘法》第三十八条规定：地图的编制、出版、展示、登载及更新应当遵守国家有关地图编制标准、地图内容表示、地图审核的规定。

互联网地图服务提供者应当使用经依法审核批准的地图，建立地图数据安全管理制度，采取安全保障措施，加强对互联网地图新增内容的核校，提高服务质量。

县级以上人民政府和测绘地理信息主管部门、网信部门等有关部门应当加强对地图编制、出版、展示、登载和互联网地图服务的监督管理，保证地图质量，维护国家主权、安全和利益。地图管理的具体办法由国务院规定。

《测绘法》第六十二条规定：违反本法规定，编制、出版、展示、登载、更新的地图或者互联网地图服务不符合国家有关地图管理规定的，依法给予行政处罚、处分；构成犯罪的，依法追究刑事责任。

6）军事测绘

《测绘法》第十七条规定：军队测绘部门按照国务院、中央军事委员会规定的职责分工负责编制海洋基础测绘规划，并组织实施。

军事测绘的主要任务是为军队作战、训练、战场准备、军事工程建设等建立测绘控制系统和测制军用地形图等。其技术要求、图式内容都有一些特别规定，同时涉及国防秘密，因此军事测绘规划由军队测绘部门负责编制并组织实施。

7. 维护不动产权益的测绘管理制度

1）不动产权属测绘制度

《测绘法》第二十二条规定：县级以上人民政府测绘地理信息主管部门应当会同本级人民政府不动产登记主管部门，加强对不动产测绘的管理。测量土地、建筑物、构筑物和地面其他附着物的权属界址线，应当按照县级以上人民政府确定的权属界线的界址点、界址线或者提供的有关登记资料和附图进行。权属界址线发生变化的，有关当事人应当及时进行变更测绘。

2）房屋产籍测绘制度

《测绘法》第二十三条规定：城乡建设领域的工程测量活动，与房屋产权、产籍相关的房屋面积的测量，应当执行由国务院住房城乡建设主管部门、国务院测绘地理信息主管部门组织编制的测量技术规范。

3）地理国情监测

《测绘法》第二十六条规定：县级以上人民政府测绘地理信息主管部门应当会同本级人民政府其他有关部门依法开展地理国情监测，并按照国家有关规定严格管理、规范使用地理国情监测成果。各级人民政府应当采取有效措施，发挥地理国情监测成果在政府决策、经济社会发展和社会公众服务中的作用。

8. 测绘标准化和质量管理制度

1）测绘标准化

对测绘标准化和规范化方面的行政管理活动，《中华人民共和国标准化法》和《中华人民共和国计量法》中规定自然资源主管部门在测绘标准化和规范化管理中应当承担必要的责任。同时，《测绘法》又作出了一些特别规定。

（1）国家统一确定大地测量等级和精度。《测绘法》第十条规定：国家建立全国统一的大地坐标系统、平面坐标系统、高程系统、地心坐标系统和重力测量系统，确定国家大地测量等级和精度以及国家基本比例尺地图的系列和基本精度。具体规范和要求由国务院测绘地理信息主管部门会同国务院其他有关部门、军队测绘部门制定。

（2）国家制定工程测量规范。《测绘法》第二十三条规定：水利、能源、交通、通信、资源开发和其他领域的工程测量活动，应当执行国家有关的工程测量技术规范。

（3）国家制定房产测量规范。《测绘法》第二十三条规定：城乡建设领域的工程测量活动，与房屋产权、产籍相关的房屋面积的测量，应当执行由国务院住房城乡建设主管部门、国务院测绘地理信息主管部门组织编制的测量技术规范。

2）测绘质量管理制度

《测绘法》第三十九条规定：测绘单位应当对完成的测绘成果质量负责。县级以上人民政府测绘地理信息主管部门应当加强对测绘成果质量的监督管理。

《测绘法》第六十三条规定：违反本法规定，测绘成果质量不合格的，责令测绘单位补测或者重测；情节严重的，责令停业整顿，并处降低测绘资质等级或者吊销测绘资质证书；造成损失的，依法承担赔偿责任。

9. 测绘成果管理制度

1）测绘成果的汇交

《测绘法》第三十三条规定：国家实行测绘成果汇交制度。国家依法保护测绘成果的知识产权。测绘项目完成后，测绘项目出资人或者承担国家投资的测绘项目的单位，应当向国务院测绘地理信息行政主管部门或者省、自治区、直辖市人民政府测绘地理信息行政主管部门汇交测绘成果资料。属于基础测绘项目的，应当汇交测绘成果副本；属于非基础测绘项目的，应当汇交测绘成果目录。负责接收测绘成果副本和目录的测绘地理信息行政主管部门应当出具测绘成果汇交凭证，并及时将测绘成果副本和目录移交给保管单位。测绘成果汇交的具体办法由国务院规定。

《测绘法》第六十条规定：违反本法规定，不汇交测绘成果资料的，责令限期汇交；测绘项目出资人逾期不汇交的，处重测所需费用一倍以上二倍以下的罚款；承担国家投资的测绘项目的单位逾期不汇交的，处五万元以上二十万元以下的罚款，并处暂扣测绘资质证书，自暂扣测绘资质证书之日起六个月内仍不汇交的，吊销测绘资质证书；对直接负责的主管人员和其他直接责任人员，依法给予处分。

2）测绘成果目录公布

《测绘法》第三十三条规定：国务院测绘地理信息主管部门和省、自治区、直辖市人民政府测绘地理信息主管部门应当及时编制测绘成果目录，并向社会公布。

3）测绘成果提供使用

《测绘法》第三十六条规定：基础测绘成果和国家投资完成的其他测绘成果，用于政府决策、国防建设和公共服务的，应当无偿提供。除前款规定情形外，测绘成果依法实行有偿使用制度。但是，各级人民政府及有关部门和军队因防灾减灾、应对突发事件、维护国家安全等公共利益的需要，可以无偿使用。测绘成果使用的具体办法由国务院规定。

4）重要地理信息数据的审核公布

《测绘法》第三十七条规定：中华人民共和国领域和中华人民共和国管辖的其他海域的位置、高程、深度、面积、长度等重要地理信息数据，由国务院测绘地理信息主管部门审核，并与国务院其他有关部门、军队测绘部门会商后，报国务院批准，由国务院或者国务院授权的部门公布。

《测绘法》第六十一条规定：违反本法规定，擅自发布中华人民共和国领域和中华人民共和国管辖的其他海域的重要地理信息数据的，给予警告，责令改正，可以并处五十万元以下的罚款；对直接负责的主管人员和其他直接责任人员，依法给予处分；构成犯罪的，依法追究刑事责任。

5）地理信息系统的建立

《测绘法》第二十四条规定：建立地理信息系统，应当采用符合国家标准的基础地理信息数据。

《测绘法》第二十五条规定：县级以上人民政府测绘地理信息主管部门应当根据突发事件应对工作需要，及时提供地图、基础地理信息数据等测绘成果，做好遥感监测、导航定位等应急测绘保障工作。

《测绘法》第五十二条规定：违反本法规定，未经批准擅自建立相对独立的平面坐标系统，或者采用不符合国家标准的基础地理信息数据建立地理信息系统的，给予警告，责令改正，可以并处五十万元以下的罚款；对直接负责的主管人员和其他直接责任人员，依法给予处分。

10. 测绘公共设施保护制度

测量标志是标定地面测量控制点位置的标石、觇标以及其他用于测量的标记物的统称，分为永久性测量标志和临时性测量标志。在《测绘法》中，详细规定了对测量标志的保护。

1）建设测量标志，设立明显标记并委托保管

《测绘法》第四十二条规定：永久性测量标志的建设单位应当对永久性测量标志设立明显标记，并委托当地有关单位指派专人负责保管。

2）使用测量标志必须出示作业证

《测绘法》第四十四条规定：测绘人员使用永久性测量标志，应当持有测绘作业证件，并保证测量标志的完好。保管测量标志的人员应当查验测量标志使用后的完好状况。

3）严禁损毁或擅自移动测量标志

《测绘法》第四十一条规定：任何单位和个人不得损毁或者擅自移动永久性测量标志和正在使用中的临时性测量标志，不得侵占永久性测量标志用地，不得在永久性测量标志安全控制范围内从事危害测量标志安全和使用效能的活动。

4）永久性测量标志的拆迁审批

《测绘法》第四十三条规定：进行工程建设，应当避开永久性测量标志；确实无法避开，需要拆迁永久性测量标志或者使永久性测量标志失去使用效能的，应当经省、自治区、直辖市人民政府测绘地理信息主管部门批准；涉及军用控制点的，应当征得军队测绘部门的同意。所需迁建费用由工程建设单位承担。

《测绘法》第六十四条规定：违反本法规定，有下列行为之一的，给予警告，责令改正，可以并处二十万元以下的罚款；对直接负责的主管人员和其他直接责任人员，依法给予处分；造成损失的，依法承担赔偿责任；构成犯罪的，依法追究刑事责任。

（1）损毁、擅自移动永久性测量标志或者正在使用中的临时性测量标志；

（2）侵占永久性测量标志用地；

（3）在永久性测量标志安全控制范围内从事危害测量标志安全和使用效能的活动；

（4）擅自拆迁永久性测量标志或者使永久性测量标志失去使用效能，或者拒绝支付迁建费用；

（5）违反操作规程使用永久性测量标志，造成永久性测量标志毁损。

5）保护与检查维护测量标志

《测绘法》第四十五条规定：县级以上人民政府应当采取有效措施加强测量标志的保护工作。县级以上人民政府测绘地理信息主管部门应当按照规定检查、维护永久性测量标志。乡级人民政府应当做好本行政区域内的测量标志保护工作。

6）检查维护永久性测量标志

《测绘法》第四十五条第2款规定：县级以上人民政府测绘地理信息主管部门应当按照规定检查、维护永久性测量标志。

4.1.3 与测绘相关的法律法规

1)《中华人民共和国行政许可法》

《中华人民共和国行政许可法》(简称《行政许可法》)是一部规范行政许可的设定和实施的法律,对保护公民、法人和其他组织的合法权益,维护公共利益和社会秩序,保障和监督行政机关有效实施行政管理,都具有重要意义。该法对行政许可的原则、设定、实施机关、实施程序、监督检查等作出规定。

在测绘活动和测绘管理中,也涉及一些行政许可事项,例如:资质审批、地图审核、建立相对独立平面坐标系统审批等。这些行政许可的设定和实施要符合《行政许可法》的规定。

2)《中华人民共和国招标投标法》

《中华人民共和国招标投标法》(简称《招标投标法》)是国家用来规范招标投标活动、调整在招标投标过程中产生的各种关系的法律。其中对招标投标活动遵循的原则、招标、投标、开标、评标、中标等作出法律规定。

3)《中华人民共和国反不正当竞争法》

《中华人民共和国反不正当竞争法》(简称《反不正当竞争法》)是保障社会主义市场经济健康发展,鼓励和保护公平竞争,制止不正当竞争行为,保护经营者和消费者的合法权益的法律。其中对经营者在市场交易活动中遵循的原则、不正当竞争行为的种类、对不正当竞争行为的监督检查、对不正当竞争行为的处罚等作出法律规定。

4)《中华人民共和国民法典》

《中华人民共和国民法典》(简称《民法典》)是对我国现行的民事法律进行系统整合、编纂修订而成的民事法典。其总则规定了民事活动必须遵循的基本原则和一般性规则;其余的物权编、合同编、婚姻家庭编、继承编、侵权责任编则是由原先的物权法、合同法、婚姻家庭法、继承法、侵权责任法编纂而成。

《民法典》对于规范各类合同的订立和履行、规范市场交易,对于及时解决经济纠纷,保护当事人的合法权益,维护社会主义市场经济秩序,具有十分重要的作用。《民法典》对合同订立和履行的基本原则、合同订立的形式和内容、合同订立的程序和方法、合同的效力、合同的履行、合同的变更和转让、合同的权利义务终止、违约责任等均作出法律规定。《民法典》也对物权的设立、变更、转让和消灭,物权保护,物权的种类和内容等作出规定。《民法典》中规定的不动产物权登记制度等是地籍测绘、房产测绘的根据。

5)《中华人民共和国标准化法》

《中华人民共和国标准化法》(简称《标准化法》)确定了我国的标准体系和标准化管理体制,规定了制定标准的对象与原则以及实施标准的要求,明确了违法行为的法律责任和处罚办法。《标准化法》是国家推行标准化,实施标准化管理和监督的重要依据。

6)《中华人民共和国计量法》

《中华人民共和国计量法》(简称《计量法》)对计量工作的管理、计量基准器具、计量标准器具和计量检定、计量器具的制造和修理、计量监督、法律责任作出规定。

7)《中华人民共和国保守国家秘密法》

《中华人民共和国保守国家秘密法》(简称《保守国家秘密法》)对保密工作管理体制、单位和个人的保密义务、国家秘密范围和密级、保密制度、法律责任等作出规定。

8)《行政区域界线管理条例》

《行政区域界线管理条例》是行政法规,对行政区域界线的确定、管理、勘定、测绘、公布、检查、归档、行政区域界线标准详图的绘制和使用等作出规定。

4.1.4 案例分析

案例 广西路佳道桥勘察设计有限公司违法复制测绘成果案

2014 年 5 月,桂林市国土资源局联合有关部门在开展测绘成果保密检查中发现,广西路佳道桥勘察设计有限公司擅自复印、复制大量的涉密测绘成果。经查,该公司未经提供测绘成果的部门批准,擅自对测绘成果进行复制,涉及涉密图纸共计 259 幅。该公司的行为违反了《中华人民共和国测绘法》第二十九条“测绘成果保管单位应当采取措施保障测绘成果的完整和安全”的规定,以及《广西壮族自治区测绘管理条例》第三十五条“测绘成果不得擅自复制、转让或者转借。确需复制、转让或者转借测绘成果的,必须经提供该测绘成果的部门批准”的规定。鉴于该公司曾于 2010 年因擅自复制测绘成果被处以行政处罚,现再次擅自复制测绘成果,且复制数量巨大,故对其从重处罚。2015 年 2 月,桂林市国土资源局依据《广西壮族自治区测绘管理条例》第五十条的规定,对广西路佳道桥勘察设计有限公司做出责令改正违法行为,并处 104 500 元罚款的行政处罚。

4.2 测绘资质资格

为加强对测绘资质的监督管理,激发市场活力,维护市场秩序,促进地理信息产业发展,自然资源部依据《测绘法》和《行政许可法》等法律法规,制定了《测绘资质管理规定》和《测绘资质分类分级标准》,规定中明确要求:从事测绘活动的单位,应当依法取得测绘资质证书,并在测绘资质等级许可的范围内从事测绘活动。

4.2.1 测绘资质管理基本内容

1. 测绘资质的概念

测绘资质是指测绘单位从事测绘活动应当具备相应的素质和能力:一是从事测绘活动的单位的人员必须具备测绘专业技术素质;二是从事测绘活动的单位必须具备必要的仪器设备;三是从事测绘活动的单位必须具备严格的质量保证体系;四是从事测绘活动的单位必须具备严格的测绘成果资料保管和保密制度;五是从事测绘活动的单位要具备一定的测绘生产能力;六是从事测绘活动的单位的主体性质要符合我国法律规定。

目前,我国的测绘资质证书等级分为甲、乙两级。截至 2024 年 12 月 31 日,全国共有测绘资质单位 22289 家,其中甲级 2225 家、乙级 20064 家。测绘资质的专业范围划分为:大地测量、测绘航空摄影、摄影测量与遥感、地理信息系统工程、工程测量、界线与不动产测绘、海洋测绘、地图编制、导航电子地图制作、互联网地图服务共 10 个专业。这 10 个专业类别包括的业务类型如表 4.1 所示。

表 4.1 测绘资质专业

专业类别	业务类型
大地测量	卫星定位测量、卫星导航定位基准站网位置数据服务、水准测量、三角测量、天文测量、重力测量、基线测量和大地测量数据处理
测绘航空摄影	一般航摄、无人飞行器航摄、倾斜航摄
摄影测量与遥感	摄影测量与遥感外业、摄影测量与遥感内业、摄影测量与遥感监理
地理信息系统工程	地理信息数据采集、地理信息数据处理、地理信息系统及数据库建设、地面移动测量、地理信息软件开发、地理信息系统工程监理
工程测量	控制测量、地形测量、规划测量、建筑工程测量、变形形变与精密测量、市政工程测量、水利工程测量、线路与桥隧测量、地下管线测量、矿山测量和工程测量监理
界线与不动产测绘	行政区域界线测绘、地籍测绘、房产测绘、不动产测绘监理和海域权属测绘等不动产测绘
海洋测绘	海岸地形测量、水深测量、水文观测、海洋工程测量、扫海测量、深度基准测量、海图编制、海洋测绘监理
地图编制	地形图、教学地图、世界政区地图、全国及地方政区地图、电子地图、真三维地图、其他专业地图
导航电子地图制作	导航电子地图制作
互联网地图服务	地理位置定位、地理信息上传标注、地图数据库开发

2. 测绘资质管理的概念

测绘资质管理是指国家对测绘资质作出具体规定，对从事测绘活动的单位进行测绘资质审查、发放测绘资质证书、进行测绘资质监督管理、依法查处无资质测绘等行政行为。

1）测绘资质管理是一项法定制度

《测绘法》明确规定，国家对从事测绘活动的单位实行测绘资质管理制度。从事测绘活动的单位应当具备一定的条件，并依法取得相应等级的测绘资质证书后，方可从事测绘活动。

2）测绘资质实行统一监督管理

测绘资质管理是一项统一监督管理制度。主要体现在：一是测绘资质条件统一规定；二是资质管理的具体办法统一规定；三是测绘资质证书的式样统一规定；四是统一由自然资源主管部门进行测绘资质审查和统一颁发资质证书；五是统一监督执法，对于违反测绘资质管理规定的行为，自然资源主管部门统一进行查处。但是，军事测绘单位的资质审查由军队测绘部门负责。

3）测绘资质管理制度是一项行政许可制度

《测绘法》明确规定了对从事测绘活动的单位进行资质审查制度，即一般情况下禁止任何单位和个人从事测绘活动，只有通过国务院自然资源主管部门和省、自治区、直辖市人民政府自然资源主管部门资质审查并领取资质证书的单位，才能解除法律规定的对从事测绘活动的禁止，才能获得从事测绘活动的权利和资格。

3. 测绘资质管理的基本原则

1）依法原则

由于测绘资质审查制度直接关系公民、法人和其他组织的权利，制定具体办法必须按《测绘法》和《行政许可法》等规定执行，不得违反有关的法律。

2）统一管理原则

测绘资质实行统一管理，避免多头管理导致政令不畅、不公平竞争、市场混乱、危害国家安全和增加测绘单位负担等弊端。

3）公开、透明原则

设定测绘资质审查的法律文件，测绘资质审查的条件、程序，都必须公开、透明。

4）公正、公平原则

设定和实施测绘资质审查，必须平等对待同等条件的个人和组织，不得歧视。

5）便民、效率原则

测绘资质审查在程序设置上必须体现方便申请人、提高行政效率的要求。

6）救济原则

在实施测绘资质审查时，申请人有权陈述、申辩，依法请求听证、申请复议和提起诉讼等。

7）诚实信用、依赖保护原则

行政机关制定的规范或做出的行为应具有稳定性，不能变化无常，不能溯及既往。行政机关不得随意变更或撤销测绘资质，因公共利益的需要，必须撤销或变更测绘资质的，行政机关应负责补偿损失。

8）监督与责任原则

谁审批，谁监督，谁负责。测绘资质审查要与行政机关的利益脱钩，与责任挂钩。行政机关不履行监督责任或监督不力，甚至滥用职权、以权谋私的，都必须承担法律责任。

4. 申请测绘资质的条件

在测绘工作中，企业或者事业单位必须拥有相应的资质，才能够进行正常的测绘工作。测绘资质的申请是企业或者事业单位在测绘事业发展上迈出重要的一步。企业或者事业单位想要申请测绘资质，必须具备一定的条件和要求：

（1）具有企业或者事业单位法人资格；

（2）有与从事的测绘活动相适应的测绘专业技术人员和测绘相关专业技术人员；

（3）有与从事的测绘活动相适应的技术装备和设施；

（4）有健全的技术和质量保证体系、安全保障措施、信息安全保密管理制度以及测绘成果和资料档案管理制度。

根据《测绘资质管理办法》，测绘资质等级专业类别的申请条件和申请材料的具体要求由《测绘资质分类分级标准》规定，并对每个专业的专业技术人员和技术装备作了具体要求，如表4.2和表4.3所示。

表 4.2 各测绘资质等级对专业技术人员数量的规定

专业名称	甲级					乙级				
	总数	测绘专业			测绘相关专业	总数	测绘专业			测绘相关专业
		高级	中级	初级			高级	中级	初级	
大地测量	60	4	7	13	36	25	1	4	5	15
测绘航空摄影	30	2	4	6	18	15	1	2	3	9
摄影测量与遥感	40	4	7	13	16	8	0	2	3	3
地理信息系统工程	40	4	7	13	16	8	0	2	3	3
工程测量	40	4	7	13	16	6	0	2	2	2
界线与不动产测绘	40	4	7	13	16	6	0	2	2	2
海洋测绘	40	4	7	13	16	6	0	2	2	2
地图编制	60	4	7	13	36	25	1	4	5	15
导航电子地图制作	100	4	8	28	60	15	1	2	3	9
互联网地图服务	20	0	2	0	18	12	0	1	0	11

表 4.3 各测绘资质等级对技术装备的要求

专业名称	甲级	乙级
大地测量	GNSS 接收机(扼流圈天线)、全站仪、水准仪、重力仪合计 30 台	GNSS 接收机、全站仪、水准仪合计 15 台
测绘航空摄影	无人飞行测量采集系统、专业测绘航摄仪及其他测绘传感器合计 4 台(套)	无人飞行测量采集系统、专业测绘航摄仪及其他测绘传感器合计 2 台(套)
摄影测量与遥感	GNSS 接收机、全站仪合计 12 台或者三维激光扫描仪 2 台；摄影测量系统、遥感图像处理系统合计 8 套	GNSS 接收机、全站仪合计 3 台或者三维激光扫描仪 1 台；摄影测量系统、遥感图像处理系统合计 2 套
地理信息系统工程	GNSS 接收机、三维激光扫描仪合计 6 台；地理信息处理软件、地理信息系统平台软件合计 12 套	GNSS 接收机、三维激光扫描仪合计 2 台；地理信息处理软件、地理信息系统平台软件合计 2 套
工程测量	GNSS 接收机、全站仪、水准仪、地下管线探测仪合计 20 台	GNSS 接收机、全站仪、水准仪、地下管线探测仪合计 4 台
界线与不动产测绘	GNSS 接收机、全站仪合计 10 台	GNSS 接收机、全站仪、手持测距仪合计 2 台
海洋测绘	GNSS 接收机、全站仪合计 10 台；浅地层剖面仪、侧扫声呐、海洋磁力仪、测深仪、声速仪、水位计、验流计合计 14 台或者多波束测深系统 2 套	全站仪 1 台；测深仪 1 台
地图编制	数据服务器 2 台；图形输出设备(A0 幅面)1 台	数据服务器 1 台

续表

专业名称	甲　级	乙　级
导航电子地图制作	外业数据采集设备30台(套)(定位精度10m);具备导航地图编辑系统	外业数据采集设备5台(套)(定位精度10m)
互联网地图服务	有独立地图引擎	—

测绘专业是指大地测量、工程测量、摄影测量、遥感、地图制图、地理信息、地籍测绘、测绘工程、矿山测量、海洋测绘、导航工程、土地管理、地理国情监测等专业。

测绘相关专业是指地理、地质、工程勘察、资源勘查、土木、建筑、规划、市政、水利、电力、道桥、工民建、海洋、计算机、软件、电子、信息、通信、物联网、统计、生态、印刷、人工智能、大数据、云计算、保密、档案等专业。

增加甲级测绘资质专业类别的,应当符合专业标准规定的甲级测绘业绩要求。测绘单位转制或分立的,申请原资质等级和专业类别不受本标准规定的甲级测绘业绩要求限制。申请两个及以上专业类别的,应当符合所有申请专业类别的条件,对专业技术人员、技术装备的数量要求不累加计算。

5. 申请测绘资质应当提交的材料

《测绘法》对测绘资质管理办法进行了完善和修改,明确测绘单位要有健全的技术和质量保障体系、安全保障措施、信息安全保密管理制度以及测绘成果和资料档案管理制度。其中,安全保障措施、信息安全保密管理制度是指地理信息安全保密监管等措施和制度,测绘单位要在原有制度的基础上,建立地理信息定密、涉密地理信息成果使用审批、地理信息安全保密监管、地理信息公开使用等管理制度。

根据《测绘法》及新版《测绘资质管理办法》和《测绘资质分类分级标准》,申请测绘资质,应当提交如下材料:

(1) 法人资格证书。

(2) 符合专业标准规定的专业技术人员身份证及依法缴纳社会保险的材料,退休的专业技术人员的退休材料和劳务合同;测绘专业技术人员的学历证书和职称证书,测绘相关专业技术人员的学历证书或职称证书。

(3) 符合专业标准规定的技术装备的所有权材料。

(4) 符合通用标准规定的材料。

(5) 申请甲级测绘资质的,应当提供符合专业标准规定的测绘业绩材料。

测绘单位变更测绘资质等级或者专业类别的,应当按照规定的审批权限和程序重新申请办理测绘资质审批。测绘单位名称、注册地址、法定代表人发生变更的,应当向审批机关提交有关部门的核准材料,申请换发新的测绘资质证书。

6. 测绘资质审批程序

1) 测绘资质申请与受理

根据《测绘资质管理办法》,对于申请材料齐全并符合法定形式的单位,审批机关应当决定受理并出具受理通知书;申请材料不齐全或者不符合法定形式的,应当当场或者在5个工作日内一次告知申请单位需要补正的全部内容,逾期不告知的,自收到申请材料之日起即为受理；申请事项依法不属于本审批机关职责范围的，应当即时作出不予受理的决定，并告知申请单位向有关审批机关申请。

对导航电子地图制作甲级测绘资质的审批，自然资源部将通过网上受理，并采用以下方式对申请材料进行审查：

（1）将申请单位的基本信息、所申请测绘资质类别等级及除涉及国家秘密、商业秘密和个人隐私外的申请信息等通过自然资源部网站公开；

（2）引入第三方机构做技术性审查；

（3）必要时，进行实地核查或专家评议；

（4）自然资源部机关内部会审。

2）审查与决定

测绘资质审批机关应当自受理申请之日起十五个工作日内作出是否批准测绘资质的书面决定。因特殊情况在十五个工作日内不能作出决定的，经本审批机关负责人批准，可以延长十个工作日，并将延长期限的理由告知申请单位。

审批机关作出不予批准测绘资质决定的，应当说明理由，并告知申请单位享有依法申请行政复议或者提起行政诉讼的权利。

3）颁发测绘资质证书

审批机关作出批准测绘资质决定的，应当自作出决定之日起十个工作日内，向申请单位颁发测绘资质证书；测绘资质证书有效期五年。测绘资质证书包括纸质证书和电子证书，纸质证书和电子证书具有同等法律效力。测绘资质证书分为正本和副本，样式由自然资源部统一规定，正本和副本具有同等法律效力。

测绘资质证书有效期最长不超过 5 年。编号形式为：等级＋测资字＋省、自治区、直辖市编号＋顺序号。测绘资质证书有效期满需要延续的，测绘单位应当在有效期满 60 日前，向测绘资质审批相关部门申请办理延续手续。

对在测绘资质证书有效期内遵守有关法规、技术标准，信用档案无不良记录且继续符合测绘资质条件的单位，经测绘资质审批机关批准，有效期延续 5 年。

4）资质变更

（1）测绘单位变更测绘资质等级或者专业类别的，应当按照审批权限和程序重新申请办理测绘资质审批。

（2）测绘单位名称、注册地址、法定代表人发生变更的，应当向审批机关提交有关部门的核准材料，申请换发新的测绘资质证书。

7. 测绘资质管理的法律责任

《测绘法》第五十五条规定：未取得测绘资质证书，擅自从事测绘活动的，责令停止违法行为，没收违法所得和测绘成果，并处测绘约定报酬一倍以上二倍以下的罚款；情节严重的，没收测绘工具。以欺骗手段取得测绘资质证书从事测绘活动的，吊销测绘资质证书，没收违法所得和测绘成果，并处测绘约定报酬一倍以上二倍以下的罚款；情节严重的，没收测绘工具。

违反《测绘法》及有关法律、法规的规定，依情节严重程度，处罚的方式主要包括予以通报批评、依法予以办理注销手续、依法视情节责令停业整顿或者降低资质等级，以及依法吊销测绘资质证书等。

4.2.2 测绘执业资格与注册测绘师制度

《测绘法》第三十条规定：从事测绘活动的专业技术人员应当具备相应的执业资格条件。具体办法由国务院测绘地理信息主管部门会同国务院人力资源社会保障主管部门规定。这一条款确定了我国实行对测绘专业技术人员的执业资格管理制度。

1. 测绘执业资格的概念及特征

1）测绘执业资格的概念

执业资格是国家规定对专业技术人员从事某种责任较大、社会通用性强、关系公共利益的专业技术工作实行的准入控制，是针对关系国家、社会和公众的财产、生命、安全等执业责任重大的专业实行的一种以法律规定为依据的强制性行业资格准入的控制手段。从这个概念上讲，它具备以下几个特征：

（1）执业资格实行专业准入控制，并非任何人都可具有；

（2）执业资格是行政许可，必须经过政府有关部门审批，否则无法取得；

（3）执业资格具有特定对象，并非所有专业都被纳入执业资格限制，仅针对特定专业；

（4）取得执业资格的人的学识、技术和能力必须达到一定标准。

测绘执业资格是指从事测绘活动的自然人应当具备的知识、技术水平和能力等。包括几个方面：一是具有测绘理论知识，二是具有基本的测绘专业技术水平，三是具有所从事的专业技术工作的能力，四是具备一定的运用法律知识和管理知识处理事务的能力。

2）测绘执业资格的特征

（1）测绘执业资格的主体是个人。

（2）测绘执业资格隶属国家职业资格体系。测绘成果质量关系国家安全和公共利益，基础地理信息属于国家战略性资源，为经济社会发展和政府部门提供广泛服务，测绘专业技术人员责任重大。因此，测绘实行职业资格制度。

（3）测绘执业资格的对象是测绘专业技术人员。从事测绘活动的人员可分为专业技术人员、技术工作和辅助人员等，这些人员有着明确的分工和责任。其中责任最大的是专业技术人员，对专业技术人员在学识、技术和能力方面的要求远高于其他人员。因此，测绘执业资格的对象是测绘专业技术人员。

2. 注册测绘师制度

1）注册测绘师的概念

《注册测绘师制度暂行规定》第四条规定：本规定所称注册测绘师，是指经考试取得《中华人民共和国注册测绘师资格证书》，并依法注册后，从事测绘活动的专业技术人员。注册测绘师英文译为 Registered Surveyor，注册测绘师的定义具有以下几个特征：

（1）注册测绘师资格的法定证件是“中华人民共和国注册测绘师资格证书”，只有取得该证书的人员才具有注册测绘师资格；未取得该证书的人员，不具有注册测绘师资格。

（2）取得注册测绘师资格必须经过考试，未经考试或者考试不合格的，不能取得注册测绘师资格，也就不能获得“中华人民共和国注册测绘师资格证书”。

(3) 取得注册测绘师资格的人员，必须经过注册后，才能以注册测绘师的名义执业。

(4) 注册测绘师是从事测绘活动的专业技术人员。

2) 申请注册测绘师资格考试的条件

凡中华人民共和国公民，遵守国家法律、法规，恪守职业道德，并具备一定条件的测绘专业技术人员，均可申请参加注册测绘师资格考试。测绘专业技术人员应满足的业务条件有：

(1) 取得测绘类专业大学专科学历，从事测绘业务工作满4年；

(2) 取得测绘类专业大学本科学历，从事测绘业务工作满3年；

(3) 取得含测绘类专业在内的双学士学位或者测绘类专业研究生班毕业，从事测绘业务工作满2年；

(4) 取得测绘类专业硕士学位，从事测绘业务工作满1年；

(5) 取得测绘类专业博士学位；

(6) 取得其他理学类或者工学类专业学历或者学位的人员，其从事测绘业务工作年限相应增加1年。

3) 注册测绘师考试的组织

(1) 注册测绘师考试由人力资源和社会保障部、国家测绘地理信息行政主管部门共同负责。国家自然资源主管部门成立注册测绘师资格考试专家委员会，负责拟定考试科目、考试大纲、考试试题，研究建立并管理考试题库，提出考试合格标准建议。人力资源和社会保障部组织专家审定考试科目、考试大纲和考试试题，并会同国家测绘地理信息行政主管部门确定考试合格标准和对考试工作进行指导、监督和检查。

(2) 注册测绘师资格实行全国统一大纲、统一命题的考试制度，原则上每年举行一次。考试的科目按照国家测绘地理信息行政主管部门与人力资源和社会保障部联合制定的《注册测绘师资格考试实施办法》规定，设"测绘管理与法律法规""测绘综合能力"和"测绘案例分析"三个科目。注册测绘师考试的具体内容和要求，由国家测绘地理信息行政主管部门与人力资源和社会保障部联合制定的《注册测绘师考试大纲》具体规定。

(3) 注册测绘师资格考试合格，颁发由人力资源和社会保障部统一印制，人力资源和社会保障部、国家测绘地理信息行政主管部门共同用印的"中华人民共和国注册测绘师资格证书"(简称"资格证书")。

3. 注册测绘师注册

国家对注册测绘师资格实行注册执业管理，取得"中华人民共和国注册测绘师资格证书"的人员，经过注册后方可以注册测绘师的名义执业。国家测绘地理信息行政主管部门为注册测绘师资格的注册审批机构。各省、自治区、直辖市测绘地理信息行政主管部门负责注册测绘师资格的注册审查工作。为规范注册测绘师注册、执业和继续教育行为，国家测绘地理信息行政主管部门制定了《注册测绘师执业管理办法(试行)》(国测人发〔2014〕8号)，自2015年1月1日起施行。

1) 注册申请

依法取得资格证书的人员，通过一个且只能是一个具有测绘资质的单位(简称"注册单位")办理注册手续，并取得注册证和执业印章后，方可以注册测绘师名义开展执业活动。

申请注册测绘师资格注册的人员，应向省级自然资源主管部门提出注册申请。具体注册程序如下：

（1）申请人填写注册申请表；

（2）注册单位审核后，报省级测绘地理信息行政主管部门；

（3）省级测绘地理信息行政主管部门审查并提出意见后报国家测绘地理信息主管部门；

（4）国家测绘地理信息行政主管部门审批；

（5）国家测绘地理信息行政主管部门作出批准注册决定后在国家测绘地理信息行政主管部门网站公布。

2）初始注册

初始注册者，可自取得资格证书之日起 1 年内提出注册申请。初始注册需要提交下列材料：

（1）中华人民共和国注册测绘师初始注册申请表；

（2）中华人民共和国注册测绘师资格证书；

（3）与注册单位签订的聘用（劳动）合同或相关证明；

（4）申请人的身份证明材料。

除提交上述材料外，申请延续注册或逾期初始注册的，必须同时提交注册测绘师继续教育证书。根据《注册测绘师执业管理办法（试行）》，取得资格证书超过 1 年不满 3 年提出申请初始注册的，须提供不少于 30 学时继续教育必修内容培训的证明。取得资格证书 3 年以上提出申请初始注册的，须提供相当于一个注册有效期要求的继续教育证明。

3）延续注册

注册证和执业印章每一注册有效期为 3 年，期满需要继续执业的，应在期满 30 个工作日前提出延续注册申请。变更注册单位须及时办理变更注册手续，距离原注册有效期满半年以内申请变更注册的，可同时申请延续注册。准予延续注册的，注册有效期重新计算。延续注册需要提交下列材料：

（1）中华人民共和国注册测绘师延续注册申请表；

（2）与注册单位签订的聘用（劳动）合同或相关证明；

（3）注册测绘师继续教育证书。

准予延续注册的，注册有效期重新计算。

4）变更注册

根据《注册测绘师执业管理办法（试行）》，申请变更注册，应提交下列材料：

（1）中华人民共和国注册测绘师变更注册申请表；

（2）与注册单位签订的聘用（劳动）合同或相关证明；

（3）与原注册单位解除聘用（劳动）或合作关系的证明材料。

5）注销注册

注册申请人或者聘用单位有下列行为之一申请注销的，应当向当地省级自然资源主管部门提出申请，由国家自然资源主管部门审核批准后，办理注销手续，收回注册证和执业印章。

（1）不具有完全民事行为能力的；

（2）申请注销注册的；

（3）注册有效期满且未延续注册的；

（4）被依法撤销注册的；

（5）受到刑事处罚的；

（6）与聘用单位解除劳动或者聘用关系的；

（7）聘用单位被依法取消测绘资质证书的；

（8）聘用单位被吊销营业执照的；

（9）因本人过失造成利害关系人重大经济损失的；

（10）应当注销注册的其他情形。

6）不予注册

注册测绘师有下列情形之一的，不予注册：

（1）不具有完全民事行为能力的；

（2）刑事处罚尚未执行完毕的；

（3）因在测绘活动中受到刑事处罚，自刑事处罚执行完毕之日起至申请注册之日止不满3年的；

（4）法律、法规规定不予注册的其他情形。

7）其他规定

（1）注册测绘师注册通过注册系统进行在线申请，有关材料原件通过系统扫描报送电子文件。申请人和注册单位对相关材料的真实性负责并承担相应法律责任。

（2）注册测绘师注册证或执业印章遗失或污损，需要补办的，应当持省级以上公众媒体上刊登的遗失声明或污损的原注册证或执业印章，经注册地省级自然资源主管部门审核后，向国家自然资源主管部门申请补办。

4. 注册测绘师的权利与义务

1）注册测绘师的权利

注册测绘师享有的权利：①使用注册测绘师称谓；②保管和使用本人的“中华人民共和国注册测绘师注册证”和执业印章；③在规定的范围内从事测绘执业活动；④接受继续教育；⑤对违反法律、法规和有关技术规范的行为提出劝告，并向上级测绘行政主管部门报告；⑥获得与执业责任相应的劳动报酬；⑦对侵犯本人执业权利的行为进行申诉。

2）注册测绘师的义务

注册测绘师应履行的义务：①遵守法律、行政法规和有关管理规定，恪守职业道德；②执行测绘技术标准和规范；③履行岗位职责，保证执业活动成果质量，并承担相应责任；④保守知悉的国家秘密和委托单位的商业、技术秘密；⑤只受聘于一个有测绘资质的单位执业；⑥不准他人以本人名义执业；⑦更新专业知识，提高专业技术水平；⑧完成注册管理机构交办的相关工作。

5. 注册测绘师执业

根据《注册测绘师执业管理办法（试行）》，注册测绘师开展执业活动，必须依托注册单位并与注册单位的测绘资质等级和业务许可范围相适应。

1）注册测绘师执业范围

注册测绘师应在一个具有测绘资质的单位，开展与该单位测绘资质等级和业务许可范围相应的测绘执业活动。其执业范围包括：①测绘项目技术设计；②测绘项目技术咨询和技术评估；③测绘项目技术管理、指导与监督；④测绘成果质量检验、审查、鉴定；⑤国务院有关部门规定的其他测绘业务。

2）注册测绘师的执业能力

注册测绘师的执业能力主要包括：①熟悉并掌握国家测绘及相关法律、法规和规章；②了解国际、国内测绘技术发展状况，具有较丰富的专业知识和技术工作经验，能够处理较复杂的技术问题；③熟练运用测绘相关标准、规范、技术手段，完成测绘项目技术设计、咨询、评估及测绘成果质量检验管理；④具有组织实施测绘项目的能力。

3）注册测绘师岗位及数量规定

《注册测绘师执业管理办法（试行）》中规定：测绘地理信息项目的技术和质检负责人等关键岗位须由注册测绘师担任。测绘单位须配备一定数量的注册测绘师，具体要求根据单位资质等级、业务性质和范围、人员规模等，由国家自然资源主管部门在《测绘资质分类分级标准》中规定。

《测绘资质分类分级标准》对甲、乙级测绘单位注册测绘师数量的要求主要分三个层次：一是不作要求，涉及互联网地图服务专业；二是要求甲级 2 名注册测绘师、乙级 1 名注册测绘师，主要涉及测绘航空摄影、摄影测量与遥感、地理信息系统工程、地图编制 4 个专业；三是要求甲级 5 名注册测绘师、乙级 2 名注册测绘师，主要涉及大地测量、工程测量、界线与不动产测绘、海洋测绘和导航电子地图制作 5 个专业。

4）执业效力与责任

在测绘活动中形成的技术设计和测绘成果质量文件，必须由注册测绘师签字并加盖执业印章后方可生效。修改经注册测绘师签字盖章的测绘文件，应由该注册测绘师本人进行；因特殊情况，该注册测绘师不能进行修改的，应由其他注册测绘师修改，并签字、加盖印章，同时对修改部分承担责任。因测绘成果质量问题造成的经济损失，接受委托的单位应承担赔偿责任。接受委托的单位可依法向承担测绘业务的注册测绘师追偿。

6. 继续教育

注册测绘师延续注册、重新申请注册和逾期初始注册，应当完成本专业的继续教育。注册测绘师继续教育分为必修教育和选修教育，在一个注册有效期内，必修内容和选修内容均不得少于 60 学时。

7. 相关法律责任

《测绘法》第五十九条规定：违反本法规定，未取得测绘执业资格，擅自从事测绘活动的，责令停止违法行为，没收违法所得和测绘成果，对其所在单位可以处违法所得二倍以下的罚款；情节严重的，没收测绘工具；造成损失的，依法承担赔偿责任。

在实施注册测绘师制度过程中，相关行政部门和相关机构，因工作失误，使专业技术人员合法权益受到损害的，应当依法给予相应赔偿，并可向有关责任人追偿。实施注册测绘师制度的相关行政部门和相关机构的工作人员，有不履行工作职责，监督不力，或者谋取其他利益等违纪违规行为，并造成不良影响或者严重后果的，由其上级相关行政部门责令改正，对直接负责的主管人员和其他直接责任人员依法给予行政处分；构成犯罪的，依法追究刑事责任。

4.2.3 测绘作业证管理制度

1. 测绘作业证的概念和特征

为保护测绘人员合法测绘的权利，《测绘法》第三十一条作出了规定：测绘人员进行测绘活动时，应当持有测绘作业证件。任何单位和个人不得阻碍测绘人员依法进行测绘活动。

测绘作业证是由自然资源主管部门颁发的，用来表明野外测绘作业人员身份的一种凭证。根据《测绘法》，测绘人员进行测绘活动时，应当持有测绘作业证件。为规范测绘作业证使用，加强对测绘作业证的监督管理，国家自然资源主管部门 2004 年 2 月 5 日修订通过《测绘作业证管理规定》，明确了测绘作业证的发放范围、管理权限和基本要求。测绘作业证由封皮、《测绘法》相关条款、内芯、用证规定四部分组成，按编号顺序组合。

测绘作业证具有以下几个特征：

（1）测绘作业证是测绘人员从事测绘活动的合法身份证明，需要具备一定的条件才能获得；

（2）测绘作业证为测绘人员提供权利保障，也有利于保护与测绘活动发生关系的单位和个人的合法权益；

（3）从事测绘活动是测绘人员的义务，同时也可以防止非法测绘活动；

（4）为持有测绘作业证件从事测绘活动的测绘人员提供便利是与测绘活动发生关系的单位和个人的义务；

（5）测绘作业证的效力是有限的。

2. 测绘作业证件的取得

根据《测绘法》的规定，自然资源部主管部门颁布了《测绘作业证管理规定》，其中对如何取得测绘作业证件作出了规定。

1）取得测绘作业证的条件

（1）须在具有测绘资质的单位从业。测绘作业证是取得测绘资质证书的单位为本单位的测绘人员申请的证件，未取得测绘资质证书的单位无权为测绘人员申请测绘作业证，个人不能直接申请。

（2）申请领取测绘作业证的人员应当主要是从事测绘外业工作的人员和其他需要持有测绘作业证的人员。

2）申请测绘作业证的办法和程序

（1）准备申请材料。申请单位应当提交的材料有：①申请报告；②测绘单位测绘资质证书（证件或复印件）；③测绘作业证申请表；④测绘作业证申请汇总表。

（2）提出申请。申请单位向单位所在地的省、自治区、直辖市人民政府自然资源主管部门或者其委托的市（地）级自然资源主管部门提出申请，提交申请材料。测绘单位必须保证申报材料真实、齐全，对申报材料不真实的，不予受理。

（3）审核发证。省、自治区、直辖市人民政府自然资源主管部门或者其委托的市（地）级人民政府自然资源主管部门应当自收到办证申请，并确认各种报表及各项手续完备之日起30日内，完成测绘作业证的审核发证工作。

3. 测绘作业证的使用

1）测绘作业证的使用范围

测绘人员应当主动出示测绘作业证进行作业的情况有以下几种：

（1）进入机关、企业、住宅小区、耕地或者其他地块进行测绘时；

（2）使用测量标志时；

（3）接受测绘行政主管部门的执法监督检查时；

（4）办理与所从事的测绘活动相关的其他事项时。

进入保密单位、军事禁区和法律法规规定的需经特殊审批的区域进行测绘活动时，还应当按照规定持有关部门的批准文件。

2）测绘作业证使用规定

（1）测绘人员进行测绘活动时，应当遵守国家法律法规，保守国家秘密，遵守职业道德，不得损毁国家、集体和他人的财产。测绘人员必须依法使用测绘作业证，不得利用测绘作业证从事与其测绘工作身份无关的活动。

（2）测绘人员应当妥善保存测绘作业证，防止遗失，不得损毁，不得涂改。测绘作业证只限持证人本人使用，不得转借他人。测绘人员遗失测绘作业证，应当立即向本单位报告并说明情况。所在单位应当及时向发证机关书面报告情况。

（3）测绘人员离（退）休或调离工作单位的，必须由原所在测绘单位收回测绘作业证，并及时上交发证机关。测绘人员调往其他测绘单位的，由新调入单位重新申领测绘作业证。

（4）测绘单位办理遗失证件的补证和旧证换新证的，省级自然资源主管部门或者其委托的市级人民政府自然资源主管部门，应当自收到补（换）证申请之日起30日内完成补（换）证工作。

3）测绘作业证件注册

测绘作业证注册是指测绘地理信息主管部门对测绘作业证的使用、持有、完整状况进行验证，并标示合格标识的行为。

根据《测绘作业证管理规定》，测绘作业证由省级人民政府自然资源主管部门或者其委托的市级人民政府自然资源主管部门负责注册核准。测绘作业证每次注册核准有效期为3年。注册核准有效期满前30日内，各测绘单位应当将测绘作业证送交单位所在地的省级人民政府自然资源主管部门或者其委托的市级人民政府自然资源主管部门进行注册核准。过期不注册核准的测绘作业证无效。

4. 测绘作业证的监督管理

1）测绘作业证的管理职责

国家自然资源主管部门负责测绘作业证的统一监督管理工作，负责规定测绘作业证的式样；省、自治区、直辖市人民政府自然资源主管部门负责本行政区域内测绘作业证的审核、发放和监督管理工作；设区的市（地）、县（市）自然资源主管部门负责本行政区域内测绘作业证的受理、审核、发放和年度注册核准以及日常的监督管理工作。

2）测绘作业证的法律责任

根据《测绘作业证管理规定》，测绘人员违反测绘作业证管理的有关规定，由所在单位收回其测绘作业证并及时交回发证机关，对情节严重者依法给予行政处分；构成犯罪的，依法追究刑事责任。测绘人员违反测绘作业证管理规定的行为，主要包括以下内容：

（1）将测绘作业证转借他人的；

（2）擅自涂改测绘作业证的；

（3）利用测绘作业证严重违反工作纪律、职业道德或损害国家、集体或者他人利益的；

（4）利用测绘作业证进行欺诈及其他违法活动的。

4.2.4 案例分析

1. 浙江省平阳县水利水电勘测设计所未取得测绘资质非法从事测绘活动案

2015年7月，平阳县测绘与地理信息局在检查时发现，平阳县水利水电勘测设计所涉嫌违法从事测绘活动。经查，2015年6月，该单位在未取得测绘资质证书的情况下，擅自对平阳县顺溪水利枢纽二道坝工程进行测绘活动。该行为违反了《中华人民共和国测绘法》第二十二条关于从事测绘活动的单位应当依法取得相应等级的测绘资质证书后方可从事测绘活动的有关规定。2015年10月，平阳县测绘与地理信息局依据《中华人民共和国测绘法》第四十二条的规定，对平阳县水利水电勘测设计所做出责令停止违法行为，没收违法所得，并处测绘约定报酬一倍罚款的行政处罚。

2. 杭州吉翱信息技术有限公司提供虚假材料申请测绘资质案

2014年1月，杭州吉翱信息技术有限公司申请丙级测绘资质。在审查中，浙江省测绘与地理信息局发现该公司提供的测绘资质申请材料中有三名技术人员的毕业证书存在疑点。浙江省测绘与地理信息局向相关高校发送了调查函，经查，上述三名技术人员的毕业证书均为虚假材料。该公司的行为违反了《中华人民共和国行政许可法》第三十一条关于行政许可申请材料真实性的有关规定。2014年3月，浙江省测绘与地理信息局依据《中华人民共和国行政许可法》第七十八条的规定，对该公司作出警告，一年内不得再次申请测绘资质的行政处罚。

3. 中国科学院水利部山地灾害与环境研究所超越测绘资质等级许可范围非法测绘案

2009年6月，四川测绘局在测绘资质单位监督检查中发现，中国科学院水利部山地灾害与环境研究所承担的“成都市第二次土地调查农村土地调查项目（蒲江标段）”，涉嫌超越测绘资质等级许可范围从事测绘活动，四川测绘局立即进行了立案调查。经查，中国科学院水利部山地灾害与环境研究所承担的项目超越了其测绘资质等级许可范围，违反了《中华人民共和国测绘法》第二十四条测绘单位不得超越资质等级许可范围从事测绘活动的规定。2009年8月5日，四川测绘局依据《中华人民共和国测绘法》第四十三条关于超越资质等级许可范围从事测绘活动法律责任的有关规定，对中国科学院水利部山地灾害与环境研究所作出相应数额罚款的行政处罚。

4. 甘肃维普信息技术有限公司违法涉军测绘案

该公司在未经测绘地理信息行政主管部门和军队测绘主管部门许可的情况下，分别于2010年10月、2011年2月擅自进入军事禁区从事测绘活动，其行为违反了《中华人民共和国军事设施保护法》第十五条和《甘肃省测绘管理条例》第二条关于涉军测绘的有关规定。

4.3 测绘基准与测绘系统

4.3.1 测绘基准的概念与特征

1. 测绘基准的概念

测绘基准是一个国家整个测绘系统的起算依据和各种测绘系统的基础。测绘基准包括所选用的各种大地测量参数、统一的起算面、起算基准点、起算方位，以及有关的地点、设施和名称等。我国目前采用的测绘基准主要包括大地基准、高程基准、深度基准和重力基准。

1）大地基准

大地基准是建立国家大地坐标系统和推算国家大地控制网中各点大地坐标的基本依据。中华人民共和国成立以来，我国先后建立了1954北京坐标系、1980西安坐标系，它们均属于参心坐标系。2008年7月1日，经国务院批准，我国正式启用2000国家大地坐标系，它属于地心坐标系，是全球地心坐标系在我国的具体体现。按照国家自然资源主管部门的有关文件要求，自2008年7月1日后新生产的各类测绘成果应采用2000国家大地坐标系。

2018年12月，自然资源部发布公告，自2019年1月1日起，全面停止向社会提供1954北京坐标系和1980西安坐标系基础测绘成果。

2）高程基准

高程基准是建立高程系统和测量空间点高程的基本依据。我国先后使用了“1956年黄海高程系”和“1985年国家高程基准”。我国目前采用的高程基准为1985年国家高程基准。

1956年黄海高程系：以青岛验潮站1950—1956年7年间的潮汐资料推求的黄海平均海水面作为我国的高程基准面。这一基准面的确立，对统一全国高程有重要的历史意义。

1985年国家高程基准：以青岛验潮站1985年以前的潮汐资料推求的平均海面为零点的起算高程，是国家高程控制的起算点。这一基准是在1987年正式启用的，用以替代之前的“黄海平均海水面”作为全国统一的高程起算面。1985年国家高程基准的建立，是基于对全国多个验潮站的长期观测数据进行综合分析和处理的结果，它更好地反映了我国复杂多变的地理环境。

3）重力基准

重力基准是建立重力测量系统和测量空间点的重力值的基本依据。我国先后使用了1957重力测量系统、1985重力测量系统和2000重力测量系统。我国目前采用的重力基准为2000国家重力基准。

2000国家重力基准是通过由国家测绘地理信息局、原总参测绘局和中国地震局在2000年左右共同建立的重力基本网实现的。该重力基本网由21个基准点、126个基本点和112个引点构成，具有较高的精度，对统一我国重力基准、提高重力基准点密度，以及服务石油天然气物探、地质勘探、军事测绘等经济军事领域应用发挥了重要作用。

4）深度基准

深度基准是海洋深度测量和海图上水深的基本依据。我国目前采用的深度基准因海区不同而有所不同。中国海区从1956年采用理论最低潮面（理论深度基准面）作为深度基准。内河、湖泊采用最低水位、平均低水位或设计水位作为深度基准。

2. 测绘基准的特征

（1）科学性：测绘基准的建立基于科学原理和方法，确保测绘数据的准确性和可靠性。

（2）统一性：全国范围内采用统一的测绘基准，以保证不同区域、不同时间获取的测绘数据具有可比性和一致性。

（3）法定性：测绘基准的制定和实施由国家法律、法规明确规定，具有法律效力，确保测绘活动的规范性和权威性。

（4）稳定性：测绘基准一旦确定，将保持长期稳定，为长期测绘活动提供可靠的基准参考。

4.3.2 测绘系统的概念与特征

1. 测绘系统的概念

测绘系统是由国家统一建立的各种坐标系统和其他系统的总称，它包括大地坐标系统、平面坐标系统、高程系统、地心坐标系统和重力测量系统。这些系统是进行测绘工作的基础，确保了测绘成果的一致性和准确性。

1）大地坐标系统

大地坐标系统是用于描述地球上点的位置，通常采用椭球体作为数学基础，包括大地经度、大地纬度和大地高。我国先后采用的1954北京坐标系、1980西安坐标系和2000国家大地坐标系，是我国在不同时期采用的大地坐标系统的具体体现。

2）平面坐标系统

平面坐标系统是指确定地面点的平面位置所采用的坐标系统，它是用平面上两轴相交成直角的纵、横坐标所表示的。我国在陆地上的国家统一的平面坐标系统采用"高斯-克吕格平面直角坐标系"，是利用高斯-克吕格投影将不可平展的地球椭球面转换成平面而建立的一种平面直角坐标系。

3）高程系统

高程系统是用于传递全国高程控制网中各点高程所采用的统一系统，包括正高、正常高和大地高程等，它们之间存在以下关系：

$$大地高 = 正常高 + 高程异常(\zeta) = 正高 + 大地水准面差距(N)$$

中华人民共和国成立后，先后使用的高程基准有“1956 年黄海高程系”和“1985 年国家高程基准”。我国规定采用的高程系统是正常高系统，目前采用的高程基准是 1985 年国家高程基准。

例：某海岛验潮站附近 GPS 点 A 基于国家高程基准的高程为 1.986m，基于当地深度基准面的高程为 4.434m，该区域高程异常 0.776m，该海岛验潮站附近海中有一暗礁 B，海图上标注最浅水深为 1.2m，求暗礁 B 的大地高和基于国家高程基准的高程。

解：

$$h_B\ 正常高 = [-(4.434-1.986)-1.200]\text{m} = -3.648\text{m}$$

$$H_B\ 大地高 = h_B\ 正常高 + \zeta = (-3.648+0.776)\text{m} = -2.872\text{m}$$

4）地心坐标系统

地心坐标系统是坐标原点与地球质心重合的大地坐标系统，或空间直角坐标系统。我国目前采用的 2000 国家大地坐标系即是全球地心坐标系在我国的具体体现，其原点为包括海洋和大气的整个地球的质心。

5）重力测量系统

重力测量系统指重力测量施测与计算所依据的重力测量基准和计算重力异常所采用的正常重力公式的总称。我国曾先后采用的 1957 重力测量系统、1985 重力测量系统和 2000 重力测量系统，即为我国在不同时期的重力测量系统。

2. 测绘系统的特征

1）科学性

测绘系统是依靠测绘科学理论和科学技术手段建立起来的，有严密的数学基础和理论基础。因此，测绘系统首先具有科学性。

2）统一性

建立全国统一的测绘系统是国际上多数国家的通用做法，是保证测绘工作有效地为国家经济建设、国防建设和社会发展服务的客观需要，也是国家法律明确规定的一项法律制度。因此，测绘系统与测绘基准一样，具有统一性。

3）法定性

国家规定的测绘系统由法律规定必须采用，法律明确国家建立全国统一的测绘系统，测绘系统的规范和要求由国务院自然资源主管部门会同国务院其他有关部门、军队测绘主管部门制定，从而使测绘系统具有法定性。

4）规模性

测绘系统一般覆盖的区域都比较大，建设周期比较长，投入也比较高，系统建设整体呈现出规模性特征。

5）稳定性

测绘系统是测绘基准的具体体现，测绘系统的科学性、统一性、法定性和规模性注定了测绘系统具有稳定性特征，测绘系统一经建立，一般不能经常进行改动，必须保持其相对稳定性。

4.3.3 相对独立的平面坐标系统

1. 相对独立的平面坐标系统的概念

相对独立的平面坐标系统(以下简称独立坐标系),是指因规划、建设和科学研究的需要,以自定义的坐标原点、中央子午线和高程抵偿面等为系统参数,被广泛共享使用且与国家大地坐标系相联系的平面坐标系统。独立坐标系分为城市坐标系和工程坐标系。由政府部门组织建立的在一定行政区划范围内通用的独立坐标系属于城市坐标系;因重大工程项目建设需要,由工程建设单位组织建立的独立坐标系属于工程坐标系。

2. 建立相对独立的平面坐标系统的原则

建立相对独立的平面坐标系统必须坚持以下原则:

(1) 独立坐标系坚持"非必要不建立"原则,基于2000国家大地坐标系采用标准分带进行投影或者已依法建有基于2000国家大地坐标系的独立坐标系能满足需要的,不再建立独立坐标系。

(2) 原则上一个地级以上城市行政区划范围内只允许建立一个城市坐标系。工程项目所在地的城市坐标系能够满足工程项目建设需要的,不再另行建立工程坐标系。

(3) 建立独立坐标系应当基于2000国家大地坐标系,并与2000国家大地坐标系相联系。

3. 建立相对独立的平面坐标系统审批

建立相对独立的平面坐标系统审批,是一项有数量限制的行政许可。为保持城市建设的可持续和科学发展,保持测绘成果的连续性、稳定性和系统性,维护国家安全和地区稳定,一个城市只能建设一个相对独立的平面坐标系统。

为规范相对独立的平面坐标系统管理,避免重复投入,促进测绘成果共享与时空数据的互联互通,自然资源部于2023年6月11日印发了《建立相对独立的平面坐标系统管理办法》,对建立相对独立的平面坐标系统的审批权限进行了详细规定。

相对独立的平面坐标系统是指因规划、建设和科学研究的需要,以自定义的坐标原点、中央子午线和高程抵偿面等为系统参数,被广泛共享使用且与国家大地坐标系相联系的平面坐标系统。独立坐标系分为城市坐标系和工程坐标系。由政府部门组织建立的在一定行政区划范围内通用的独立坐标系属于城市坐标系;因重大工程项目建设需要,由工程建设单位组织建立的独立坐标系属于工程坐标系。

根据国务院城市规模划分标准确定的地级以上的大城市、特大城市、超大城市和国家重大工程项目确需建立独立坐标系的,由国务院自然资源主管部门负责审批。其他确需建立独立坐标系的,由所在省、自治区、直辖市人民政府自然资源主管部门负责审批(陕西、黑龙江、四川、海南测绘地理信息局负责本行政区域独立坐标系的审批,下同)。城市坐标系的申请人为所在地人民政府自然资源主管部门,工程坐标系的申请人为工程建设单位。

4. 县级以上人民政府自然资源主管部门,应当加强对本行政区域内独立坐标系的监督管理

应当对下列内容进行监管:

(1) 是否存在未经批准擅自建立独立坐标系的行为;

(2) 是否存在同一个城市违规建立多个城市坐标系的行为;

(3) 是否存在未按规定向社会公开发布城市坐标系的行为;

(4) 是否存在未按照测绘成果管理有关规定保管和使用独立坐标系参数成果的行为;

(5) 是否存在未按照保密法律法规的有关规定保管和使用独立坐标系与国家大地坐标系之间的转换参数的行为;

(6) 是否存在其他违法违规行为。

5. 建立相对独立的平面坐标系统的法律责任

《测绘法》和《基础测绘条例》对擅自建立相对独立的平面坐标系统的行为,均设定了严格的法律责任,包括给予警告,责令改正,可以并处五十万元以下的罚款;构成犯罪的,依法追究刑事责任;尚不够刑事处罚的,对负有直接责任的主管人员和其他直接责任人员,依法给予行政处分。

4.3.4 卫星导航定位基准服务系统

卫星导航定位基准服务系统是指对卫星导航信号进行长期连续观测,并通过通信设施将观测数据实时或者定时传送至数据中心的地面固定观测站加以处理,通过通信设施和分发服务系统提供相关定位服务的系统。

1. 卫星导航定位基准服务系统建设

《测绘法》第十二条规定:国务院测绘地理信息行政主管部门和省、自治区、直辖市人民政府测绘地理信息行政主管部门应当会同本级人民政府其他有关部门,按照统筹建设、资源共享的原则,建立统一的卫星导航定位基准服务系统,提供导航定位基准信息公共服务。

2. 卫星导航定位基准站建设备案

《测绘法》第十三条规定:建设卫星导航定位基准站的,建设单位应当按照国家有关规定报国务院测绘地理信息行政主管部门或者省、自治区、直辖市人民政府测绘地理信息行政主管部门备案。国务院测绘地理信息行政主管部门应当汇总全国导航定位基准站建设备案情况,并定期向军队测绘部门通报。

国务院测绘地理信息行政主管部门设立卫星导航定位基准站建设备案管理信息系统,实行全国联网备案,备案工作应当坚持保障安全、分级备案、信息共享、高效便捷的原则。

1) 备案部门

(1) 国务院测绘地理信息行政主管部门。国务院相关部门、中央单位建设卫星导航定位基准站以及跨省级范围建设卫星导航定位基准站的,应当向国务院测绘地理信息行政主管部门备案。

(2) 省级测绘地理信息行政主管部门。其他建设卫星导航定位基准站的,应当向卫星导航定位基准站所在地的省级测绘地理信息行政主管部门备案。

2) 备案程序

(1) 备案提交

卫星导航定位基准站的建设单位应当在开工建设30日前,通过卫星导航定位基准站建设备案管理信息系统向测绘地理信息行政主管部门进行备案。

备案人提交的备案信息齐全的，备案机关应当提供备案号，并出具加盖印章的备案文件。提交的备案信息不齐全的，备案机关应当一次性告知备案人补齐相关信息。备案人应当在备案机关告知之日起7日内提交补充备案信息。

提交备案后，备案内容有变化的，备案人应当自变化之日起7日内向备案机关重新提交备案，相关卫星导航定位基准站的开工建设时间顺延。

（2）备案提交材料

备案人应当认真填写卫星导航定位基准站建设备案表，提交卫星导航定位基准站建设单位、运营维护单位的主要情况，以及卫星导航定位基准站的建设数量、布点位置、主要用途、覆盖范围、数据传输方式、数据安全保护措施、软硬件设备性能指标是否经审批向境外开放等内容。

（3）备案信息汇总和公开

省级测绘地理信息行政主管部门应当在每季度前10日内，将本地区上一季度卫星导航定位基准站建设备案情况通过信息系统上报国务院测绘地理信息行政主管部门，国务院测绘地理信息行政主管部门汇总后通报军队测绘导航主管部门。

国家财政投资建设的卫星导航定位基准站，国务院测绘地理信息行政主管部门及省级人民政府测绘地理信息行政主管部门应当及时将相关建设备案情况向社会公布（国家规定需要保密的情形除外），避免重复建设，促进充分利用。备案工作不得收取任何费用。

（4）建设备案监督管理

① 建设监管

测绘地理信息行政主管部门应当加强对卫星导航定位基准站建设情况的监督检查，重点检查是否履行备案手续、是否按照备案信息进行建设、是否落实相关安全保密措施等内容，并可以委托专业测绘地理信息技术服务机构采取书面审查、随机抽查、实地核查等方式提供技术支持。

② 建设风险评估

省级以上人民政府测绘地理信息行政主管部门应当会同军队有关部门对卫星导航定位基准站建设进行安全风险评估，并及时反馈备案人。

③ 建设违规处理

卫星导航定位基准站建设前未按照规定备案的，测绘地理信息行政主管部门应当责成有关单位停止建设活动，并要求备案人进行备案。

未按备案信息进行卫星导航定位基准站建设的，测绘地理信息行政主管部门应当责成有关单位停止建设活动，限期整改。

3. 数据保密管理

《测绘法》第十四条规定：卫星导航定位基准站的建设和运行维护应当符合国家标准和要求，不得危害国家安全。卫星导航定位基准站的建设和运行维护单位应当建立数据安全保障制度，并遵守保密法律、行政法规的规定。

县级以上人民政府测绘地理信息行政主管部门应当会同本级人民政府其他有关部门，加强对卫星导航定位基准站建设和运行维护的规范和指导。

4. 法律责任

(1) 实施基础测绘项目不使用全国统一的测绘基准和测绘系统或者不执行国家规定的测绘技术规范和标准的，责令限期改正，给予警告，可以并处10万元以下罚款；对负有直接责任的主管人员和其他直接责任人员，依法给予处分。

(2) 卫星导航定位基准站建设单位未报备案的，给予警告，责令限期改正；逾期不改正的，处10万～30万元罚款；对直接负责的主管人员和其他直接责任人员，依法给予处分。

(3) 卫星导航定位基准站的建设和运行维护不符合国家标准、要求的，给予警告，责令限期改正，没收违法所得和测绘成果，并处30万～50万元罚款；逾期不改正的，没收相关设备；对直接负责的主管人员和其他直接责任人员，依法给予处分；构成犯罪的，依法追究刑事责任。

4.3.5　测量标志管理

测量标志是国家重要的基础设施，在维护国家测绘基准安全，服务经济建设、国防建设、生态文明建设等方面发挥着重要作用，为自然资源管理、城乡规划、土地开发及铁路、公路、水利等各项工程和国防建设等提供空间定位基准。

测量标志是施工图纸和现实世界之间的连接纽带。通过它我们可以把实地每一个点都描绘到图纸上，反映出实地的地形地貌，设计人员在图纸上进行工程设计，施工人员通过测量标志把设计图纸上的房屋、道路等建设到实地。同时，测量标志还是科学研究的好帮手，在地球科学研究、地质灾害防治等方面也发挥着巨大的作用。

1. 测量标志的概念和特征

1) 测量标志的概念

测量标志是标定地面测量控制点位置的标石、觇标以及其他用于测量的标记物的统称，是测绘部门在测量时建立和测量后留存在地面、地下或者建筑物上的各种标志。标石一般指埋设于地下一定深度，用于测量和标定不同类型控制点的地理坐标、高程、重力、方位、长度等要素的固定标志；觇标是建在地面上或者建筑物顶部的测量专用标架，是作为观测照准目标和提升仪器高度的基础设施。

根据测量标志的用途和使用的时间期限，测量标志可分为永久性测量标志和临时性测量标志。永久性测量标志是设有固定标志物以供测量标志使用单位长期使用的需要永久保存的测量标志，包括国家各等级的三角点、基线点、导线点、军用控制点、重力点、天文点、水准点、GNSS卫星地面跟踪站和卫星定位点的木质觇标、钢质觇标和标石标志，以及用于地形测图、工程测量和形变测量等的固定标志和海底大地点设施等。临时性测量标志是指测绘单位在测量过程中临时设立和使用的，不需要长期保存的标志和标记。如测站点的木桩、活动觇标、测旗、测杆、航空摄影的地面标志、描绘在地面或者建筑物上的标记等，都属于临时性测量标志。

2) 测量标志的特征

(1) 空间位置精确性。每一个永久性测量标志都精确地承载了该标志点所在地的平面位置、高程和重力等数据信息，这些数据大都精确到毫米级，任何碰撞和移动都有可能使其精确度受到损失，从而影响到后续测量使用。

(2) 位置控制范围性。根据测量标志保护条例,建设永久性测量标志需要占用土地的,地面标志占用土地的范围为36～100m^2,地下标志占用土地的范围为16～36m^2。在测量标志周围安全控制范围内,国家法律、行政法规明确规定禁止从事特定活动,如禁止放炮、采石、架设高压线等以及其他危害测量标志的活动。

(3) 保管长期性。永久性测量标志是指被永久保存和长期使用的测量标志,这些测量标志一经建立便拥有精确的测量成果数据,并且要定期进行检测和复测,具有长期保存和使用的特性,不能进行损坏或者擅自移动。

(4) 法定性。测量标志的建设和使用需要按照国家规定的操作规程进行,测量标志的维护、保管和占地等,国家法律、行政法规都有明确的规定,擅自移动或者损毁永久性测量标志,将依法受到处罚,测量标志具有法定性特征。

2. 测量标志管理职责

全国人民代表大会、国务院、中央军事委员会对保护测量标志历来都十分重视。1955年12月29日周恩来总理就签署了《关于长期保护测量标志的命令》;1981年9月12日国务院和中央军事委员会联合发布《国务院、中央军事委员会关于长期保护测量标志的通告》;1984年1月7日国务院公布了《测量标志保护条例》。1992年12月28日全国人民代表大会常务委员会第二十九次会议审议通过了我国第一部测绘法,专门编写了测量标志保护的章节,对测量标志保护的基本原则进行了规定。1996年9月4日国务院重新修订发布了《中华人民共和国测量标志保护条例》。2017年4月27日,全国人民代表大会常务委员会重新修订出台的《测绘法》建立了统一监督管理的测绘地理信息行政体制,进一步强化了测量标志管理职责。

1) 各级人民政府的职责

(1) 制定有关测量标志保护的行政法规和地方政府规章。

(2) 加强对测量标志保护工作的领导,采取有效措施加强测量标志保护工作,增强公民依法保护测量标志的意识。

(3) 对在测量标志保护工作中作出显著成绩的单位和个人给予奖励。

(4) 将测量标志保护经费列入当地政府财政预算和年度计划。

2) 国务院自然资源主管部门的职责

(1) 研究制定有关测量标志保护的行政法规、规章草案和相关政策,制定测量标志有偿使用的具体办法。

(2) 组织制定全国测量标志保护规划和普查、维修年度计划。

(3) 组织测量标志保护法律、法规的宣传,增强全民的测量标志保护意识。

(4) 负责国家一、二等永久性测量标志的拆迁审批。

(5) 检查、维护国家一、二等永久性测量标志。

(6) 依法查处损毁测量标志的违法行为。

3) 省级自然资源主管部门的职责

(1) 组织贯彻实施有关测量标志保护的法律、法规和规章。

(2) 参与制定测量标志保护的地方法规、规章和规范性文件。

(3) 负责国家和本省统一设置的四等以上三角点、水准点和D级以上全球卫星定位控制点的测量标志的迁建审批工作。

（4）制定全省测量标志普查和维修年度计划及定期普查维护制度。

（5）组织建立永久性测量标志档案。

（6）组织实施永久性测量标志的检查、维修和管理工作。

（7）查处永久性测量标志违法案件。

4）市、县（市）级自然资源主管部门的职责

（1）县级以上人民政府应当高度重视测量标志保护工作，加强对测量标志保护工作的领导；

（2）加强对测量标志保护的宣传教育，提高全民的测量标志保护意识；

（3）协调解决当地测量标志保护中的重大问题等；

（4）定期对测量标志进行普查，建立档案，对测量标志的完好状况做到心中有数；

（5）对测量标志进行维护，保证测量标志处于完好状态；

（6）对损坏的测量标志进行维修，恢复测量标志的使用效能。

县级以上人民政府测绘地理信息主管部门作为测绘工作的监督管理机构，在测量标志保护方面还有许多其他责任，如：组织测量标志保护的宣传，指导测量标志保管人做好测量标志保管工作，采取措施加强测量标志保护，查处测量标志违法案件等。

测量标志检查、维护具有一定的技术要求，需要按照规范、规程和其他相关规定进行，所以，检查、维护测量标志应当遵守有关规定。

5）乡（镇）人民政府的职责

测量标志数量多，分布地域广，乡级人民政府是我国的基层人民政府，将测量标志保护责任落实到乡级人民政府是行之有效的办法。乡级人民政府做好测量标志保护工作，主要是：

（1）做好宣传工作，使辖区的人民群众了解测量标志保护的意义和有关知识；

（2）对委托保管书进行备案，协助落实保管责任；

（3）发现测量标志被损毁的情况，及时报告县级以上人民政府测绘地理信息主管部门或者当地公安机关进行查处，并协助查处案件；

（4）制止损害标志的行为；

（5）对建设测量标志提供便利。

3. 测量标志建设

测量标志建设，是指测绘单位或者工程项目建设单位为满足测绘工作的需要而建造设立固定标志的活动。关于测量标志建设，《测绘法》和《测量标志保护条例》都有明确的规定，主要体现在以下几个方面：

（1）使用国家规定的测绘基准和测绘标准。

（2）选择有利于测量标志长期保护和管理的点位。

（3）设置永久性测量标志的，应当对永久性测量标志设立明显标记；设置基础性测量标志的，还应当设立由国务院自然资源主管部门统一监制的专门标牌。

（4）建设永久性测量标志需要占用土地的，地面标志占用土地的范围为36～100m^2，地下标志占用土地的范围为16～36m^2。

(5) 设置永久性测量标志,需要依法使用土地或者在建筑物上建设永久性测量标志的,有关单位和个人不得干扰和阻挠。

(6) 设置永久性测量标志的部门应当将永久性测量标志委托测量标志设置地的有关单位或者人员负责保管,签订测量标志委托保管书,明确委托方和被委托方的权利和义务,并由委托方将委托保管书抄送乡级人民政府和县级以上地方政府管理测绘工作的部门备案。

4. 测量标志保管与维护

1) 测量标志保管

测量标志保管指测量标志建设单位或者自然资源主管部门委托专门人员进行看护,并采取一定的保护措施,避免测量标志损坏或者使其失去使用效能的活动。

我国目前的测量标志保管制度,主要是通过测量标志建设单位或者自然资源主管部门与测量标志保管人员签订委托保管协议来明确委托方和受托方的权利与义务关系,也有部分省、自治区、直辖市将测量标志委托当地的乡镇国土资源所管理,但最终都是通过一定的方式将保管责任落实到具体保管人员。测量标志保管人员的主要职责为:

(1) 经常检查测量标志的使用情况,查验永久性测量标志使用后的完好状况;

(2) 发现永久性测量标志有移动或损毁的情况,及时向当地乡级人民政府报告;

(3) 制止、检举和控告移动、损毁、盗窃永久性测量标志的行为;

(4) 查询使用永久性测量标志的测绘人员的有关情况。

2) 测量标志维护

测量标志维护指自然资源主管部门或者测量标志保管、建设单位通过采取设立指示牌、构筑防护井、物理加固等方式,保证测量标志完好的活动。《测绘法》及《测量标志保护条例》对测量标志维护工作都有具体的规定,并明确了相应的职责。

《测绘法》第四十五条规定:县级以上人民政府应当采取有效措施加强测量标志的保护工作。县级以上人民政府测绘地理信息主管部门应当按照规定检查、维护永久性测量标志。乡级人民政府应当做好本行政区域内的测量标志保护工作。

5. 测量标志的使用

1) 测量标志使用的基本规定

测量标志使用是指测绘单位在测绘活动中使用测量标志测定地面点空间地理位置的活动。我国现行《测绘法》和《测量标志保护条例》对测绘人员使用永久性测量标志的法律规定主要包括以下内容:

(1) 测绘人员使用永久性测量标志,应当持有测绘作业证件,接受县级以上人民政府测绘地理信息主管部门的监督和负责保管测量标志的单位和人员的查询,并按照操作规程进行测绘,保证测量标志的完好。

(2) 国家对测量标志实行有偿使用,但是使用测量标志从事军事测绘任务的除外。测量标志有偿使用的收入应当用于测量标志的维护、维修,不得挪作他用。

2) 测绘人员的义务

(1) 测绘人员使用永久性测量标志,必须持有测绘作业证件,并保证测量标志的完好。

(2) 测绘人员根据测绘项目开展情况建立永久性测量标志,应当按照国家有关的技术规定执行,并设立明显的标记。

(3) 接受县级以上测绘地理信息主管部门的监督和测量标志保管人员的查询。

(4) 依法交纳测绘基础设施使用费。

(5) 积极宣传测量标志保护的法律、法规和相关政策。

6. 永久性测量标志拆迁审批

《测绘法》第四十三条规定：进行工程建设，应当避开永久性测量标志；确实无法避开，需要拆迁永久性测量标志或者使永久性测量标志失去使用效能的，应当经省、自治区、直辖市人民政府测绘地理信息主管部门批准；涉及军用控制点的，应当征得军队测绘部门的同意。所需迁建费用由工程建设单位承担。

根据《国家永久性测量标志拆迁审批程序规定》，进行工程建设，不得申请拆迁下列永久性测量标志或者使其失去使用效能：

(1) 国家大地原点；

(2) 国家水准原点；

(3) 国家绝对重力点；

(4) 全球定位系统连续运行基准站；

(5) 基线检测场点；

(6) 在全国测绘基准体系和测绘系统中具有关键作用的控制点。

申请永久性测量标志拆迁的，申请拆迁的工程建设单位应当提交下列材料：

(1) 永久性测量标志拆迁申请书；

(2) 工程建设项目批准文件；

(3) 同意支付拆迁费用书面材料；

(4) 其他需提交的申请材料。

根据《国家永久性测量标志拆迁审批程序规定》，属国家自然资源主管部门负责审批的永久性测量标志拆迁申请，由永久性测量标志所在地的省级自然资源主管部门负责转报。省级自然资源主管部门在接到拆迁申请后，对申请材料进行核实，组织有关人员进行实地调查，征求测量标志建设等有关单位或测量专家意见，必要时组织专家论证，研究提出迁建方案，依法落实迁建费用，以书面形式报告国家自然资源主管部门。

永久性测量标志拆迁费用由申请拆迁永久性测量标志的工程建设单位承担。国务院自然资源主管部门或者省级自然资源主管部门批准拆除或者拆迁永久性测量标志后，工程建设单位必须按照国家有关规定依法支付必需的费用，用于重建永久性测量标志。

7. 法律责任

《测绘法》第四十一条规定：任何单位和个人不得损毁或者擅自移动永久性测量标志和正在使用中的临时性测量标志，不得侵占永久性测量标志用地，不得在永久性测量标志安全控制范围内从事危害测量标志安全和使用效能的活动。如有违反，根据情节轻重可给予警告，责令改正，并处二十万元以下的罚款；对直接负责的主管人员和其他直接责任人员，依法给予处分；造成损失的，依法承担赔偿责任；构成犯罪的，依法追究刑事责任。

《测绘法》及《测量标志保护条例》对违反测量标志保护法律、行政法规的行为设定了严格的法律责任，这些行为主要包括以下几方面。

(1) 损毁或者擅自移动永久性测量标志和正在使用中的临时性测量标志的；

(2) 侵占永久性测量标志用地的；

(3) 在永久性测量标志安全控制范围内从事危害测量标志安全和使用效能的活动的；

(4) 在测量标志占地范围内，建设影响测量标志使用效能的建筑物的；

(5) 擅自拆除永久性测量标志或者使永久性测量标志失去使用效能，或者拒绝支付迁建费用的；

(6) 违反操作规程使用永久性测量标志，造成永久性测量标志毁损的；

(7) 无证使用永久性测量标志，并且拒绝县级以上人民政府测绘地理信息主管部门监督和负责保管测量标志的单位和人员查询的；

(8) 干扰或者阻挠测量标志建设单位依法使用土地或者在建筑物上建设永久性测量标志的。

案例 1 新疆维吾尔自治区阿克苏市某公民损毁测量标志案

2010 年 11 月，某公民在平整土地施工时，用铲车将埋在地下的测量标志标石挖出，导致一个 C 级 GPS 点失去使用效能，影响了国家测量控制网的使用和国家建设规划的有效实施。该公民的行为违反了《中华人民共和国测绘法》第三十五条和《中华人民共和国测量标志保护条例》第二十二条关于测量标志保护的有关规定。

案例 2 恒大地产集团重庆有限公司毁坏测量标志案

2010 年 7 月，重庆市规划监察执法总队测绘支队在巡查时发现，恒大地产集团重庆有限公司开发建设的“恒大名都”项目内的国家大地控制点被毁坏，立即进行了立案调查。经查，自 2009 年 2 月起，重庆市规划监察执法总队测绘支队在巡查时多次检查过该测量标志，并告知建设单位保护好该测量标志，但该单位未按照要求进行保护或者依法搬迁，导致该永久性测量标志在建设过程中被损毁并失去效能。恒大地产集团重庆有限公司违反了《中华人民共和国测绘法》第三十五条、《中华人民共和国测量标志保护条例》第二十二条关于任何单位和个人不得损毁或者擅自移动测量标志的有关规定。

2010 年 8 月 12 日，重庆市规划局依据《中华人民共和国测绘法》第五十条、《中华人民共和国测量标志保护条例》第二十三条关于损毁或者擅自移动永久性测量标志的法律责任的有关规定，对恒大地产集团重庆有限公司作出相应数额罚款的行政处罚，并责成该建设单位到测绘行政主管部门办理永久性测量标志拆迁手续，支付该测量标志的迁建费用。

案例 3 武乡县洪水镇窑湾村村委会损坏测量标志案

2015 年 4 月，山西省武乡县国土资源局在对测量标志进行巡查时发现，武乡县洪水镇窑湾村西山头三角点测量标志受损。经查，该测量标志为窑湾村村委会组织村民在山上开垦荒地时损坏。该行为违反了《中华人民共和国测绘法》第三十五条“任何单位和个人不得损毁或者擅自移动永久性测量标志和正在使用中的临时性测量标志”的规定。2015 年 5 月，武乡县国土资源局依据《中华人民共和国测绘法》第五十条的规定，对窑湾村村委会作出行政处罚。

4.3.6 测绘标准化管理

为了加强测绘标准化工作的统一管理与协调，促进测绘工作的规范化、制度化，提高测绘标准的科学性、协调性和适用性，根据《测绘法》、《标准化法》及国家有关规定，原国家测绘局于2008年3月公布了《测绘标准化工作管理办法》。2020年6月24日自然资源部印发《自然资源标准化管理办法》，原国家测绘局《测绘标准化工作管理办法》（国测国字〔2008〕6号）废止。

1. 标准化的基本知识

1）标准的概念

标准指为在一定的范围内获得最佳秩序或取得最佳的社会效益，经协商一致制定并由公认机构批准，共同使用的和重复使用的一种规范性文件，由主管机构批准，以特定形式发布，作为共同遵守的准则和依据。国家标准GB/T 3935.1—1996《标准化基本术语》定义：标准是对一定范围内的重复性事物和概念所做的统一规定，它以科学、技术和实践经验的综合为基础，经有关方面协商一致，由主管机构批准，以特定形式发布，作为共同遵守的准则和依据。

2）标准化的概念

标准化是指在经济、技术、科学和管理等社会实践中，对重复性的事物和概念，通过制定、发布和实施标准达到统一，以获得最佳秩序和社会效益。

标准和标准化的区别在于：标准是对一定范围内的重复性实物和概念所做的规定，是科学、技术和实践经验的总结。标准的载体即表现形式为文件。为在一定的范围内获得最佳秩序，对实际的或潜在的问题制定共同的和重复使用的规则的活动，即制定、发布及实施标准的过程，称为标准化。简言之，标准化是确定标准的过程。

3）标准级别

按照标准所起的作用和涉及的范围，标准通常可分为国际标准、区域标准、国家标准、行业标准、地方标准、企业标准等不同层次和级别。依据《标准化法》，我国通常将标准划分为国家标准、行业标准、团体标准、地方标准、企业标准5个层次。各层次之间有一定的依从关系和内在联系，形成一个覆盖全国且层次分明的标准体系。

（1）国家标准。对需要在全国范围内统一的技术要求，应当制定国家标准。国家标准由国务院标准化行政主管部门编制计划和组织草拟，并统一审批、编号、发布。国家标准的代号为GB，其含义是“国标”两个字汉语拼音的第一个字母G和B的组合。目前，我国国家标准由国家市场监督管理总局（国家标准化管理委员会）发布或与国务院相关主管部门联合发布。

（2）行业标准。对没有国家标准又需要在全国某个行业范围内统一的技术要求，可以制定行业标准，作为对国家标准的补充，当相应的国家标准实施后，该行业标准应自行废止。行业标准由行业标准归口部门审批、编号、发布，实施统一管理。行业标准的归口部门及其所管理的行业标准范围由国务院标准化行政主管部门审定，并公布该行业的行业标准代号。

（3）地方标准。对没有国家标准和行业标准而又需要在省、自治区、直辖市范围内统一的下列要求，可以制定地方标准：①工业产品的安全、卫生要求；②药品兽药、食品卫生、环境保护、节约能源、种子等法律、法规规定的要求；③其他法律、法规规定的要求。地方标准由省、自治区、直辖市标准化行政主管部门统一编制计划、组织制定、审批、编号、发布。

（4）团体标准。国家鼓励学会、协会、商会、联合会，产业技术联盟等社会团体协调相关市场主体共同制定满足市场和创新需要的团体标准，由本团体成员约定采用或者按照本团体的规定供社会自愿采用。

制定团体标准，应当遵循开放、透明、公平的原则，保证各参与主体获取相关信息，反映各参与主体的共同需求，并应当组织对标准相关事项进行调查分析、实验、论证。国务院标准化行政主管部门会同国务院有关行政主管部门对团体标准的制定进行规范、引导和监督。

国家实行团体标准、企业标准自我声明公开和监督制度，鼓励通过标准信息公共服务平台向社会公开。

（5）企业标准。企业标准是对企业范围内需要协调、统一的技术要求、管理要求和工作要求所制定的标准。企业标准由企业制定，由企业法人代表或法人代表授权的主管领导批准、发布。企业产品标准应在发布后 30 日内向政府备案。

4）标准属性

标准属性亦称“概念的关键特征”“概念属性”，是指概念的一切正例的共同本质属性。根据《标准化法》的规定，国家标准、行业标准均可分为强制性和推荐性两种属性的标准。

（1）强制性标准。保障人体健康、人身安全、财产安全的标准和法律、行政法规规定强制执行的标准是强制性标准，其他标准是推荐性标准。省、自治区、直辖市标准化行政主管部门制定的工业产品安全、卫生要求的地方标准，在本地区域内是强制性标准。强制性标准是由法律规定必须遵照执行的标准，其代号为 GB。强制性测绘行业标准编号为：CH ××××（顺序号）—××××（发布年号）。

（2）推荐性标准。强制性标准以外的标准是推荐性标准，又叫非强制性标准。推荐性国家标准的代号为“GB/T”。行业标准中的推荐性标准也是在行业标准代号后加 T，如“CH/T”即测绘地理信息行业推荐性标准，不加 T 即为强制性行业标准。推荐性测绘行业标准编号为：CH/T ××××（顺序号）—××××（发布年号）。

5）标准种类

由于对标准进行管理的需要，对标准种类的划分主要有按行业归类、按标准的性质分类以及按标准的功能分类 3 种。

按行业归类的标准已正式批准了 67 大类；按标准的功能分类是基于社会对标准的需求，为了对常用的量大面广的标准进行管理，通常将重点管理的标准分为基础标准、产品标准、方法标准、安全标准、卫生标准、环保标准、管理标准；按标准的性质分类是根据标准的专业性质，通常将标准划分为技术标准、管理标准和工作标准 3 大类。

（1）技术标准。对标准化领域中需要统一的技术事项所制定的标准称技术标准。技术标准是一个大类，可进一步分为基础技术标准、产品标准、工艺标准、检验和试验方法标准、设备标准、原材料标准、安全标准、环境保护标准、卫生标准等。其中的每一类还可进一步细分，如技术基础标准还可再分为术语标准、图形符号标准、系数标准、公差标准、环境条件标准、技术通则性标准等。

（2）管理标准。对标准化领域中需要协调统一的管理事项所制定的标准叫管理标准。管理标准主要是对管理目标、管理项目、管理业务、管理程序、管理方法和管理组织所做的规定。

（3）工作标准。为实现工作（活动）过程的协调，提高工作质量和工作效率，对每个职能和岗位的工作制定的标准叫工作标准。在中国建立了企业标准体系的企业里一般都制定工作标准。按岗位制定的工作标准通常包括岗位目标(工作内容、工作任务)、工作程序和工作方法、业务分工和业务联系(信息传递)方式、职责权限、质量要求与定额、对岗位人员的基本技术要求、检查考核办法等内容。

2. 测绘标准的概念与特征

1) 测绘标准的概念

测绘地理信息标准(简称"测绘标准")是针对性很强的技术标准,指对测绘活动的过程、成果、产品、服务等,针对一定范围内需要统一的技术要求、规格格式、精度指标、管理程序,从设计、生产、检验、应用等方面所制定的需要共同遵守的规定。测绘标准是组织测绘生产和测绘成果应用的基本技术依据,其形式包括标准、规范、图式、规定、细则等多种。测绘标准包括国家标准、行业标准、地方标准和标准化指导性技术文件。

在测绘地理信息领域内,需要在全国范围内统一的技术要求,应当制定国家标准;对没有国家标准而又需要在测绘行业范围内统一的技术要求,可以制定测绘行业标准;对没有国家标准和行业标准而又需要在省、自治区、直辖市范围内统一的技术要求,可以制定相应的地方测绘标准。

测绘标准化是指在测绘生产及管理过程中,对重复性事物和概念通过制定、发布和实施测绘标准或者测绘标准化指导性技术文件,达到统一,以获得最佳秩序和社会效益的活动。

2) 测绘标准的特征及分类

测绘标准具有科学性、实用性、权威性、法定性、协调性等特征,具体如下:

(1) 科学性。任何一种测绘标准都是运用科学理论和科学方法并在长期科学实践的基础上提出的概念性规则和规定,既符合常规测绘生产需要,又兼顾测绘新技术应用与发展并被大家遵守,因而测绘标准具有科学性。

(2) 实用性。测绘标准是测绘活动必须遵守的规则,因而测绘标准必须具有实用性,才能被普遍遵守。实用性是测绘标准的基本特性。

(3) 权威性。测绘标准的立项、制定由国务院测绘地理信息行政主管部门或者标准化机构组织实施。测绘标准的发布严格按照国家法定程序进行,测绘标准的内容严格按照相关学科或者专业理论进行延伸和推广。因此,测绘标准一经发布便具有权威性。

(4) 法定性。《标准化法》、《标准化法实施条例》以及《测绘法》等法律法规明确规定测绘标准,要求严格执行国家测绘标准,因而使测绘标准具有法定性。

(5) 协调性。不同的测绘标准涉及工序不同、专业不同,而测绘成果具有兼容性、协调性,必然使测绘标准要具有协调性,各相关测绘标准必须保持协调一致,才能被各个专业共同遵守。

测绘标准体系由测绘标准框架和测绘标准体系表构成,共分为定义与描述、获取与处理、成果、应用服务、检验与测试和管理等 6 大类 35 小类,其框架如图 4.1 所示。

(1) 定义与描述类标准。该类标准用于测绘活动和成果所需的基础定义与描述,并被普遍使用,使标准化涉及的各方在一定时间和空间范围内达到相对一致的理解,促进对测绘数据成果的共享和使用。包含术语、参考系、分幅编号、分类与代码、数据字典、元数据、

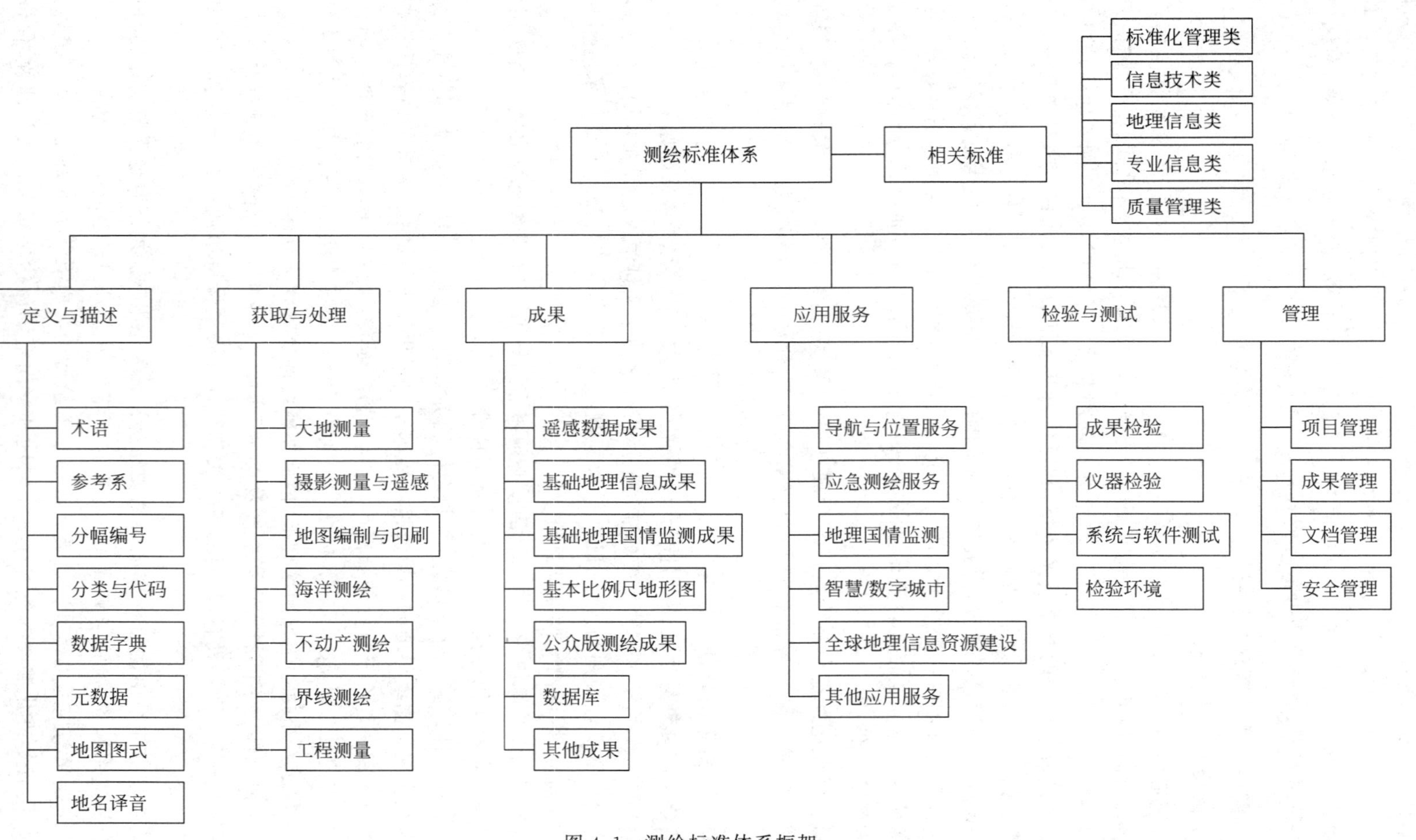

图 4.1 测绘标准体系框架

地图图式和地名译音共8小类标准。基于地理标识的参考系统、三维基础地理信息要素分类与代码、影像要素分类与代码、三维基础地理信息要素数据词典、航天影像和航空影像数据要素词典、公众版地形图图式、电子地图图式等标准都属于定义与描述类标准。

(2) 获取与处理类标准。该类标准是以测绘各专业技术领域、各工程需要协调统一的各种技术、方法、过程等为对象制定的标准。通过对数据获取、处理和加工、应用等过程、方法、行为的要求和技术参数的确定，控制测绘数据成果获取与处理过程中的技术环节。包含大地测量、摄影测量与遥感、地图编制与印刷、海洋测绘、不动产测绘、界线测绘和工程测量共7小类标准。如《全球导航卫星系统(GNSS)测量规范》、《测量外业电子记录基本规定》、《1∶500　1∶1000　1∶2000地形图数字航空摄影测量测图规范》、《1∶500　1∶1000　1∶2000地形图航空摄影测量内业规范》、《国家基本比例尺地形图更新规范》及《地籍测绘规范》等都属于获取与处理类标准。

(3) 成果类标准。该类标准是为保证测绘成果与产品满足用户需要，以一种或一组测绘成果应达到的技术要求为对象制定的标准。包含遥感数据成果、基础地理信息成果、基础地理国情监测成果、基本比例尺地形图、公众版测绘成果、数据率、其他成果共7小类标准。如规定基础地理信息数据成果的内容、技术要求、技术指标，规定地面、车载、航空、航天遥感影像或点云数据成果的内容、技术要求和指标的标准都属于成果类标准。

(4) 应用服务类标准。该类标准是以测绘专题应用服务为目标，对导航与位置服务、应急测绘服务、全球地理信息、地理国情监测、智慧/数字城市等服务的定义与描述、业务流程、技术方法、成果内容、服务运行等进行规范所制定的专用标准。包含导航与位置服务、应急测绘服务、地理国情监测、智慧/数字城市、全球地理信息资源建设和其他应用服务共6小类标准。如规定导航与位置服务信息定义与描述内容，获取处理的技术方法与要求，导航与位置服务数据的内容、技术指标和要求方面的标准都属于应用服务类标准。

(5) 检验与测试类标准。该类标准是为规范测绘成果(产品)、仪器、软件和检验环境质量要求所制定的标准。通过检测对象、方法的确定，确定应达到的质量标准。包含成果检验、仪器检验、系统与软件测试、检验环境共4小类标准。如《数字测绘成果质量检查与验收》、《测绘成果质量检查与验收》、《测绘成果质量监督抽查与数据认定规定》、《光电测距仪检定规程》和《全球导航卫星系统(GNSS)测量型接收机RTK检定规程》等都属于检验与测试类标准。

(6) 管理类标准。该类标准是为保障测绘工作的顺利实施，以测绘项目管理、成果管理、文档管理、安全管理为对象制定的标准。包含项目管理、成果管理、文档管理和安全管理共4小类标准。《测绘技术设计规定》、《测绘技术总结编写规定》、《测绘作业人员安全规范》和《导航电子地图安全处理技术基本要求》等都属于管理类标准。

3.《测绘法》对测绘标准化的规定

(1) 从事测绘活动，应当使用国家规定的测绘基准和测绘系统，执行国家规定的测绘技术规范和标准。

(2) 国家建立全国统一的大地坐标系统、平面坐标系统、高程系统、地心坐标系统和重力测量系统，确定国家大地测量等级和精度以及国家基本比例尺地图的系列和基本精度。

(3) 卫星导航定位基准站的建设和运行维护应当符合国家标准和要求，不得危害国家安全。卫星导航定位基准站的建设和运行维护单位应当建立数据安全保障制度，并遵守保密法律、行政法规的规定。县级以上人民政府自然资源主管部门应当会同本级人民政府其他有关部门，加强对卫星导航定位基准站建设和运行维护的规范和指导。

(4) 城乡建设领域的工程测量活动，与房屋产权、产籍相关的房屋面积的测量，应当执行由国务院住房城乡建设主管部门、国务院自然资源主管部门组织编制的测量技术规范。水利、能源、交通、通信、资源开发和其他领域的工程测量活动，应当执行国家有关的工程测量技术规范。

(5) 建立地理信息系统必须采用符合国家标准的基础地理信息数据。

4.4 基础测绘管理

为了加强基础测绘管理，规范基础测绘活动，保障基础测绘事业为国家经济建设、国防建设和社会发展服务，根据《中华人民共和国测绘法》，制定了《基础测绘条例》。该条例明确规定了基础测绘的概念、性质、工作原则、管理体制，基础测绘规划，基础测绘项目的组织实施，基础测绘成果的更新与利用，相关法律责任等。

4.4.1 基础测绘基本知识

1. 基础测绘的概念

基础测绘，是指建立全国统一的测绘基准和测绘系统，进行基础航空摄影，获取基础地理信息的遥感资料，测制和更新国家基本比例尺地图、影像图和数字化产品，建立、更新基础地理信息系统。

(1) 建立全国统一的测绘基准和测绘系统。全国统一的测绘基准和测绘系统是各类测绘活动的基础。我国全国统一的测绘基准和测绘系统在规模、精度和统一性方面都居于世界先进行列。但是，测绘基准和测绘系统需要不断地精化和完善，不断进行复测，是一项长期的任务。需要说明的是，因建设、城市规划和科学研究的需要，经批准建立的相对独立的平面坐标系统，是国家统一的测绘系统的必要补充。为城市需要，经批准建立覆盖整个城市行政区域的相对独立的平面坐标系统是地方基础测绘的重要内容。

(2) 进行基础航空摄影。航空摄影是获取基础地理信息的主要手段，其主要成果有不同比例尺的彩色和黑白影像资料。以测绘为目的的基础航空摄影是指为满足测制和更新国家基本比例尺地图、建立和更新基础地理信息数据库的需要，在飞行器上安装航空摄影仪，按照规定的技术要求，从空中对我国国土实施航空摄影，获取基础地理信息源数据。基础航空摄影资料详尽记载了一定区域范围的地物、地貌特征以及地物之间的相互关系，详尽地反映了国土资源的分布情况。基础航空摄影为经济建设、国防建设、社会发展和生态保护等方面提供了极为重要的基础地理信息数据。我国社会经济发展很快，国土上的各种基础地理信息变化很快，航摄影像必须及时更新，才能保持现势性，满足经济、社会、生态等方面的需求。

(3) 获取基础地理信息的遥感资料。遥感是指在空中和外层空间的各种航空和航天器上，运用各种传感器(如摄影仪、扫描仪和雷达等)获取地球表面信息的一种探测技术。基础地理信息遥感资料的获取方式主要有自主接收或订购。基础地理信息遥感资料是基础地理信息数据的重要来源，主要用于更新、修测或编制基本比例尺地图及更新、修测基础地理信息数据库，也可以服务于生态环境监测、资源调查和土地利用监测、水土综合治理等。

（4）测制和更新国家基本比例尺地图、影像图和数字化产品。世界上许多国家为统一标准都会确定一套基本比例尺地图，作为国家经济建设和社会发展的基本用图，可作为编制其他各种专题地图的基础资料。我国根据本国测绘工作的实际，确定下列比例尺为我国的基本比例尺系列：1∶100万、1∶50万、1∶25万、1∶10万、1∶5万、1∶2.5万、1∶1万、1∶5000、1∶2000、1∶1000、1∶500等。

影像图是指对通过航天遥感、航空摄影等方法获取的数据或照片进行一系列几何变换和误差改正，附加一定的说明信息得到的具有地理坐标系、精度指标和直观真实的照片效果的地图。国家基本比例尺地图和影像图主要包括两类：一类是传统的纸介质模拟地图，它是将地图的内容绘制在纸张上形成的地图；另一类是以磁盘、光盘为介质的数字化地图产品。

（5）建立、更新基础地理信息系统。基础地理信息系统是通过对基础地理信息数据（主要包括地貌、水系植被、居民地、交通、境界、特殊地物、地名等要素）的集成、存储、检索、操作和分析，生成并输出各种基础地理信息的计算机系统，它是由计算机系统、地理信息数据和用户组成的，利用成套的网络及计算机硬件、软件，对基础地理信息进行采集、输入、存储、检索、显示、综合分析、有效管理并提供服务的信息系统。基础地理信息系统为土地利用、资源管理、环境监测、交通运输、经济建设、城市规划以及政府各部门行政管理服务。

2. 基础测绘的特征

基础测绘是为国民经济和社会发展以及为国家各个部门和各项专业测绘提供基础地理信息而实施，它在全国或局部区域按国家统一规划和统一技术标准进行，具有以下特征：

（1）基础性：基础测绘是其他测绘工作的基础，为其他测绘活动提供基础数据和参考。

（2）公益性：基础测绘的成果和资源通常用于公共利益，如国家建设、科学研究、教育等，不直接追求经济利益。

（3）通用性：基础测绘的成果和标准通用的，适用于各种领域和行业。

（4）权威性：基础测绘的成果和标准由国家或地方权威机构发布，具有法律和政策上的权威性。

（5）持续性：基础测绘工作需要持续进行，以保持地理信息的时效性和准确性。

（6）统一性：基础测绘的规划和实施遵循国家或地方的统一标准和规范，确保数据的统一性和互操作性。

（7）保密性：涉及国家安全和敏感信息的地理数据需要严格保密，防止泄露和滥用。

此外，新型基础测绘还具备“全球覆盖、海陆兼顾、联动更新、按需服务、开放共享”等特征，这些特征体现了新型基础测绘在技术手段、工作范围、工作重点、组织模式、成果形式和服务方式等方面的创新和发展。

3. 基础测绘的原则

《基础测绘条例》第四条规定：基础测绘工作应当遵循统筹规划、分级管理、定期更新、保障安全的原则。

1）统筹规划

统筹规划指基础测绘规划的编制和组织实施、基础测绘成果的更新和利用要统筹规划。国务院自然资源主管部门负责全国基础测绘整体规划，该规划既要考虑全国大局，又要考虑各地方单位的实际情况，整体部署、统筹安排、科学规划。

2）分级管理

分级管理指明确各级政府对基础测绘工作的监督管理和职责；建立健全基础测绘的投入机制，将基础测绘投入纳入各级财政预算；明确各级政府在测绘地理信息基础设施建设方面的职责和任务；明确各级自然资源主管部门组织实施基础测绘项目的内容。

3）定期更新

由于基础测绘地理信息现势性强，具有动态变化的特点，所以要求基础测绘成果要定期更新。通过不断更新才能真实反映地理信息和人文要素的现势状态。基础测绘成果更新周期应根据不同地区经济发展需要、测绘技术水平和生产能力、基础地理信息变化情况等因素确定。

4）保障安全

基础测绘活动获取的大量成果都涉及国家秘密，关系国家安全，因此需要采取有效措施保障基础测绘成果的安全，防止成果损坏、丢失和泄密。利用基础测绘成果应遵守法律法规有关规定，做好安全工作，加强成果保密的管理和技术研究。在确保基础测绘成果安全的前提下，促进基础地理信息资源的高效开发和利用。

4.4.2 基础测绘规划

1. 基础测绘规划的概念

基础测绘规划包括全国基础测绘规划和地方基础测绘规划，是对全国及地方基础测绘在时间和空间上的战略部署和具体安排，关系县级及以上各级人民政府对基础测绘在本级国民经济和社会发展年度计划及财政预算中的安排。

基础测绘规划的主要内容包括基础测绘的阶段性发展目标、主要任务、空间布局、主要项目、规划实施的保障措施等，并且还应当有布局示意图和规划项目表。全国基础测绘中长期规划还包括简明、准确的发展方针和发展目标等。

1）全国基础测绘规划

全国基础测绘规划指由国务院自然资源主管部门会同国务院其他有关部门、军队测绘部门负责组织编制的，对全国基础测绘在时间和空间上的战略部署和具体安排，涉及国务院对基础测绘在国民经济和社会发展年度计划及财政预算的统筹和安排，是全国性的、国家基础测绘发展的阶段性目标。

2）地方基础测绘规划

地方基础测绘规划指由县级以上地方人民政府自然资源主管部门会同本级政府其他有关部门负责组织编制的，由县级以上自然资源主管部门牵头组织，规划建设、国土资源、交通运输、水利、电力等有关部门参与，根据全国基础测绘规划和上一级的基础测绘规划以及本行政区域内的实际情况，拟订的地方性的、区域性的基础测绘发展的阶段性目标。

2. 基础测绘规划编制

1）基础测绘规划编制的程序

（1）制定基础测绘中长期规划编制工作方案，会同有关部门开展基础测绘相关重大问题研究工作。

（2）起草规划文本。

（3）组织参与规划编制工作的各有关部门对规划内容进行会商，并将会商后的规划与相关规划进行衔接。

（4）对规划指标、规划项目等规划内容进行论证，地方基础测绘规划还应当征求当地军事主管部门的意见。

（5）规划编制完成后，自然资源主管部门按程序报同级人民政府批准。

县级以上地方自然资源主管部门会同有关部门编制的基础测绘中长期规划，在获同级人民政府批准后30个工作日内，报上一级自然资源主管部门备案后实施。全国基础测绘中长期规划在获批准后2个月内，县级以上地方自然资源主管部门组织编制的中长期规划在2个月内，除有保密要求的，自然资源主管部门应在测绘地理信息行业报刊或政府相关网站上公布规划文本的部分或者全部内容。

2）基础测绘规划期限

基础测绘规划的规划期应当根据基础测绘工作的实际特点和经济建设、社会发展以及国防建设的实际需要制定，一般至少为5年，保持与国民经济和社会发展总体规划相衔接。

3）法律、行政法规对基础测绘规划编制的规定

（1）基础测绘规划报批前要组织专家论证。为协调好全局利益与局部利益、长远利益和眼前利益以及部门利益的关系，提高基础测绘规划的科学性、衔接性和指导性，基础测绘规划在报批前必须经过专家论证并充分征求各方面的意见和建议。

（2）基础测绘规划要广泛征求意见。在基础测绘规划编制过程中，编制机关还要征求其他相关规划编制部门的意见，如土地利用规划、高速公路建设规划、水利及水资源规划等，确保基础测绘规划与相关规划的衔接。

（3）地方基础测绘规划要征求军事机关的意见。地方基础测绘规划涉及的区域范围比较具体，一般都会涉及军事禁区、军事管理区或者作战工程。因此，组织编制机关在报送审批前，还应当征求军事机关的意见。根据《中华人民共和国军事设施保护法》的规定，协商解决有关军事禁区、军事管理区的范围，保证基础测绘规划的顺利实施。

4）基础测绘规划批准

国务院自然资源主管部门会同国务院其他有关部门、军队测绘部门，组织编制全国基础测绘规划，报国务院批准后组织实施。县级以上地方人民政府自然资源主管部门会同本级人民政府其他有关部门，根据国家和上一级人民政府的基础测绘规划和本行政区域的实际情况，组织编制本行政区域的基础测绘规划，报本级人民政府批准后组织实施。

5）基础测绘规划公布

基础测绘规划属于政府需要公开的政府信息，必须依照《中华人民共和国政府信息公开条例》的相关规定依法公开。县级以上自然资源主管部门要将经批准的基础测绘规划通过政府公报、政府网站、新闻发布会以及报刊、广播、电视等各种媒体向社会公开。

3. 基础测绘年度计划

1）基础测绘年度计划的概念

基础测绘年度计划是政府履行经济调节和公共服务职能的重要依据，基础测绘工程项目和基础测绘政府投资必须纳入基础测绘计划管理。

根据《测绘法》和《基础测绘条例》，国家对基础测绘计划实行分级管理。国务院发展改革主管部门和自然资源主管部门负责全国基础测绘计划的管理，县级以上地方人民政府发展改革主管部门和自然资源主管部门负责本行政区域的基础测绘计划管理。国家发展和改革委员会及国家自然资源主管部门联合制定的《基础测绘计划管理办法》对基础测绘计划管理进行了明确规定。

2）全国基础测绘年度计划的主要内容

全国基础测绘年度计划的主要内容包括：

(1) 全国统一的大地基准、高程基准、深度基准和重力基准的建立和更新。

(2) 全国统一的一、二等平面、高程控制网，重力网和 A、B 级卫星定位网的建立和更新。

(3) 全国 1∶100 万、1∶50 万、1∶25 万、1∶10 万、1∶5 万和 1∶2.5 万系列比例尺地形图、影像图的测制和更新。

(4) 组织实施国家基础航空摄影、获取基础地理信息的遥感资料。

(5) 国家基础地理信息系统的建立和更新维护。

(6) 国家基础测绘公共服务体系的建立和完善。

(7) 需中央财政安排的国家急需的其他基础测绘项目。

3）基础测绘年度计划编制的程序

(1) 国务院自然资源主管部门根据国民经济和社会发展年度计划编制要求和全国基础测绘中长期规划，组织编制并提出全国基础测绘年度计划建议，报国务院发展改革主管部门。

(2) 县级以上地方自然资源主管部门根据国民经济和社会发展年度计划编制要求和本行政区域基础测绘中长期规划，组织提出本行政区域基础测绘年度计划建议，报经同级发展改革主管部门批准后，在 10 个工作日内由自然资源主管部门和发展改革部门分别报上一级自然资源主管部门和发展改革主管部门。

(3) 国务院发展改革主管部门对上述计划建议进行汇总和综合平衡，编制全国基础测绘年度计划草案，作为国民经济和社会发展年度计划的组成部分，正式下达给国务院自然资源主管部门和省级发展改革主管部门。

(4) 市、县级基础测绘年度计划的编制程序由省级发展改革主管部门会同自然资源主管部门研究确定。

4）基础测绘年度计划的组织实施

国务院自然资源主管部门负责国家级基础测绘计划的组织实施，县级以上地方政府自然资源主管部门负责本级基础测绘计划的组织实施。国务院自然资源主管部门对全国基础测绘年度计划的实施情况进行检查、指导。县级以上人民政府发展改革主管部门会同同级自然资源主管部门对基础测绘中长期规划和年度计划的执行情况进行监督检查。县级以上地方人民政府自然资源主管部门要逐级向上一级自然资源主管部门上报基础测绘年度计划执行情况，并抄送同级发展改革主管部门；国务院自然资源主管部门根据各地上报情况进行综合评估，并将结果报国务院发展改革主管部门。

4.4.3　基础测绘分级管理

《测绘法》第十五条规定：基础测绘是公益性事业。国家对基础测绘实行分级管理。基础测绘分级管理主要由基础测绘分级管理体制、分级投入体制和分级组织实施等内容组成。基础测绘分级管理体制指对各级人民政府及政府各有关部门关于基础测绘工作的具体职能配置和职责分工，与测绘行政管理体制相一致。

我国的基础测绘分级管理主要包括下列几级：

1）由国务院测绘地理信息主管部门负责的基础测绘项目

(1) 建立全国统一的测绘基准和测绘系统；

(2) 建立和更新国家基础地理信息系统；

(3) 组织实施国家基础航空摄影；

(4) 获取国家基础地理信息遥感资料；

(5) 测制和更新全国 1∶100 万至 1∶2.5 万国家基本比例尺地图、影像图和数字化产品；

(6) 国家急需的其他基础测绘项目。

2）由省、自治区、直辖市人民政府测绘地理信息主管部门负责的基础测绘项目

(1) 建立本行政区域内与国家测绘系统相统一的大地控制网和高程控制网；

(2) 建立和更新地方基础地理信息系统；

(3) 组织实施地方基础航空摄影；

(4) 获取地方基础地理信息遥感资料；

(5) 测制和更新本行政区域 1∶1 万至 1∶5000 国家基本比例尺地图、影像图和数字化产品。

3）由设区的市、县级人民政府负责的基础测绘项目

1∶2000 至 1∶500 比例尺地图、影像图和数字化产品的测制和更新以及地方性法规、地方政府规章确定由其组织实施的基础测绘项目。

4.4.4　基础测绘成果的更新与利用

1. 基础测绘成果定期更新制度

基础地理信息是指按照国家规定的技术规范、标准制作的，可通过计算机系统使用的数字化的基础测绘成果，是通过实施基础测绘对地表自然景观和地物形态进行测定和表述的空间信息。随着地表自然地理景观的变化和城市化水平的不断提高以及经济社会的全面进步和发展，基础地理信息不断地发生变化，需要不断地加以更新，以保持基础地理信息较好的现势性和有效性。

基础测绘成果定期更新制度指按照一定的时间间隔更新基础测绘成果的法律规定。

《测绘法》第十九条规定：基础测绘成果应当定期更新，经济建设、国防建设、社会发展

和生态保护急需的基础测绘成果应当及时更新。

《基础测绘条例》规定：国家实行基础测绘成果定期更新制度，基础测绘成果更新周期确定的具体办法，由国务院测绘地理信息行政主管部门会同军队测绘部门和国务院其他有关部门制定。比如1∶100万至1∶5000国家基本比例尺地图、影像图和数字化产品至少5年更新一次。

2. 基础测绘成果更新的职责

1）国务院测绘地理信息行政主管部门的职责

（1）建立国家基础测绘定期更新制度，会同军队测绘部门和国务院其他有关部门研究基础测绘成果更新周期确定的具体办法。

（2）负责国家自然资源主管部门分管范围内的基础测绘成果的定期更新。

（3）收集国家层面上的有关国界线、行政区域界线、地名、水系等地理信息的变化情况。

（4）指导、监督地方各级自然资源主管部门基础测绘成果的定期更新工作。

2）县级以上地方测绘地理信息行政主管部门的职责

（1）基础测绘成果定期更新。

（2）收集有关行政区域界线、地名等地理信息的变化情况。

3）其他有关部门和单位的职责

根据国家基础测绘规划和本行政区域的实际情况，组织编制本行政区域的基础测绘规划，报本级人民政府批准，并报上一级测绘地理信息行政主管部门备案后组织实施。会同同级政府发展改革部门，编制本行政区内的基础测绘年度计划，并分别报上一级主管部门备案后实施。按照分级管理权限组织实施基础测绘项目。采取措施，加强对基础地理信息测制、加工、处理、提供的监督管理，确保基础测绘成果质量。负责本级基础测绘成果资料提供使用的审批。

3. 基础测绘成果提供利用规定

《测绘法》第三十六条规定：基础测绘成果和国家投资完成的其他测绘成果，用于政府决策、国防建设和公共服务的，应当无偿提供。

除前款规定情形外，测绘成果依法实行有偿使用制度。但是，各级人民政府及有关部门和军队因防灾减灾、应对突发事件、维护国家安全等公共利益的需要，可以无偿使用。测绘成果使用的具体办法由国务院规定。

根据《涉密基础测绘成果提供使用管理办法》自然资规〔2023〕3号的规定，自然资源部负责中央财政投资生产的涉密基础测绘成果（以下简称国家级涉密基础测绘成果）的提供使用审批。省级自然资源主管部门负责本行政区域国家级涉密基础测绘成果的提供使用审批。

申请人可按照便利原则选择向自然资源部或者省级自然资源主管部门申请使用国家级涉密基础测绘成果。申请人不得就同一事项同时向自然资源部和省级自然资源主管部门申请。

境外机构、组织、个人以及外商投资企业申请使用涉密基础测绘成果，按照对外提供我国涉密测绘成果相关规定执行。

4. 基础测绘成果使用申请

1) 申请使用涉密基础测绘成果的条件

(1) 申请人为法人或者其他组织;

(2) 有明确、合法、具体的使用目的;

(3) 申请的涉密基础测绘成果范围、种类、数量与使用目的相一致;

(4) 保管和使用条件符合国家保密法律法规及政策要求。

2) 申请人申请使用涉密基础测绘成果应当提交的申请材料

(1)《涉密基础测绘成果提供使用申请表》;

(2) 项目批准文件、任务书、合同书或其他可以说明使用目的的材料;

(3) 申请人签署的《涉密基础测绘成果使用安全保密责任书》;

(4) 经办人有效身份证件复印件;

(5) 加载统一社会信用代码的营业执照、登记证照等复印件;

(6) 具备保密管理有关条件的机构人员、管理制度、场所设施等的相关说明材料或测绘资质证书复印件。

第(5)项和第(6)项材料内容未发生变化的,申请人再次申请使用涉密基础测绘成果时无需再次提交。

上述申请材料包含的信息能够通过政府部门共享获得的,审批机关可以不要求申请人提交相关材料。

3) 申请使用基础测绘成果的证明函

(1) 申请使用的基础测绘成果属于国家自然资源主管部门或者其他省、自治区、直辖市自然资源主管部门受理审批范围的,应当提供申请人所在地的省、自治区、直辖市自然资源主管部门出具的证明函。

(2) 申请使用的基础测绘成果属于本省、自治区、直辖市自然资源主管部门受理审批范围的,应提供申请人所在地的县级以上自然资源主管部门出具的证明函。

(3) 属于中央国家机关或者单位的申请人,应当提供其所属中央国家机关或者单位司(局)级以上机构出具的证明函。其中,申请无偿使用基础测绘成果的,应当由中央国家机关、单位或者办公厅另行出具公函。

(4) 属于军队和武警部队的申请人,应当提供其所属师级以上机构出具的公函。

(5) 省、自治区、直辖市自然资源主管部门申请管理并对外提供该省级行政区域全部范围的国家级基础测绘成果的,需持省级人民政府或政府办公厅公函,向国家自然资源主管部门申请办理委托管理手续。

5. 基础测绘成果应急提供

1) 基础测绘成果应急提供的原则

(1) 时效性:及时提供应对突发事件所需的各种基础测绘成果。

(2) 安全性:按照国家保密法律法规的相关要求提供基础测绘成果,确保国家秘密安全。

(3) 可靠性:所提供成果的范围、种类、数量等与所需一致,各种相关资料应当一致。

(4) 无偿性:应对突发事件所需的基础测绘成果无偿提供使用。

2）申请基础测绘成果应急服务的条件

（1）发生突发事件。

（2）申请人为应对突发事件的相关部门或者单位。

3）基础测绘成果应急提供的有关规定

（1）各级测绘地理信息行政主管部门应当按照职责分工负责相应的基础测绘成果的应急提供和使用审批；

（2）申请基础测绘成果应急服务，采用简化申请程序的方式办理；

（3）各级测绘地理信息行政主管部门应当场或在4小时内完成基础测绘成果应急服务申请的审核与批复，明确并及时通知相关测绘成果保管单位；

（4）基础测绘成果应急提供时，各级测绘行政主管部门可无偿调用所缺的基础测绘成果；

（5）测绘成果保管单位负责提供应对突发事件时所需的基础测绘成果；

（6）被许可使用人应当到指定的测绘成果保管单位领取应对突发事件所需的基础测绘成果，并同时按照相应规定办理领用手续；

（7）被许可使用人应当在7个工作日内，按照相应规定，向测绘地理信息行政主管部门提交有关申请材料，补齐基础测绘成果使用审批手续；

（8）被许可使用人应当严格按照国家有关保密和知识产权等法律法规的要求保管和使用基础测绘成果，并向相应主管部门反馈测绘成果应急服务的效用；

（9）在应对突发事件时，有关主管部门违反规定，拒绝或延迟无偿调用基础测绘成果的，由上一级主管部门进行相应处罚。

4）使用基础测绘成果的法律规定

根据《测绘成果管理条例》，被许可使用人应当严格按照下列规定使用基础测绘成果：

（1）被许可使用人必须根据基础测绘成果的密级按国家有关保密法律法规的要求使用，并采取有效的保密措施，严防泄密。

（2）被许可使用人所领取的基础测绘成果仅限于在本单位的范围内，按其申请并经批准的使用目的使用。本单位以被许可使用人在企业登记主管机关、机构编制主管机关或者社会团体登记管理机关的登记为限，不得扩展到所属系统和上级、下级或者同级其他单位。

（3）被许可使用人若委托第三方开发，项目完成后，负有督促其销毁相应测绘成果的义务。第三方为外国组织和个人以及在我国注册的外商独资企业和中外合资、合作企业的，被许可使用人应当履行对外提供我国测绘成果的审批程序，依法经国家自然资源主管部门或者省、自治区、直辖市自然资源主管部门批准后，方可委托。

（4）被许可使用人应当在使用基础测绘成果后所形成的成果的显著位置注明基础测绘成果版权的所有者。

（5）被许可使用人主体资格发生变化时，应向原受理审批的自然资源主管部门重新提出使用申请。

4.4.5 基础测绘应急保障

基础测绘提供的基础地理信息数据是应对突发事件处置与救援、恢复与重建等应急活动的重要依据，基础测绘在应对自然灾害、事故灾难、社会安全等突发事件时起着非常重要的保障服务作用。《基础测绘条例》第十一条规定：县级以上人民政府测绘行政主管部门应当根据应对自然灾害等突发事件的需要，制定相应的基础测绘应急保障预案。

这是基础测绘应急保障第一次被列入国家行政法规。

1. 基础测绘应急保障的内容

1）基础测绘设施建设优先领域

《基础测绘条例》第十八条规定：国家安排基础测绘设施建设资金，应当优先考虑航空摄影测量、卫星遥感、数据传输以及基础测绘应急保障的需要。

2）基础测绘应急保障的内容

《基础测绘条例》第二十条对县级以上人民政府测绘行政主管部门的基础测绘应急保障的内容进行了规定。主要包括以下内容：

（1）加强基础航空摄影和用于测绘的高分辨率卫星影像获取与分发的统筹协调；

（2）配备相应装备和器材；

（3）组织开展培训和演练；

（4）启动基础测绘应急保障预案；

（5）开展基础地理信息数据的应急测制和更新工作。

3）基础测绘应急保障预案的内容

根据《基础测绘条例》，基础测绘应急保障预案的内容应当包括：应急保障组织体系，应急装备和器材配备，应急响应，基础地理信息数据的应急测制和更新等应急保障措施。

（1）应急基础测绘保障组织体系，即基础测绘应急保障工作的领导机构、工作机构和职责等。建立有效的组织体系是落实应急管理工作的基础。各级自然资源主管部门都应当建立健全基础测绘应急保障工作的组织体系。

（2）应急装备和器材配备，主要包括航空摄影、地面快速数据采集和处理等各种装备和器材配备。应急装备和器材配备是快速获取突发事件事发地区基础地理信息数据的关键。

（3）应急响应。根据国家自然资源主管部门制定的国家测绘地理信息应急保障预案，除国家突发事件有重大特殊要求外，根据突发事件救援与处置工作对测绘地理信息保障的紧急需求，将测绘应急响应分为两个等级：Ⅰ级响应和Ⅱ级响应。

（4）基础地理信息数据的应急测制和更新。基础测绘应急保障预案包括基础地理信息数据的应急测制、更新的程序，确保突发事件发生后，能够及时、高效、快速地获取基础地理信息，为决策、救援、恢复和重建等工作提供有力的保障。

2. 国家应急测绘保障预案的主要内容

为健全国家测绘应急保障工作机制，有效整合利用国家测绘地理信息资源，提高测绘地理信息应急保障能力，国家应急测绘保障预案主要有以下内容。

1）保障任务

国家测绘应急保障的核心任务是为国家应对突发自然灾害、事故灾难、公共卫生事件、社会安全事件等突发公共事件高效有序地提供地图、基础地理信息数据、公共地理信息服务平台等测绘成果，根据需要开展遥感监测、导航定位、地图制作等技术服务。

2）保障对象

国家测绘地理信息应急保障对象：

（1）党中央、国务院；

（2）国家突发事件应急指挥机构及国务院有关部门；

（3）重大突发事件所在地人民政府及其有关部门；

（4）参加应急救援和处置工作的中国人民解放军、中国人民武装警察部队；

（5）参加应急救援和处置工作的其他相关单位或组织。

3）应急响应分级

除国家突发事件有重大特殊要求外，根据突发事件救援与处置工作对测绘地理信息保障的紧急需求，测绘地理信息应急响应分为Ⅰ级、Ⅱ级两个等级。

（1）Ⅰ级响应。需要进行大范围联合作业，涉及大量的数据采集、处理和加工，成果提供工作量大的测绘地理信息应急响应。

（2）Ⅱ级响应。以提供现有测绘成果为主，具有少量的实地监测、数据加工及专题地图制作需求的测绘地理信息应急响应。

4）组织体系

（1）领导机构。成立国家测绘应急保障领导小组（以下简称“领导小组”），负责领导、统筹、组织全国测绘地理信息应急保障工作。国家自然资源主管部门局长任组长，副局长任副组长，成员由局机关各司（室）和局所属有关事业单位主要领导组成。

（2）办事机构。国家测绘应急保障领导小组下设办公室，领导小组办公室设在国家自然资源主管部门测绘成果管理与应用司，作为领导小组的办事机构，承担测绘地理信息应急日常管理工作。测绘成果管理与应用司司长任领导小组办公室主任。

（3）工作机构。国家自然资源主管部门直属事业单位为国家测绘地理信息应急保障主要工作机构，承担重大测绘地理信息应急保障任务。

（4）地方机构。各省级自然资源主管部门负责本行政区域测绘地理信息应急保障工作，成立本级测绘地理信息应急保障领导和办事机构。在本级人民政府的领导和领导小组的指导下，统筹、组织本行政区域突发事件测绘地理信息应急保障工作。按照领导小组的要求，调集整理现有成果、采集处理现势数据加工制作专题地图，并及时向国家自然资源主管部门提供。

（5）社会力量。具有测绘资质的相关企事业单位作为国家测绘地理信息应急保障体系的重要组成部分，根据要求承担相应测绘地理信息应急保障任务，各测绘单位应当积极响应。

5）应急启动

特别重大、重大突发事件发生，或者收到国家一级、二级突发事件警报信息，宣布进入预警期后，领导小组办公室迅速提出应急响应级别建议，报领导小组研究确定。由领导小组组长宣布启动Ⅰ级响应，分管测绘成果的副组长宣布启动Ⅱ级响应。响应指令由领导小组办公室通知各有关部门和相关单位。各有关部门和单位收到指令以后，应迅速启动本部门、本单位的应急预案，并根据职责分工，立即部署、开展相应的测绘地理信息应急保障工作。

6）Ⅱ级响应

（1）基本要求。承担应急任务的有关部门、单位人员、设备、后勤保障应及时到位，启动24h值班制度。领导小组办公室应迅速与国家相关突发事件应急指挥机构沟通，与事发地省级自然资源主管部门取得联系，并保持信息联络畅通。

（2）成果速报。在Ⅱ级响应启动后4h内，组织相关单位向党中央、国务院及有关应急指挥机构提供现有适宜的事发地测绘地理信息成果。

（3）成果提供。开通测绘成果提供绿色通道，按相关规定随时受理、提供应急测绘成果。

（4）专题加工。根据救援与处置工作的需要，组织有关单位进行局部少量的航空摄影等实地监测；收集国家权威部门专题数据；快速加工、生产事发地专题测绘成果。

（5）信息发布。如确有需要的，可通过政府门户网站向社会适时发布事发地应急测绘成果目录及能够公开使用的测绘成果。

7）Ⅰ级响应

（1）启动Ⅱ级响应的所有应急响应措施。

（2）领导小组各成员单位主要负责人出差、请假的，必须立即返回工作岗位；确实不能及时返回的，可先由主持工作的领导全面负责。

（3）根据国家应急指挥机构的特殊需求，及时组织开发专项应急地理信息服务系统。

（4）无适宜的测绘成果，急需进行大范围联合作业时，由领导小组办公室提出建议，报领导小组批准后，及时采用卫星遥感、航空摄影、地面测绘等手段快速获取相应的测绘成果。

（5）领导小组成员单位根据各自工作职责，分别负责综合协调、成果提供、数据获取、数据处理、宣传发动、后勤保障等工作，并将应急工作进展情况及时反馈领导小组办公室。

8）响应终止

突发事件的威胁和危害得到控制或者消除，政府宣布停止执行应急处置措施，或者宣布解除警报、终止预警期后，由领导小组组长决定终止Ⅰ级响应，分管测绘成果的副组长决定终止Ⅱ级响应。响应终止通知由领导小组办公室下达。

各级自然资源主管部门应继续配合突发事件处置和恢复重建部门，做好事后测绘地理信息保障工作。

9）保障措施

（1）制定测绘地理信息应急保障预案。各省级自然资源主管部门和各有关单位应制定本部门、本单位测绘地理信息应急保障预案，报国家自然资源主管部门备案，并结合实际情况有计划、有重点地组织预案演练，原则每年不少于一次。

（2）组建测绘地理信息应急保障队伍。各省级自然资源主管部门要按要求建立测绘地理信息应急保障专家库，根据实际需要协调有关专家为测绘地理信息应急保障决策及处置提供咨询、建议与技术指导；各单位遴选政治和业务素质较高的技术骨干组成测绘地理信息应急快速反应队伍。

（3）测绘地理信息应急保障资金。根据测绘地理信息应急保障工作需要，结合国家预算管理的有关规定，应当将测绘地理信息应急保障工作所需资金纳入预算，对应急保障资金的使用和效果进行监督。

（4）做好测绘地理信息应急保障成果资料储备工作。各级自然资源主管部门应当全面了解掌握测绘地理信息资源分布状况，完善测绘地理信息数据共享机制；收集、整理突发事件的重点防范地区的各类专题信息和测绘成果，根据潜在需求，有针对性地组织制作各种专题测绘地理信息产品，确保在国家需要应急测绘地理信息保障时，能够快速响应，高效服务。

(5) 建设应急地理信息服务平台。在全国地理信息公共服务平台的基础上，根据国家减灾委、国家防总等有关部门的特殊要求，开发完善应急地理信息服务平台，提高测绘地理信息应急保障的效率、质量和安全性。

(6) 完善测绘地理信息应急保障基础设施。规划建设全国性测绘地理信息应急技术装备保障系统，并建立突发事件测绘地理信息应急服务装备快速调配机制。重点推进测绘卫星体系项目建设，加快测绘应急生产装备和设施更新，联通政府内网，改造与扩容测绘地理信息专网，提高测绘地理信息应急保障服务能力。

(7) 加快测绘地理信息应急高技术攻关。深入研究应急测绘地理信息快速获取、处理、服务技术，实现"3S"(遥感(RS)、全球导航卫星系统(GNSS)、地理信息系统(GIS))与网络、通信、辅助决策技术集成。

(8) 确保通信畅通。充分利用现代通信手段，建立国家测绘地理信息应急保障通信网络，确保信息畅通。领导小组办公室组织编制国家测绘地理信息应急保障工作通信录，并适时更新。

10) 监督与管理

(1) 检查与监督。国家测绘地理信息应急响应指令下达后，各级自然资源主管部门应对所属单位测绘地理信息应急保障执行时间和进度进行监督，及时发现潜在问题，并迅速采取有效措施，确保按时保质完成测绘地理信息应急保障任务。

(2) 责任与奖惩。各部门、各单位主要负责人是测绘地理信息应急保障的第一责任人。国家测绘地理信息应急保障工作实行责任追究，对在测绘地理信息应急保障工作中存在失职、渎职行为的人员，将依照《中华人民共和国突发事件应对法》等有关法律法规追究责任。各级自然资源主管部门对在国家测绘地理信息应急保障工作中作出突出贡献的先进集体和先进个人应当给予表彰和奖励。

(3) 宣传和培训。在测绘地理信息应急响应期间，各级自然资源主管部门应当通过网络、报刊、电视等现代传媒手段，及时对国家测绘地理信息应急保障工作进行报道。定期对测绘地理信息应急保障人员进行新知识、新技术培训，提高其应急专业技能。

(4) 预案管理与更新。省级以上自然资源主管部门应当定期组织对各地区、各单位测绘地理信息应急保障预案及实施情况进行检查评估，不断完善地方测绘地理信息应急保障制度和设施。

4.4.6 地理国情监测

《测绘法》第二十六条规定：县级以上人民政府测绘地理信息主管部门应当会同本级人民政府其他有关部门依法开展地理国情监测，并按照国家有关规定严格管理、规范使用地理国情监测成果。

各级人民政府应当采取有效措施，发挥地理国情监测成果在政府决策、经济社会发展和社会公众服务中的作用。

1. 地理国情

地理国情是指地表自然和人文地理要素的空间分布、特征及其相互关系，是基本国情的重要组成部分。

2. 地理国情监测

地理国情监测，是利用现代测绘地理信息技术和成果档案，对我国地表自然和人文要素的地理分布、主要特征、相互关系、时空演变等进行持续性的调查、统计、分析、评价、预测的活动。

3. 地理国情监测重点任务

(1) 健全监测体制机制。依据新修订的《测绘法》，加强地理国情监测法制建设，拟订《地理国情监测条例》和地方性法规、政府规章和规范性文件，明确地理国情监测管理体制，规范地理国情监测活动。建立地理国情监测联席会议工作机制，会同有关部门依法开展地理国情监测。落实地理国情监测职责，明确专门的职能机构，并落实人员编制。落实国民经济和社会发展规划、事业发展规划，推动地理国情监测纳入本级年度经济社会发展计划，建立稳定的财政投入机制。严格管理、规范使用监测成果，健全监测成果发布、信息共享与开发应用、信息安全等相关制度，提高监测成果共享应用水平，建立监测绩效评价和反馈机制。

(2) 完善监测业务体系。优化资源配置，建立国家与地方分工明确、上下联动、多方参与的监测组织体系。构建遥感影像获取实时化、数据处理自动化、信息管理网络化、统计分析智能化的技术体系。加强与行业标准和用户需求衔接，完善监测技术规范，及时向行业标准、国家标准提升和转化，健全监测标准体系。提高质量检查自动化水平，推行多层级、全过程、精细化质量管理，优化监测质量控制体系。丰富地理国情产品形式，构建地理国情指标指数，建设地理国情信息在线服务平台，完善监测产品服务体系。

(3) 全面开展基础性地理国情监测。以地理国情普查数据为基础，每年对我国陆地国土范围内地表覆盖和地理国情要素的变化情况进行更新。

国家负责统一制定全国基础性监测实施方案及相关技术规范，统筹获取并提供遥感影像，开展整体质量控制和监督抽查，完成全国监测数据库建设、统计分析以及报告编制等工作，帮助西部欠发达省份完成部分困难区域的监测数据生产。

地方按照统一要求，组织开展本区域内的基础性监测。设区市(地、州、盟)结合普惠化公共服务体系构建、精细化社会管理体系建立、宜居化生活环境建设、现代化产业发展体系建立、智能化基础设施建设等城市建设和管理需求，增加监测内容、细化采集指标，开展市辖区的基础性监测。

(4) 围绕重点开展专题性地理国情监测。利用基础性监测成果，针对政府和社会公众关心关注的重点、热点、难点问题，开展专题性监测。

国家负责制定专题性监测技术指南及相关技术规范，为地方开展专题性监测提供参考，主要围绕“一带一路”建设、京津冀协同发展、长江经济带建设国家重大战略和雄安新区建设等重大部署以及相关部门业务管理需求，组织开展跨区域、多省区联动的专题性监测，通过业务指导、项目带动、资金配套等方式，引导所涉及省份共同开展监测工作。

地方围绕本地区国土空间开发利用、资源环境及生态管理、空间规划编制与实施、区域协调发展战略、重大自然灾害防治、生产力优化布局等方面的需求，因地制宜、注重实效，自主开展专题性监测。设区市(地、州、盟)重点围绕城镇化宏观布局、基本公共服务均等化、城乡规划违法建设集中整治、城镇棚户区城中村和危房改造、生态环境保护、水体整治、地质灾害预防等城市管理和治理需要，积极开展市辖区的专题性监测。

(5) 加强地理国情分析研究。加强对地理国情信息的深度开发，融合经济社会和人文等信息，创造性地开展综合统计分析，揭示资源、生态、环境、人口、经济、社会等要素在地理空间和时间上相互作用、相互影响的内在联系，多层次、多维度分析提炼综合反映国土空间布局、生态环境协调程度、城镇化进程、区域协调发展等方面的规律性特征，预测发展变化趋势，提出扎实有据的判断和政策建议，形成地理国情蓝皮书、专题分析评价报告等成果，服务政府决策和管理。

(6) 深化地理国情信息应用。通过地理国情信息在线服务平台，为国土资源、水利、农业、林业、统计等部门开展国家重大国情国力调查、普查提供统一的地理空间公共基底。主动对接各部门的业务需求，积极参与空间规划编制、生态保护红线划定、自然资源统一确权登记、自然资源环境承载力评价、自然资源资产负债表编制、领导干部自然资源资产离任审计、国土空间用途管制、新型城镇化建设、资源枯竭型城市治理与转型等工作，做好监测大数据的深度开发，形成地理国情监测品牌。及时发布可以公开的地理国情信息，让社会公众和市场主体充分地了解和使用监测成果，引导鼓励全社会对地理国情信息的开发应用。

4.4.7 实景三维

实景三维作为真实、立体、时序化反映人类生产、生活和生态空间的时空信息，是国家重要的新型基础设施，通过“人机兼容、物联感知、泛在服务”实现数字空间与现实空间的实时关联互通，为数字中国提供统一的空间定位框架和分析基础，是数字政府、数字经济重要的战略性数据资源和生产要素。

实景三维中国建设是面向新时期测绘地理信息事业，服务经济社会发展和生态文明建设新定位、新需求，对传统基础测绘业务的转型升级，是测绘地理信息服务的发展方向和基本模式。

1. 建设目标

到 2025 年，5m 格网的地形级实景三维实现对全国陆地及主要岛屿覆盖，5cm 分辨率的城市级实景三维初步实现对地级以上城市覆盖，国家和省市县多级实景三维在线与离线相结合的服务系统初步建成，地级以上城市初步形成数字空间与现实空间实时关联互通能力，为数字中国、数字政府和数字经济提供三维空间定位框架和分析基础，50%以上的政府决策、生产调度和生活规划可通过线上实景三维空间完成。

到 2035 年，优于 2m 格网的地形级实景三维实现对全国陆地及主要岛屿必要覆盖，优于 5cm 分辨率的城市级实景三维实现对地级以上城市和有条件的县级城市覆盖，国家和省市县多级实景三维在线系统实现泛在服务，地级以上城市和有条件的县级城市实现数字空间与现实空间实时关联互通，服务数字中国、数字政府和数字经济的能力进一步增强，80%以上的政府决策、生产调度和生活规划可通过线上实景三维空间完成。

2. 建设任务

1) 地形级实景一维建设

国家层面完成：10m 和 5m 格网数字高程模型（DEM）、数字表面模型（DSM）制作，覆盖全国陆地及主要岛屿，并以3年为周期进行时序化采集与表达；2m和优于1m分辨率数字正射影像（DOM）制作，覆盖全国陆地及主要岛屿，并以季度和年度为周期进行时序化采集与表达；基于上述工作及已有成果完成基础地理实体数据制作，覆盖全国陆地及主要岛屿。

地方层面完成：优于2m格网DEM、DSM制作，覆盖省级行政区域，并以3年为周期进行时序化采集与表达；优于0.5m分辨率DOM制作，覆盖重点区域，按需进行时序化采集与表达；基于上述工作及已有成果完成基础地理实体数据制作，覆盖省级行政区域；近岸海域10m以浅DEM制作，覆盖沿海省份。

2）城市级实景三维建设

国家层面完成：整合省级行政区域基础地理实体数据，形成全国基础地理实体数据，覆盖全国陆地及主要岛屿。

地方层面完成：获取优于5cm分辨率的倾斜摄影影像、激光点云等数据，基于上述工作及已有成果完成基础地理实体数据制作，覆盖省级行政区域，根据地方实际确定周期进行时序化采集与表达。

3）部件级实景三维建设

鼓励社会力量积极参与，通过需求牵引、多元投入、市场化运作的方式，开展部件级实景三维建设。

4）物联感知数据接入与融合

国家和地方层面完成：物联感知数据接入与融合能力建设，支撑物联感知数据实时接入及空间化，采用空间身份编码等方式实现其与基础地理实体数据的语义信息关联。

5）在线系统与支撑环境建设

全国构建统一的基于云架构、兼顾结构化和非结构化数据特征、分版运行的国家和省市县实景三维数据库，实现“分布存储、逻辑集中、互联互通”。

国家和省市县分级、分节点构建适用本级需求的管理系统，并依托不同网络环境（互联网、政务网和涉密网等），为智慧城市时空大数据平台、地理信息公共服务平台及国土空间基础信息平台等提供适用版本的实景三维数据支撑，并为数字孪生城市信息模型（CIM）等应用提供统一的数字空间底座，实现实景三维中国泛在服务。

3. 建设分工

坚持系统观念，强化顶层设计，构建技术体系，创新管理机制，形成统一设计和分级建设相结合、国家和省市县协同实施的“全国一盘棋”格局。

坚持“只测一次，多级复用”的原则，在高精度实景三维数据覆盖区域，只基于已有成果整合、不重复生产，在非覆盖区域进行新测生产。

自然资源部负责制定总体设计和管理机制，统筹指导协同实施。

国家层面按年度下发当年由国家层面组织制作的新增及时序化数据，下一级自然资源主管部门按年度向上一级自然资源主管部门汇交当年新增及时序化数据。

4. 建设要求

落实规划计划，做好经费保障；统一标准规范，开展协同实施；强化科技创新，鼓励多方参与；统筹发展安全，促进成果应用。

4.4.8 智能网联汽车

智能网联汽车在运行、服务和道路测试过程中对车辆及周边道路设施空间坐标、影像、点云及其属性信息等测绘地理信息数据进行采集、存储、传输和处理的行为，属于测绘活动，各类车载传感器以及智能网联汽车的制造、集成、销售等，不属于测绘活动。

对智能网联汽车运行、服务和道路测试过程中产生的空间坐标、影像、点云及其属性信息等测绘地理信息数据进行收集、存储、传输和处理者，是测绘活动的行为主体，应遵守相关规定并依法承担相应责任。

从当前市场运行的情况看，数据的收集、存储、传输和处理者大多为车企、服务商及部分智能驾驶软件提供商，而仅获得辅助驾驶等服务的智能网联汽车驾乘人员，不属于有关测绘活动的行为人。

需要从事相关数据收集、存储、传输和处理的车企、服务商及智能驾驶软件提供商等，属于内资企业的，应依法取得相应测绘资质，或委托具有相应测绘资质的单位开展相应测绘活动；属于外商投资企业的，应委托具有相应测绘资质的单位开展相应测绘活动，由被委托的测绘资质单位承担收集、存储、传输和处理相关空间坐标、影像、点云及其属性信息等业务及提供地理信息服务与支持。

地面移动测量、导航电子地图编制等属外资禁入领域。

4.5 测绘成果管理

4.5.1 测绘成果的基本概念及特征

1. 测绘成果的基本概念

测绘成果是指通过测绘形成的数据、信息、图件以及相关的技术资料，是各类测绘活动形成的记录和描述自然地理要素或者地表人工设施的形状、大小、空间位置及其属性的地理信息、数据、资料、图件和档案。

测绘成果分为基础测绘成果和非基础测绘成果。基础测绘成果包括全国性基础测绘成果和地区性基础测绘成果。测绘成果的表现形式，涉及数据、信息、图件以及相关的技术资料等，主要表现为：

（1）天文测量、大地测量、卫星大地测量、重力测量的数据和图件；

（2）航空航天摄影和遥感的底片、磁带；

（3）各种地图（包括地形图、普通地图、地籍图、海图和其他有关的专用地图等）及其数字化成果；

（4）各类基础地理信息以及在基础地理信息基础上挖掘、分析形成的信息；

（5）工程测量数据和图件；

（6）地理信息系统中的测绘数据及其运行软件；

（7）其他有关的地理信息数据；

（8）与测绘成果直接有关的技术资料和档案等。

2. 测绘成果的特征

测绘成果的特征主要包括科学性、保密性、系统性、专业性和著作权特征。这些特征体现了测绘成果在形成、保管和使用过程中的重要性和特殊性。

1）科学性

测绘成果的生产、加工和处理等各个环节，都是依据一定的数学基础、测量理论和特定的测绘仪器设备以及特定的软件系统来进行，因而测绘成果具有科学性的特点。

2）保密性

测绘成果涉及自然地理要素和地表人工设施的形状、大小、空间位置及其属性，大部分测绘成果涉及国家安全和敏感信息，因此需要采取严格的保密措施，确保信息不外泄。

3）系统性

测绘成果是一个完整的系统，包括各种地理信息、数据、资料、图件和档案，它们相互关联，形成一个全面的地理信息体系。

4）专业性

测绘成果的生成和处理需要专业的知识和技能，包括测量技术、地理信息系统（GIS）应用等，确保了成果的专业性和实用性。

5）著作权特征

测绘成果具有专业性、系统性、物质表现性、科学性和创造性，具备著作权的基本要素。大地测量、工程测量、房产测绘、地理信息系统工程等都具有著作权特征。

4.5.2　测绘成果质量管理

1. 测绘成果质量的概念

测绘成果质量是指测绘成果满足国家规定的测绘技术规范和标准，以及满足用户期望目标值的程度。测绘成果广泛应用于各项工程建设、国防建设以及经济社会发展的方方面面，与国家利益、社会公共利益和人民群众的切身利益密切相关。因此，测绘成果质量监督管理是测绘成果管理的重要组成部分，加强测绘成果质量管理，保证测绘成果质量，对于维护公共安全和公共利益具有十分重要的意义。

2.《测绘地理信息质量管理办法》的相关规定

为加强测绘地理信息质量管理，明确质量责任，保证成果质量，原国家测绘地理信息局于 2015 年 6 月印发了《测绘地理信息质量管理办法》，以规范测绘成果质量管理责任。

1）监督管理

（1）国家对测绘地理信息质量实行监督检查制度。甲、乙级测绘资质单位每 3 年监督检查覆盖一次。监督检查工作经费列入测绘地理信息行政主管部门本级行政经费预算或专项预算，专款专用。

（2）国家测绘地理信息局按年度制定国家测绘地理信息质量监督检查计划。县级以上地方人民政府测绘地理信息行政主管部门依据上一级质量监督检查计划并结合本地情况，安排本级监督检查工作，报上一级测绘地理信息行政主管部门备案。同一测绘地理信息项目或同一批次成果，上级监督检查的，下级不得另行重复检查。

（3）监督检查中需要进行的检验、鉴定、检测等监督检验活动，由实施监督检查的测绘地理信息行政主管部门委托测绘成果质量检验机构承担。

（4）国家测绘地理信息局组织建立国家测绘地理信息成果质量检验专家库，专家库成员参加国家测绘地理信息成果质量监督检验工作。省级人民政府测绘地理信息行政主管部门可建立、管理省级测绘地理信息成果质量检验专家库。

（5）各级测绘地理信息行政主管部门应依法向社会公布监督检查结果，确属不宜向社会公布的，应依法抄告有关行政主管部门、有关权利人和利害相关人，并向上一级测绘地理信息行政主管部门备案。

（6）各级测绘地理信息行政主管部门应加强对本行政区域内测绘单位、测绘地理信息项目质量和监督检查结果等信息的收集、汇总、分析和管理，下一级向上一级报告年度质量信息。

2）测绘单位的质量责任与义务

（1）测绘单位应当经常进行质量教育，开展群众性的质量管理活动，不断增强干部职工的质量意识，有计划、分层次地组织岗位技术培训，逐步实行持证上岗。

（2）测绘地理信息项目的技术和质检负责人等关键岗位须由注册测绘师充任。

（3）测绘单位对其完成的测绘地理信息成果质量负责，所交付的成果，必须保证是合格品。

（4）测绘单位应建立合同评审制度，确保具有满足合同要求的实施能力。测绘地理信息项目实施应坚持先设计后生产，不允许边设计边生产，禁止没有设计进行生产。

（5）测绘地理信息项目通过验收后，测绘单位应将项目质量信息报送项目所在地测绘地理信息行政主管部门。

（6）测绘地理信息项目实行“两级检查、一级验收”制度。必要时，可在关键工序、难点工序设置检查点，或开展首件成果检验。基础测绘项目、测绘地理信息专项和重大建设工程测绘地理信息项目的成果未经测绘质检机构实施质量检验，不得采取材料验收、会议验收等方式验收，以确保成果质量。重大测绘项目应实施首件产品的质量检验，对技术设计进行验证。首件产品质量检验点的设置，由测绘单位根据实际需要自行确定。设置现场检验点应当考虑的主要因素有作业人员水平、质量成本、测量任务的性质。

（7）国家法律法规或委托方有明确要求实施监理的测绘地理信息项目，应依法开展监理工作。

（8）测绘地理信息项目依照国家有关规定实行项目分包的，分包出的任务由总承包方向发包方负完全责任。

3. 测绘单位的质量责任

测绘单位必须建立以质量为中心的技术经济责任制，明确各部门、各岗位职责及相互关系，规定考核办法，以作业质量、工作质量确保测绘产品质量。测绘单位主要人员的质量责任如表 4.4 所示。

表 4.4 测绘单位主要人员的质量责任

序号	质量责任人	质量责任
1	测绘单位的法定代表人	确定本单位的质量方针和质量目标，签发质量手册；建立本单位的质量体系并保证其有效运行；对本单位提供的测绘产品承担产品质量责任
2	测绘单位的质量主管负责人(行政领导或总工程师)	按照职责分工负责质量方针、质量目标的贯彻实施，签发有关的质量文件及作业指导书；组织编制测绘项目的技术设计书，并对设计质量负责；处理生产过程中的重大技术问题和质量争议；审核技术总结；审定测绘产品的交付验收
3	测绘单位的质量管理、质量检查机构及质量检查人员	在规定的职权范围内，负责质量管理的日常工作；编制年度质量计划，贯彻技术标准及质量文件；对作业过程进行现场监督和检查，处理质量问题；组织实施内部质量审核工作，对所检查的成果质量负责
4	生产岗位的作业人员	必须严格执行操作规程，按照技术设计进行作业，并对作业成果质量负责
5	其他岗位的工作人员	应当严格执行有关的规章制度，保证本岗位的工作质量。因工作质量问题影响产品质量的，承担相应的质量责任

4. 测绘成果质量监督管理措施

通过定期开展测绘成果质量监督检查，及时发现问题，督促测绘单位进行整改。检查内容包括：质量保证体系运行情况和质量管理制度建立情况、执行测绘技术标准的情况、测绘成果质量状况、仪器设备的检定情况等。测绘成果质量监督检查的结果要纳入测绘单位信用档案，并向社会公布。

1）加强测绘标准化管理

（1）通过制定国家标准和行业标准，加强质量、标准及计量基础工作，确保成果质量。

（2）严格测绘计量检定人员资格审批，做到持证上岗，保证量值的准确溯源和传递。

（3）引导测绘单位贯彻执行国家规定的测绘技术规范和标准，并加大监督检查力度。

2）加强对测绘仪器设备计量检定情况的监督检查

根据《测绘计量管理暂行办法》，未按规定申请检定或检定不合格的仪器，不准使用。J2级以上经纬仪，S3级以上水准仪，精度优于10mm＋3ppm① 的GNSS接收机，精度优于5mm＋5ppm的测距仪、全站仪、伽级重力仪以及尺类等仪器设备的检定周期为1年，其他精度的仪器一般为2年。新购置的以及修理后的仪器、器具应及时检定。

3）引导测绘单位建立健全质量管理制度

《测绘法》将建立健全完善的测绘技术、质量保证体系作为测绘资质申请的一个基本条件，充分说明了建立健全测绘技术、质量保证体系对保证测绘成果质量的重要性。因此，各级自然资源主管部门要通过加强测绘资质审查和质量监督，引导测绘单位建立健全测绘成果质量管理制度，加强测绘成果质量宣传教育，确保测绘成果质量。

4）依法查处不合格的测绘成果

《测绘法》第六十三条规定：测绘成果质量不合格的，责令测绘单位补测或者重测；情

① $1ppm=10^{-6}$。

节严重的，责令停业整顿，并处降低资质等级或者吊销测绘资质证书；造成损失的，依法承担赔偿责任。

5. 案例分析

2010年11月，福建省测绘局接到举报，反映江西省勘察设计研究院承担完成的闽侯经济开发区测绘项目存在质量问题。福建省测绘局立即组织福建省测绘产品质量监督检验站对其项目进行检验。经检验，江西省勘察设计研究院承担完成的闽侯经济开发区13.3km^2 1∶1000地形图测绘项目，没有执行国家规定的测绘技术规范和标准，在首级控制、图根控制测量、地形图地理精度、图面整饰等方面都存在严重的质量问题，测绘成果质量综合判定为批不合格。江西省勘察设计研究院违反了《测绘法》第五条、第三十四条关于测绘技术规范、标准和测绘成果质量的有关规定。

2010年12月10日，福建省测绘局依据《中华人民共和国测绘法》第四十八条关于测绘成果质量不合格的法律责任的有关规定，对江西省勘察设计研究院作出责令重测，依法承担赔偿责任，停业整顿的处理。

4.5.3 测绘成果汇交

测绘成果是国家进行各项工程建设和经济社会发展的重要基础。为充分发挥测绘成果的作用，提高测绘成果的使用效益，降低政府行政管理成本，实现测绘成果的共建共享，国家实行测绘成果汇交制度。

1. 测绘成果汇交的概念与特征

1）测绘成果汇交的概念

测绘成果汇交是指将测绘成果向法定的测绘公共服务和公共管理机构提交副本或者目录，由测绘公共服务和公共管理机构编制测绘成果目录，并向社会发布信息，利用汇交的测绘成果副本更新测绘公共产品和依法向社会提供利用。

2）测绘成果汇交的特征

（1）法定性。测绘成果汇交制度是《测绘法》确定的一项重要法律制度。《测绘法》和《测绘成果管理条例》不仅规定了测绘成果汇交的主体、接受主体和汇交的形式，同时也规定了测绘成果汇交的具体内容和具体程序。因此，测绘成果汇交具有法定性。

（2）无偿性。测绘成果汇交的目的是促进测绘成果的广泛利用，提高测绘成果的使用效益。《测绘成果管理条例》第七条规定：测绘成果的目录和副本实行无偿汇交。汇交的测绘成果副本的版权依法受到保护，任何部门和单位不得向第三方提供。

（3）完整性。测绘成果具有科学性、系统性和专业性等特点，测绘成果所包含的数据、信息、图件以及相关的技术资料是有机统一的整体，不可分割。因此，汇交的测绘成果必须完整。

（4）时效性。测绘成果所承载的自然地理要素或者地表人工设施的形状、大小、空间位置及其属性信息不断发生变化，测绘成果汇交必须坚持一定的时效性。《测绘成果管理条例》第九条规定：测绘项目出资人或者承担国家投资的测绘项目的单位应当自测绘项目验收完成之日起3个月内，向测绘行政主管部门汇交测绘成果副本或者目录。

2. 测绘成果汇交的内容

1）测绘成果汇交的主体

（1）测绘项目出资人。按照现行测绘法律、行政法规的规定，对没有使用国家投资的测绘项目，或者由公民、法人或者其他组织自行出资的测绘项目，由测绘项目出资人按照规定向测绘项目所在地的省、自治区、直辖市人民政府测绘地理信息行政主管部门汇交测绘成果目录，测绘成果汇交的主体为测绘项目出资人。依法汇交测绘成果目录是测绘项目出资人的法定义务。

（2）承担测绘项目的测绘单位。基础测绘项目或者国家投资的其他测绘项目，测绘成果汇交的主体为承担测绘项目的单位，由测绘单位汇交测绘成果副本或者目录。中央财政投资完成的测绘项目，由承担测绘项目的单位向国务院测绘地理信息行政主管部门汇交测绘成果资料；地方财政投资完成的测绘项目，由承担测绘项目的单位向测绘项目所在地的省、自治区、直辖市人民政府测绘地理信息行政主管部门汇交测绘成果资料。属于基础测绘项目的，承担测绘项目的单位依法汇交测绘成果副本；属于非基础测绘项目的，应当汇交测绘成果目录。

（3）中方部门或者单位。《测绘成果管理条例》对外国的组织或者个人与中华人民共和国有关部门或者单位合资、合作，经批准在中华人民共和国领域内从事测绘活动的，明确规定测绘成果归中方部门或者单位所有，并由中方部门或者单位向国务院测绘地理信息行政主管部门汇交测绘成果副本。

外国的组织或者个人依法在中华人民共和国管辖的其他海域从事测绘活动的，由其按照国务院测绘行政主管部门的规定汇交测绘成果副本或者目录。

2）测绘成果接收主体

《测绘法》规定测绘成果的接收主体是国务院测绘地理信息行政主管部门或者省、自治区、直辖市人民政府测绘地理信息行政主管部门。

《测绘法》规定负责接收测绘成果副本和目录的测绘地理信息行政主管部门应当履行下列义务：

（1）出具测绘成果汇交凭证；

（2）及时将测绘成果副本和目录移交给保管单位，测绘成果保管单位是指各级政府自然资源主管部门授权或者指定的测绘成果档案管理机构，不是指广义上的各种测绘成果的权属单位。

3）测绘成果汇交的内容形式

《测绘法》第三十三条规定：属于基础测绘项目的，应当汇交测绘成果副本；属于非基础测绘项目的，应当汇交测绘成果目录。

基础测绘是国家公益性事业，是国家投资完成的，属公共财政支持的范畴，其成果为基础测绘成果，是国家的公共财产，应当用于公共服务，依法满足公众需求。需要汇交的基础测绘成果是指：

（1）为建立全国统一的测绘基准和测绘系统进行的天文测量、三角测量、水准测量、卫星大地测量、重力测量所获取的数据、图件；

（2）基础航空摄影所获取的数据、影像资料；

(3) 遥感卫星和其他航天飞行器对地观测所获取的基础地理信息遥感资料;

(4) 国家基本比例尺地图、影像图及其数字化产品;

(5) 基础地理信息系统的数据、信息等。

非基础测绘项目,往往与有关单位或者个人的某项工作或者某个需求紧密联系,法律规定只汇交成果目录,既有利于测绘资源信息共享,也有利于维护测绘成果所有权人的合法权益。

4) 测绘成果汇交程序

(1) 测绘项目完成后,汇交主体向接收主体汇交测绘成果资料。测绘项目出资人或者承担国家投资的测绘项目的单位应当自测绘项目验收完成之日起 3 个月内,向测绘地理信息行政主管部门汇交测绘成果副本或者目录。测绘项目的出资人或者承担测绘项目的单位应当采取必要的措施,确保其获取的测绘成果的安全。

(2) 测绘成果接收主体在收到汇交的测绘成果副本或者目录后,出具汇交凭证。测绘成果的汇交实行无偿汇交制度。

(3) 测绘成果接收主体自收到汇交的测绘成果副本或者目录之日起 10 个工作日内,应当将其移交给测绘成果保管单位。测绘成果保管单位应当建立健全测绘成果资料的保管制度,配备必要的设施,确保测绘成果资料的安全,并对基础测绘成果资料实行异地备份存放制度。测绘成果资料的存放设施与条件,应当符合国家保密、消防及档案管理的有关规定和要求。

(4) 测绘成果接收主体定期编制测绘成果资料目录,向社会公布。向社会公布测绘成果目录是便于使用成果的单位快捷地获取所需测绘成果信息,以避免重复测绘,促进测绘成果信息资源共享。

4.5.4 测绘成果保管

1. 测绘成果保管的概念与特点

测绘成果保管是指测绘成果保管单位(含使用测绘成果的单位)依照国家有关测绘、档案法律、行政法规的规定,采取科学的防护措施和手段,对测绘成果进行归档、保存和管理的活动。

由于测绘成果具有专业性、系统性、保密性等特点,同时,测绘成果又以纸质资料和数据资料形态共同存在,致使测绘成果保管不同于一般的文档资料保管,具有其特殊性。

1) 测绘成果保管要采取安全保障措施

测绘成果是对不同时期的自然地理要素和地表人工设施的真实反映,不仅数量大,测绘成果的获取需要花费大量人力、物力和财力,测绘成果一经丢失、毁坏,必须到实地进行重新测绘,而且测绘成果散失后容易造成损失、泄密,从而危害国家安全和利益。因此,测绘成果保管单位必须建立健全测绘成果资料保管制度,采取安全保障措施,以保障测绘成果的完整和安全。测绘成果资料的存放设施与条件,要符合国家保密、消防及档案管理的有关规定和要求。

2) 基础测绘成果保管要采取异地存放制度

为保障国家基础测绘成果资料的安全,避免出现基础测绘成果资料由于意外情况造成毁坏、散失，测绘成果保管单位应当按照国家有关规定，对基础测绘成果资料实行异地备份存放制度。基础测绘成果异地备份存放的设施和条件，不能低于测绘成果保管单位的设施和条件。根据相关国家规范规定，基础测绘成果异地存放的异地距离一般不得少于500km。

3）测绘成果保管不得损毁、散失和转让

由于测绘成果的重要性和具有著作权特点，测绘成果保管单位应当按照规定保管测绘成果资料，不得损毁、散失，未经测绘成果所有权人许可，不得擅自转让测绘成果。由于大部分测绘成果属于国家秘密，国家秘密测绘成果损毁、散失，会给国家安全和利益造成危害，因此，测绘成果管理条例规定测绘成果保管单位应当采取措施保证测绘成果的完整和安全，不得损毁、散失和转让。

4）建立测绘成果保管制度由国家法律规定

无论是测绘法律、行政法规，还是国家档案、保密法律法规，都明确规定要建立健全测绘成果保管制度，配备必要的设施，确保测绘成果资料的安全，测绘成果资料的存放设施与条件要符合国家保密、消防及档案管理的有关规定。建立测绘成果保管制度由国家法律规定，这是测绘成果保管的重要特征。

2. 测绘成果保管的法律规定

（1）《测绘法》第三十四条规定：县级以上人民政府测绘地理信息主管部门应当积极推进公众版测绘成果的加工和编制工作，通过提供公众版测绘成果、保密技术处理等方式，促进测绘成果的社会化应用。

测绘成果保管单位应当采取措施保障测绘成果的完整和安全，并按照国家有关规定向社会公开和提供利用。

测绘成果属于国家秘密的，适用保密法律、行政法规的规定；需要对外提供的，按照国务院和中央军事委员会规定的审批程序执行。

测绘成果的秘密范围和秘密等级，应当依照保密法律、行政法规的规定，按照保障国家秘密安全，促进地理信息共享和应用的原则确定并及时调整、公布。

（2）《保密法》第十七条规定：机关、单位对承载国家秘密的纸介质、光介质、电磁介质等载体（以下简称“国家秘密载体”）以及属于国家秘密的设备、产品，应当做出国家秘密标志。不属于国家秘密的，不应当做出国家秘密标志。

（3）《测绘成果管理条例》第十一条规定：测绘成果保管单位应当建立健全测绘成果资料的保管制度，配备必要的设施，确保测绘成果资料的安全，并对基础测绘成果资料实行异地备份存放制度。测绘成果资料的存放设施与条件，应当符合国家保密、消防及档案管理的有关规定和要求。

《测绘成果管理条例》第十二条规定：测绘成果保管单位应当按照规定保管测绘成果资料，不得损毁、散失、转让。

《测绘成果管理条例》第十三条规定：测绘项目的出资人或者承担测绘项目的单位，应采取必要的措施，确保其获取的测绘成果的安全。

（4）测绘成果保管单位有下列行为之一的，由自然资源主管部门给予警告，责令改正；有违法所得的，没收违法所得；造成损失的，依法承担赔偿责任；对直接负责的主管人员和其他直接责任人员，依法给予处分：①未按照测绘成果资料的保管制度管理测绘成果资料，造成测绘成果资料损毁、散失的；②擅自转让汇交的测绘成果资料的；③未依法向测绘成果的使用人提供测绘成果资料的。

3. 案例分析

案例　辽宁宏图创展测绘勘察有限公司未按照测绘成果资料保管制度管理测绘成果案

2015年4月，重庆市规划局接到有关部门通报，反映辽宁宏图创展测绘勘察有限公司因未妥善保管，造成测绘成果资料损毁。经查，该公司在重庆市1∶5000地形图测绘(涪陵片区)项目中，未按照测绘成果资料的保管制度管理测绘成果，造成了5幅1∶5000地形图资料损毁。该公司的行为违反了《中华人民共和国测绘成果管理条例》第十二条"测绘成果保管单位应当按照规定保管测绘成果资料，不得损毁、散失、转让"的规定。2015年5月，重庆市规划局依据《中华人民共和国测绘成果管理条例》第二十八条的规定，对辽宁宏图创展测绘勘察有限公司作出警告，责令改正，并处没收违法所得1.2万元的行政处罚。

4.5.5 测绘地理信息成果档案管理

为加强和规范测绘地理信息档案管理工作，更好地为测绘地理信息事业服务，依据《中华人民共和国档案法》及其实施办法、《中华人民共和国测绘法》等相关法律法规，结合测绘地理信息工作实际，国家测绘地理信息局、国家档案局共同制定了《测绘地理信息档案管理规定》，作为我国测绘地理信息业务档案管理工作的主要依据。

1. 测绘地理信息档案基本内容

测绘地理信息业务档案(简称"测绘地理信息档案")指测绘地理信息系统各单位在履行管理职能和开展各项业务活动中直接形成的，对国家、社会和本单位具有保存价值的各种文字、图表、音像、电子数据等形式和载体的历史记录。测绘地理信息档案是测绘地理信息事业的重要信息资源，是各单位履行职责、开展业务的信息支持和保障，是国家档案资源建设的组成部分。其主要内容包括：

(1) 航空、航天遥感影像获取档案；
(2) 基础测绘项目档案；
(3) 地理国情监测(普查)档案；
(4) 应急测绘保障服务档案；
(5) 测绘成果与地理信息应用档案；
(6) 测绘科学技术研究项目档案；
(7) 工程测量档案；
(8) 海洋测绘与江河湖水下测量档案；
(9) 界线测绘与不动产测绘档案；
(10) 公开地图制作档案。

2. 测绘地理信息档案管理机构与职责

测绘地理信息业务档案工作应当遵循统筹规划、分级管理、确保安全、促进利用的原则。国家测绘地理信息局负责全国测绘地理信息业务档案管理工作，县级以上地方人民政府测绘地理信息行政主管部门负责本行政区域内的测绘地理信息业务档案管理工作。国家和地方档案行政管理部门应当加强对测绘地理信息业务档案的监督和指导。

1）国家自然资源主管部门

（1）贯彻执行国家档案工作的法律、法规和方针政策，统筹规划全国测绘地理信息业务档案工作。

（2）制定国家测绘地理信息业务档案管理制度、标准和技术规范。

（3）指导、监督、检查全国测绘地理信息业务档案工作。

（4）组织国家重大测绘地理信息项目业务档案验收工作。

2）县级以上自然资源主管部门

（1）贯彻执行档案工作的法律、法规和方针政策，制定本行政区域的测绘地理信息业务档案工作管理制度。

（2）指导、监督、检查本行政区域的测绘地理信息业务档案工作。

（3）组织本行政区域内重大测绘地理信息项目业务档案验收工作。

3）档案保管机构

根据《测绘地理信息业务档案管理规定》，省级以上自然资源主管部门及有条件的市、县自然资源主管部门应当设立专门的测绘地理信息业务档案保管机构（简称“档案保管机构”），档案保管机构的主要职责包括：

（1）接收、整理、集中保管测绘地理信息业务档案；

（2）开发和提供利用馆藏测绘地理信息业务档案资源；

（3）开展测绘地理信息业务档案信息化建设；

（4）指导测绘地理信息业务档案的形成、积累、整理、立卷等档案业务工作；

（5）督促建档单位按时移交测绘地理信息业务档案；

（6）承担测绘地理信息业务档案验收工作；

（7）负责测绘地理信息业务档案鉴定工作；

（8）收集国内外有利用价值的测绘地理信息资料、文献等；

（9）开展馆际交流活动。

4）测绘单位

根据《测绘地理信息业务档案管理规定》，测绘地理信息单位应当设立档案资料室，负责管理本单位的测绘地理信息业务档案。

3. 建档与归档

《测绘地理信息业务档案管理规定》对测绘地理信息业务档案的建档与归档作出了具体规定，主要包括以下内容：

（1）测绘地理信息项目承担单位（简称“建档单位”）负责测绘地理信息业务文件资料归档材料的形成、积累、整理、立卷等建档工作。

（2）测绘地理信息业务档案建档工作应当纳入测绘地理信息项目计划、经费预算、管理程序、质量控制、岗位责任。测绘地理信息项目实施过程中，应当同步提出建档工作要求，同步检查建档制度执行情况。

（3）测绘地理信息项目组织部门下达测绘地理信息项目计划时，应当以书面形式告知相应的档案保管机构，并在项目合同书、设计书等文件中，明确提出测绘地理信息业务档案的归档范围、份数、时间、质量等要求。

(4) 建档单位应当按照“测绘地理信息业务档案保管期限表”,将归档材料收集齐全、整理立卷,确保测绘地理信息业务档案的完整、准确、系统和安全。不得篡改、伪造、损毁、丢失测绘地理信息业务档案。

(5) 测绘地理信息归档业务文件材料应当原始真实、系统完整、清晰易读和标识规范,符合归档要求,档案载体能够长期保存。

(6) 国家或地方重大测绘地理信息项目业务档案验收应当由相应的自然资源主管部门组织实施,并出具验收意见。其他测绘地理信息项目业务档案的验收,由相应的档案保管机构负责,并出具验收意见。未获得档案验收合格意见的测绘地理信息项目不得通过项目验收。

(7) 测绘地理信息项目组织部门在完成项目验收后,应当将项目验收意见抄送档案保管机构。建档单位应当在测绘地理信息项目验收完成之日起 2 个月内,向项目组织部门所属的档案保管机构移交测绘地理信息业务档案,办理归档手续。

4. 保管与销毁

(1) 档案保管机构应当将测绘地理信息业务档案进行分类、整理并编制目录,做到分类科学、整理规范、排列有序和目录完整。

(2) 测绘地理信息业务档案保管期限分为永久和定期。具有重要查考利用保存价值的,应当永久保存;具有一般查考利用保存价值的,应当定期保存,期限为 10 年或 30 年,具体划分办法按照“测绘地理信息业务档案保管期限表”要求执行。

(3) 档案保管机构应当具备档案安全保管条件,库房配备防火、防盗、防渍、防有害生物、温湿度控制、监控等保护设施设备,库房管理应当符合国家有关规定。

(4) 档案保管机构应当建立健全测绘地理信息业务档案安全保管制度,定期对测绘地理信息业务档案保管状况进行检查,采取有效措施,确保档案安全。重要的测绘地理信息业务档案实行异地备份保管。

(5) 档案保管机构应当对保管期满的测绘地理信息业务档案提出鉴定意见,并报同级自然资源主管部门批准。对不再具有保存价值的档案应当登记、造册,经批准后按规定销毁。禁止擅自销毁测绘地理信息业务档案。

(6) 因机构变动等原因,测绘地理信息业务档案保管关系发生变更的,原单位应当妥善保管测绘地理信息业务档案并向指定机构移交。

(7) 鼓励单位和个人向档案保管机构移交、捐赠、寄存测绘地理信息业务档案,档案保管机构应当对其进行妥善保管。

5. 服务利用与监督管理

(1) 各级自然资源主管部门和档案保管机构应当依法向社会开放测绘地理信息业务档案,法律、法规另有规定的除外。单位和个人持合法证明,可以依法利用已经开放的测绘地理信息业务档案。

(2) 档案保管机构应当定期公布馆藏开放的测绘地理信息业务档案目录,并为档案利用创造条件,简化手续,提供方便。测绘地理信息业务档案的阅览、复制、摘录等应当符合国家有关规定。

(3) 各级自然资源主管部门和档案保管机构应当采取档案编研、在线服务、交换共享等多种方式,加强对档案信息资源的开发利用,提高档案利用价值,扩大利用领域。

(4) 向档案保管机构移交、捐赠、寄存测绘地理信息业务档案的单位和个人,对其档案具有优先利用权,并可对其不宜向社会开放的档案提出限制利用意见,维护其合法权益。

(5) 各级自然资源主管部门应当加强对测绘地理信息业务档案工作的领导,明确分管负责人、工作机构和人员,建立健全档案管理规章制度,保障档案工作所需经费,配备适应档案现代化管理需要的设施设备。

(6) 各级自然资源主管部门应当依法履行管理职责,加强对测绘地理信息业务档案工作的监督检查,对违法违规行为责令整改。对于违反国家档案管理规定,造成测绘地理信息业务档案失真、损毁、丢失的,依法追究相关人员的责任;构成犯罪的依法移送司法机关处理。

4.5.6 测绘成果保密管理

为了保守国家秘密,维护国家安全和利益,保障改革开放和社会主义建设事业的顺利进行,根据宪法,制定了《中华人民共和国保守国家秘密法》。该法自1988年9月5日第七届全国人民代表大会常务委员会第三次会议通过以来,经过2010年4月29日和2024年2月27日的两次修订,以适应社会发展和法律实践的需要。2024年5月1日起,最新修订的《中华人民共和国保守国家秘密法》正式施行。

国家秘密是关系国家安全和利益,依照法定程序确定,在一定时间内只限一定范围的人员知悉的事项。我国国家秘密的密级分为"绝密""机密""秘密"三级。绝密级国家秘密是最重要的国家秘密,泄露会使国家安全和利益遭受特别严重的损害;机密级国家秘密是重要的国家秘密,泄露会使国家安全和利益遭受严重的损害;秘密级国家秘密是一般的国家秘密,泄露会使国家安全和利益遭受损害。

1. 测绘成果保密的基本概念

测绘成果保密指测绘成果由于涉及国家秘密,综合运用法律和行政手段将测绘成果严格限定在一定范围内和被一定范围内的人员知悉的活动。根据其概念,测绘成果保密具有以下特点:

(1) 测绘成果涉及的国家秘密事项是客观存在的实物;

(2) 测绘成果涉及的国家秘密事项具有广泛性;

(3) 涉及国家秘密的测绘成果数量大,涉及面广;

(4) 测绘成果涉及的国家秘密事项保密时间长;

(5) 测绘成果不同于其他文件、档案等保密资料。

由于覆盖我国领域的各种测绘成果是我国各项建设事业的基础性资料,有一些含有非常重要、准确的基础地理信息数据,属于国家秘密范畴,不能公开,因此,测绘成果也相应地划分为秘密测绘成果和公开测绘成果两类。原国家测绘局和国家保密局联合印发的《测绘管理工作国家秘密范围的规定》,对保密测绘成果的范围及其密级做了如下划分:

1) 绝密级测绘成果

国家大地坐标系、地心坐标系以及独立坐标系之间的相互转换参数;分辨率高于5′×5′、精度优于±1毫伽的全国性高精度重力异常成果；1∶1万、1∶5万全国高精度数字高程模型；地形图保密处理技术参数及算法。

2）机密级测绘成果

国家等级控制点坐标成果以及其他精度相当的坐标成果；国家等级天文测量、三角测量、导线测量、卫星大地测量的观测成果；国家等级重力点成果及其他精度相当的重力点成果；分辨率高于30′×30′、精度优于±5毫伽的重力异常成果；精度优于±1m的高程异常成果；精度优于±3″的垂线偏差成果；涉及军事禁区的大于或等于1∶1万的国家基本比例尺地形图及数字化成果；1∶2.5万、1∶5万、1∶10万国家基本比例尺地形图及其数字化成果；空间精度及涉及的要素和范围相当于上述机密基础测绘成果的非基础测绘成果。

3）秘密级测绘成果

构成环线或者线路长度超过1000m的国家等级水准网成果资料；重力加密点成果；分辨率高于30′×30′～1°×1°，精度在±5毫伽～±10毫伽的重力异常成果；精度优于±1～±2m的高程异常成果；精度优于±3″～±6″的垂线偏差成果；非军事禁区1∶5000国家基本比例尺地形图，或多张连续的、覆盖范围超过6km^2的、大于1∶5000的国家基本比例尺地形图及其数字化成果；1∶10万、1∶25万、1∶50万国家基本比例尺地形图及其数字化成果；军事禁区及国家安全要害部门所在地的航摄影像；空间精度及涉及的要素和范围相当于上述秘密基础测绘成果的非基础测绘成果；涉及军事、国家安全要害部门的点位名称及坐标；涉及国民经济重要设施精度优于100m的点位坐标。属于国家秘密测绘成果的保密期限，一律定为“长期”。

2. 测绘成果保密规定

1）《测绘法》中的相关规定

测绘成果属于国家秘密的，适用保密法律、行政法规的规定；需要对外提供的，按照国务院和中央军事委员会规定的审批程序执行。测绘成果的秘密范围和秘密等级，应当依照保密法律、行政法规的规定，按照保障国家秘密安全、促进地理信息共享和应用的原则确定并及时调整、公布。

2）《测绘成果管理条例》中的相关规定

（1）测绘成果保管单位应当建立健全测绘成果资料的保管制度，配备必要的设施，确保测绘成果资料的安全，并对基础测绘成果资料实行异地备份存放制度。

（2）利用涉及国家秘密的测绘成果开发生产的产品，未经国务院测绘地理信息主管部门或者省、自治区、直辖市人民政府测绘地理信息主管部门进行保密技术处理的，其秘密等级不得低于所用测绘成果的秘密等级。

（3）法人或者其他组织需要利用属于国家秘密的基础测绘成果的，应当提出明确的利用目的和范围，报测绘成果所在地的测绘地理信息主管部门审批。测绘地理信息主管部门审查同意的，应当以书面形式告知测绘成果的秘密等级、保密要求以及相关著作权保护要求。

（4）对外提供属于国家秘密的测绘成果，应当按照国务院和中央军事委员会规定的审批程序，报国务院测绘地理信息主管部门或者省、自治区、直辖市人民政府测绘地理信息主管部门审批；测绘地理信息主管部门在审批前，应当征求军队有关部门的意见。

3)《中华人民共和国保守国家秘密法》中的相关规定

(1) 国家秘密载体的制作、收发、传递、使用、复制、保存、维修和销毁,应当符合国家保密规定。绝密级国家秘密载体应当在符合国家保密标准的设施、设备中保存,并指定专人管理;未经原定密机关、单位或者其上级机关批准,不得复制和摘抄;收发、传递和外出携带,应当指定人员负责,并采取必要的安全措施。

(2) 存储、处理国家秘密的计算机信息系统(简称"涉密信息系统")按照涉密程度实行分级保护。涉密信息系统应当按照国家保密标准配备保密设施、设备。保密设施、设备应当与涉密信息系统同步规划,同步建设,同步运行。

(3) 机关、单位对外交往与合作中需要提供国家秘密的事项,或者任用、聘用的境外人员因工作需要知悉国家秘密的,应当报国务院有关主管部门或者省、自治区、直辖市人民政府有关主管部门批准,并与对方签订保密协议。

4)《关于加强涉密测绘地理信息安全管理的通知》中的相关规定

(1) 充分认识加强涉密测绘地理信息安全管理的重要性和紧迫性。测绘地理信息是国家重要的基础性、战略性资源,广泛应用于经济建设、国防建设和社会发展,尤其是涉密测绘地理信息,直接关系国家主权、安全和利益,一旦泄露,其危害重大而深远。各级自然资源主管部门和各级各类测绘地理信息生产、保管、使用单位,必须高度重视、加强领导,充分认识新形势下地理信息安全的极端重要性,增强责任意识和紧迫感,切实加强涉密测绘地理信息安全管理。

(2) 狠抓涉密测绘地理信息安全管理基础工作。认真落实安全保密工作责任制,着力健全安全保密管理制度,大力开展安全保密宣传教育,切实加强安全保密检查。

(3) 明确涉密测绘地理信息安全重点环节管理要求。涉密测绘地理信息的保管和使用是安全管理的重点环节,存在的主要问题是存储和使用涉密地理信息的计算机、信息系统、移动存储介质管理混乱,构成突出的失泄密隐患。涉密单位要重点加强包括涉密计算机和涉密信息系统管理要求、介质使用和保管要求、涉密计算机外接设备管理要求、涉密信息系统配置管理要求、涉密载体销毁管理要求等方面的安全保密管理。

(4) 强化涉密测绘地理信息监管措施。严格涉密测绘成果提供使用审批管理,加强涉密测绘成果跟踪监管,落实核心涉密人员保密管理制度,建立健全监管机制,加强监管能力建设,营造监管良好环境。

3. 自然资源主管部门监督管理职责

1) 确定测绘成果的秘密范围和秘密等级

《测绘成果管理条例》第十六条规定:国家保密工作部门、国务院测绘行政主管部门应当商军队测绘主管部门,依照有关保密法律、行政法规的规定,确定测绘成果的秘密范围和秘密等级。

2) 进行保密技术处理

《测绘成果管理条例》第十六条规定:利用涉及国家秘密的测绘成果开发生产的产品,未经国务院测绘行政主管部门或者省、自治区、直辖市人民政府测绘行政主管部门进行保密技术处理的,其秘密等级不得低于所用测绘成果的秘密等级。

3）审批属于国家秘密的基础测绘成果

《测绘成果管理条例》第十七条规定：法人或者其他组织需要利用属于国家秘密的基础测绘成果的，应当提出明确的利用目的和范围，报测绘成果所在地的测绘行政主管部门审批。

4）告知申请人测绘成果的秘密等级、保密以及相关著作权保护要求

《测绘成果管理条例》第十七条规定：法人或者其他组织需要利用属于国家秘密的基础测绘成果的，应当提出明确的利用目的和范围，报测绘成果所在地的测绘行政主管部门审批。测绘行政主管部门审查同意的，应当以书面形式告知测绘成果的秘密等级、保密要求以及相关著作权保护要求。

5）对外提供属于国家秘密的测绘成果审批

《测绘成果管理条例》第十八条规定：对外提供属于国家秘密的测绘成果，应当按照国务院和中央军事委员会规定的审批程序，报国务院测绘行政主管部门或者省、自治区、直辖市人民政府测绘行政主管部门审批；测绘行政主管部门在审批前，应当征求军队有关部门的意见。

6）配合保密部门进行保密检查

《中华人民共和国保守国家秘密法》第四十四条规定：保密行政管理部门对机关、单位遵守保密制度的情况进行检查，有关机关、单位应当配合。

7）对提供、使用保密成果的单位进行监督检查

《中华人民共和国行政许可法》第六十一条规定：行政机关应当建立健全监督制度，通过核查反映被许可人从事行政许可事项活动情况的有关材料，履行监督责任。行政机关依法对被许可人从事行政许可事项的活动进行监督检查时，应当将监督检查的情况和处理结果予以记录，由监督检查人员签字后归档。公众有权查阅行政机关监督检查记录。

4．对测绘成果涉密人员的规定

（1）在涉密岗位工作的人员（简称“涉密人员”），按照涉密程度分为核心涉密人员、重要涉密人员和一般涉密人员，实行分类管理。有关机关、单位任用、聘用测绘成果涉密人员应当按照有关规定进行审查。

（2）涉密人员应当具有良好的政治素质和品行，经过保密教育培训，具备胜任涉密岗位的工作能力和保密知识技能，签订保密承诺书，严格遵守国家保密规定，承担保密责任。

（3）涉密人员出境应当经有关部门批准，有关机关认为涉密人员出境将对国家安全造成危害或者对国家利益造成重大损失的，不得批准出境。

（4）涉密人员离岗离职实行脱密期管理。核心涉密人员脱密期为2～3年，重要涉密人员脱密期为1～2年，一般涉密人员脱密期为6个月至1年。涉密人员在脱密期内，不得违反规定就业和出境，不得以任何方式泄露国家秘密；脱密期结束后，应当遵守国家保密规定，对知悉的国家秘密继续履行保密义务。

5．案例分析

案例1　制度缺失

2016年7月，某市保密局和国土局开展测绘地理信息保密专项检查时，发现辖区某县水务局无法提供在省测绘地理信息局申领的全套涉密测绘成果。经查，2008年7月，时任

该县水务局设计队队长的刘某从省测绘地理信息局购回一套秘密级的本县地图，未明确专人看管，也没有建立图纸使用、借阅、归还、登记等相关保密管理制度，涉密测绘图纸日常使用、借取随意，管理混乱、交接不清，单位分管领导也未对涉密地图及相关涉密载体加强管理，结果导致地图遗失。事件发生后，有关部门给予直接责任人刘某行政警告处分，对负有领导责任的分管领导冯某诫勉谈话。

案例 2 执规不严

2013 年 12 月，某区保密局、测绘局在对辖区某县农牧局保密检查中，发现该局存在涉密测绘成果管理不规范，未建立台账，部分涉密地形图查无实物的问题。经查，2011 年 10 月，该局副局长达某前往区测绘局申购了 21 幅(63 张)涉密地形图，因草场承包经营责任制工作需要，该局局长琼某默认同意，部分涉密地形图借到部分乡镇使用，虽有借用记录，但未标注涉密地形图的密级和借用事由。负有保管职责的达某和专技人员欧某二人对涉密地形图的去向和返还情况均不掌握，琼某也从未过问。后经多方查找，找回失控的部分地图，另有 1 幅(3 张)涉密地形图被确定为遗失。事件发生后，有关部门给予琼某党内警告处分，达某留党察看、行政降级处分，欧某党内严重警告、行政记过处分。

分析：以上两起典型案件反映出来的共同问题为，用图单位没有建立或落实涉密测绘成果保密管理制度，最终导致地图失控乃至遗失。申领涉密地形图的单位不但要确保测绘成果存放设施与条件符合有关保密规定和要求，而且应当建立健全相应的保密管理制度，按照积极防范、突出重点、严格标准、明确责任的原则，对落实保密制度的情况进行检查。案例 1 中，用图单位根本就未建立起基本的保密管理制度，把涉密地图混同于一般的文件资料，可以说这一套秘密级的县域地图自测绘成果档案库出库起就处于完全失控的状态，遗失或被窃只是早晚的事。案例 2 中，用图单位没有真正落实涉密测绘成果保密管理制度，只有项目不全的借用记录，在各乡镇使用地图开展基本草场划定工作的过程中，普遍存在着涉密地形图被无序流转到基层单位和办事人员手中的现象，最终造成地图遗失的后果。

案例 3 缺少登记

2015 年 8 月至 2014 年 3 月，某市水管总站规划办主任李某在开展地区生态保护规划编制工作中，未按照规定对涉密地形图办理相关交接登记手续，保管不善，造成 2 幅 1∶5 万机密级地形图在野外使用过程中丢失。事件发生后，有关部门给予直接责任人李某行政警告处分。

分析：本案的基本情节是在野外工作中丢失涉密地形图，但根源仍然是涉密测绘成果保密管理制度执行不力。用图单位应当根据相关规定对申领、接受的涉密测绘成果建立台账，按照管用分开的原则区分存放保管与日常使用，对涉密测绘成果使用、管理人员进行专项教育培训。特别是对于野外作业这类客观上将涉密测绘成果置于较高风险的工作环境、工作环节等，用图单位要重点管控并加强对相关人员的教育和提醒。

案例 4 违规销毁

2015 年 8 月，某省、市两级保密局会同市规划局对某电力工程咨询公司进行检查时，发现 4 张秘密级地形图查无下落。据当事人回忆，4 张地形图由于在工程现场使用中受到污损，已无使用价值，故于 2014 年 7 月用碎纸机进行销毁。在销毁过程中，公司档案管理部门没有向上级主管单位提出书面销毁申请并进行销毁登记，也没有销毁审批和监销记录，销毁事实难以查证。事件发生后，有关部门给予责任人员王某、李某、赵某行政记过处分，并扣罚数月奖金。

分析：在使用目的或项目完成后，用图单位应当按照相关规定及时销毁涉密测绘成果，由专人核对、清点、登记、造册、报批、监销，并报涉密测绘成果提供单位备案，也可以请涉密测绘成果提供单位核对、回收并统一销毁。对于这类用图单位声称涉密测绘成果已经销毁但无法提供审批（备案）手续，同时也不能认定为泄露或遗失的情形，仍然应当按照保密法律法规追究涉案人员的责任。

4.5.7 测绘成果提供利用

测绘成果提供利用指测绘成果生产单位或者测绘成果保管单位根据合同约定或者测绘成果使用者的申请，依照国家有关规定提供利用测绘成果的活动。大多数测绘成果都涉及国家秘密，测绘成果提供利用必须严格遵守国家测绘、保密等有关法律、行政法规的规定。

1. 涉密基础测绘成果提供使用

为规范涉密基础测绘成果提供使用的管理，根据《中华人民共和国测绘法》、《中华人民共和国行政许可法》、《中华人民共和国保守国家秘密法》和《中华人民共和国测绘成果管理条例》等有关法律法规，制定了《涉密基础测绘成果提供使用管理办法》。该办法规定：提供使用涉密基础测绘成果，应当遵守本办法。境外机构、组织、个人以及外商投资企业申请使用涉密基础测绘成果，按照对外提供我国涉密测绘成果相关规定执行。

根据测绘成果的性质和使用用途的不同，《测绘法》对测绘成果的无偿提供和有偿使用作了规定。《测绘法》第三十六条明确规定：基础测绘成果和国家投资完成的其他测绘成果，用于政府决策、国防建设和公共服务的，应当无偿提供。除前款规定情形外，测绘成果依法实行有偿使用制度。但是，各级人民政府及有关部门和军队因防灾减灾、应对突发事件、国家安全等公共利益的需要，可以无偿使用。

2. 对外提供属于国家秘密的测绘成果审批

对外提供属于国家秘密的测绘成果，指向境外、国外以及其与国内有关单位合作的法人或者其他组织提供的属于国家秘密的测绘成果。对外提供属于国家秘密的测绘成果应当严格按照国务院和中央军事委员会规定的审批程序进行。这一过程涉及多个步骤和条件，以确保国家安全和利益得到保护。

（1）对外提供属于国家秘密的测绘成果，必须按照国务院和中央军事委员会规定的审批程序，报国务院测绘行政主管部门或者省、自治区、直辖市人民政府测绘行政主管部门审批。在审批前，测绘行政主管部门应当征求军队有关部门的意见。

（2）为加强对外提供涉密测绘成果管理，维护国家安全和利益，促进对外交往与合作，根据《中华人民共和国测绘法》、《中华人民共和国保守国家秘密法》和《中华人民共和国测绘成果管理条例》等法律法规，制定《对外提供涉密测绘成果管理办法》。在对外交往与合作中向境外机构、组织、人员及外商投资企业提供涉密测绘成果，适用本办法。

（3）《涉密基础测绘成果提供使用管理办法》进一步规范了提供使用涉密基础测绘成果的管理，明确了申请人条件、申请材料要求以及使用涉密基础测绘成果的条件等。例如，申请人必须具有企业或事业单位法人资格，或为政府部门，并具有相适应的保密管理制度和成果保管条件。

《对外提供涉密测绘成果管理办法》规定，申请对外提供涉密测绘成果，由开展对外交往与合作活动的中方单位向自然资源部或者省级自然资源主管部门提交以下材料：

(1) 对外提供涉密测绘成果申请表；

(2) 国务院、国务院各部门、各级地方人民政府批准开展对外交往与合作活动的文件；

(3) 外方背景情况、对外提供涉密测绘成果的必要性及保密审查情况的说明；

(4) 合法有效的中方、外方身份证明材料；

(5) 拟提供涉密测绘成果的密级、保密期限和定密依据等定密情况说明材料。

有下列情形之一的申请不予批准：

(1) 对外交往与合作活动未经政府批准的；

(2) 使用目的和用途不明确的，或者申请对外提供的成果内容与使用目的不一致的；

(3) 成果对外提供后可能危害国家安全和利益的；

(4) 现有非涉密测绘成果能够满足需求的。

3. 遥感影像公开使用

遥感影像是利用航空器或卫星等遥感平台获取的地球表面图像，其能够捕捉到地表的多种信息，包括地形、植被、水体、土地利用等，主要包括卫星遥感影像和航空遥感影像，以及采用测绘遥感技术方法加工处理形成的遥感影像图。遥感影像在资源勘察、环境监测和灾害预警、城市规划和土地利用管理等领域发挥着重要作用。为维护国家安全和利益，加强对遥感影像公开使用的管理，促进遥感影像资源有序开发利用，国家自然资源主管部门发布了《遥感影像公开使用管理规定(试行)》。

1) 遥感影像公开使用管理

(1) 国务院自然资源主管部门负责监督管理全国遥感影像公开使用工作，县级以上自然资源主管部门负责监督管理辖区内遥感影像公开使用工作。

(2) 从事提供或销售分辨率高于10m的卫星遥感影像活动的机构，应当建立客户登记制度，包括客户名称与性质，提供的影像覆盖范围和分辨率、用途，联系方式等内容。每半年一次向所在地省级以上自然资源主管部门报送备案。

(3) 为应对重大突发事件应急抢险救灾急需，各级人民政府及其有关部门和军队可以无偿使用遥感影像，各遥感影像保管单位、销售与提供机构应当无偿提供相关数据和资料。

2) 遥感影像公开使用规定

(1) 公开使用的遥感影像空间位置精度不得高于50m，影像地面分辨率不得优于0.5m，不标注涉密信息，不处理建筑物、构筑物等固定设施。

(2) 属于国家秘密且确需公开使用的遥感影像，公开使用前应当依法送省级以上自然资源主管部门会同有关部门组织审查并进行保密技术处理。分辨率优于0.5m的遥感影像，公开使用前应当报送国务院自然资源主管部门组织审查并进行保密技术处理。

(3) 向社会公开出版、传播、登载和展示遥感影像的，还应当报送省级以上自然资源主管部门进行地图审核，并取得审图号。

4.5.8 重要地理信息数据的利用管理

为加强重要地理信息数据审核、公布工作的管理，确保对外公布的重要地理信息数据的权威性和准确性，自然资源部 2025 年 3 月发布了《自然资源部关于规范重要地理信息数据审核公布管理工作的通知》（自然资规〔2025〕3 号），对重要地理信息数据审核与公布进行了规定。

1. 重要地理信息数据的概念

重要地理信息数据，是指在中华人民共和国领域和管辖的其他海域内的重要自然和人文地理实体的位置、高程、深度、面积、长度等位置信息数据和重要属性信息数据。主要包括：

（1）涉及国家主权、政治主张的地理信息数据；

（2）国界、国家面积、国家海岸线长度，国家版图重要特征点、地势、地貌分区位置等地理信息数据；

（3）冠以“全国”“中国”“中华”等字样的地理信息数据；

（4）经相邻省级人民政府联合勘定并经国务院批复的省级界线长度及行政区域面积，沿海省、自治区、直辖市海岸线长度；

（5）法律法规规定以及需要由国务院测绘行政主管部门审核的其他重要地理信息数据。

2. 重要地理信息数据的特征

1）权威性

重要地理信息数据的获取是依据科学的观测方法和手段，由自然资源部与国务院其他有关部门、军队测绘部门会商后，报国务院批准，由国务院或者国务院授权的部门以公告形式公布，并在全国范围内发行的报纸或者互联网上刊登，体现出重要地理信息数据的权威性。

2）准确性

重要地理信息数据涉及重要自然和人文地理实体的位置、高程、深度、面积、长度等位置信息数据和重要属性信息数据，这些数据是依据科学的技术方法和手段获取的，建议人提出建议后，国务院自然资源主管部门要对数据的科学性、完整性、可靠性等进行严格审核，因而，重要地理信息数据具有严格的准确性。

3）法定性

重要地理信息数据审核公布制度由国家法律规定，重要地理信息数据的审核、批准、公布的主体和程序都必须严格按照《测绘法》和《行政许可法》以及《重要地理信息数据审核公布管理规定》执行，任何单位和个人不得擅自审核公布。

3. 重要地理信息数据的审核与公布

提出公布重要地理信息数据建议的单位或者个人（以下称为“建议人”）应当向自然资源部或者省级自然资源主管部门报送建议材料。省级自然资源主管部门收到建议材料的，应当提出意见并转报自然资源部。。

建议人报送的建议材料应当包括以下内容：

（1）建议人基本情况；

（2）重要地理信息数据的详细数据成果资料及公布的必要性说明；

(3) 重要地理信息数据获取的技术方案、质检报告及数据验收评估等有关资料；

(4) 审核需要的其他资料。

建议人为各级地方人民政府、国务院各部门的，可以不提供建议人基本情况。

自然资源部对建议人提交的重要地理信息数据进行审核。审核主要包括以下内容：

(1) 重要地理信息数据公布的必要性；

(2) 提交的有关资料的真实性与完整性；

(3) 重要地理信息数据的可靠性与科学性；

(4) 公布重要地理信息数据是否符合国家利益，是否影响国家安全；

(5) 与相关历史数据、已公布数据的对比。

国务院批准公布的重要地理信息数据，由国务院或者国务院授权的部门公布。重要地理信息数据以公告形式公布，并在全国范围内发行的报纸或者互联网上刊登，公布时，应当注明审核、公布部门。国务院测绘地理信息行政主管部门收到公布公告后，应当在10日内书面通知建议人。建议人建议审核公布的重要地理信息数据，在受理后未被批准公布的，国务院测绘地理信息行政主管部门应当及时书面通知建议人，并说明理由。

4.5.9 地图管理

为了加强地图管理，维护国家主权、安全和利益，促进地理信息产业健康发展，为经济建设、社会发展和人民生活服务，根据《中华人民共和国测绘法》及相关法律法规，制定了《地图管理条例》，并对向社会公开的地图的编制、审核、出版和互联网地图服务以及监督检查活动进行了规定。

1. 地图的基本知识

1) 地图的概念

地图指根据特定的数学法则，将地球上的自然和社会现象，通过制图综合，并以符号和注记缩绘在平面或者曲面上的图像。地图是地理空间信息的图形表现形式，是为人们提供自然地理要素或者地表人工设施的形状、大小、空间位置及其属性的图形。

地图按比例尺大小，可分为大比例尺、中比例尺和小比例尺地图；按内容可分为普通地图和专题地图；按用途分为参考图、教学地图，地形图、航空图，海图、天文图以及交通图、旅游图等；按地图表现形式分为缩微地图、数字地图、电子地图、影像地图等。由于地图是对自然地理现象和社会经济现象的表达直观，通俗易懂，因此成为宏观决策、经济建设、国防军事和人民群众日常生活的必要依据和实用工具。

2) 地图的基本特征

(1) 科学性。地图的生产制作是一个复杂的过程，从建立测量控制网开始，到野外实地采集地理信息数据，然后通过一定的数学法则和制图规范，经过公式化、符号化和抽象化、直观化的技术处理，最终编辑形成地图，因此具有科学性。

(2) 政治性。绘有完整国界线的地图是国家版图的主要表现形式，体现一个国家在主权方面的意志和在国际社会中的政治外交立场，具有严肃的政治性。

(3) 法定性。地图上国界线、行政区域界线的画法及标准由国家法律明确规定，由国务院测绘地理信息主管部门会同有关部门拟订后报国务院批准公布；地图编制、出版、展示、登载等都有严格的法律规定；地图审核由具有法定权限的测绘地理信息主管部门依法进行；地图的著作权受国家法律保护。所以，地图具有严格的法定性。

3）国家基本比例尺地图

国家基本比例尺地图系列，是指按照国家规定的测图技术标准（规范）、编图技术标准、图式和比例尺系统测量和编制的若干特定规格的比例尺的地图的系列，是国家各项经济建设、国防建设和社会发展的基础图，是我国最具权威性的基础地图。目前，我国确定的国家基本比例尺地图系列主要包括1∶500、1∶1000、1∶2000、1∶5000、1∶1万、1∶2.5万、1∶5万、1∶10万、1∶25万、1∶50万、1∶100万等11种。《测绘法》对国家基本比例尺地图作出了具体规定：国家确定国家基本比例尺地图的系列和基本精度；国务院自然资源主管部门应当会商国务院其他有关部门、军队测绘部门制定具体规范和要求；测绘国家基本比例尺地图时，应当执行国家制定的技术规范和标准。

2. 地图编制管理

地图编制管理主要包括地图编制内容表示的规定以及对地图编制工作中的地图内容审核、解密处理等方面的相关要求。

1）地图编制的基本概念

地图编制指编制地图的作业过程，包括编辑准备、原图编绘和出版准备三个阶段。由于地图具有严密的科学性、严肃的政治性和严格的法定性，因此国家对地图编制工作非常重视。据此，国务院颁布了《地图管理条例》，并对地图编制、出版的管理体制、基本原则和内容表示等进行了严格的规定，它是目前我国地图编制管理的主要法律依据。

2）地图编制的基本要求

（1）从事地图编制活动的单位应当依法取得相应的测绘资质证书，并在资质等级许可的范围内开展地图编制工作。

（2）编制地图，应当执行国家有关地图编制标准，遵守国家有关地图内容表示的规定。

（3）编制地图，应当选用最新的地图资料并及时补充或者更新，正确反映各要素的地理位置、形态、名称及相互关系，且内容符合地图使用目的。

（4）编制涉及中华人民共和国国界的世界地图、全国地图，应当完整表示中华人民共和国疆域。

（5）在地图上绘制我国县级以上行政区域界线或者范围，应当符合行政区域界线标准画法图。

（6）在地图上表示重要地理信息数据，应当使用依法公布的重要地理信息数据。

（7）利用涉及国家秘密的测绘成果编制地图的，应当依法使用经国务院测绘地理信息行政主管部门或者省、自治区、直辖市人民政府测绘地理信息行政主管部门进行保密技术处理的测绘成果。

3. 地图审核管理

地图审核是指测绘地理信息行政主管部门依据国家有关地图编制的规范和标准，对地图的内容及其表现形式进行审查的一种行政行为，是加强地图管理的重要措施和手段。地图审核工作应当遵循维护国家主权、保守国家秘密、高效规范实施、提供优质服务的原则，其目的是加强地图审核管理，维护国家主权、安全和利益。

国务院测绘地理信息行政主管部门负责全国地图审核工作的监督管理。省、自治区、直辖市人民政府测绘地理信息行政主管部门以及设区的市级人民政府测绘地理信息行政主管部门负责本行政区域地图审核工作的监督管理。

1）申请人提出地图审核申请的情形

（1）出版、展示、登载、生产、进口、出口地图或者附着地图图形的产品的；

（2）已审核批准的地图或者附着地图图形的产品，再次出版、展示、登载、生产、进口、出口且地图内容发生变化的；

（3）拟在境外出版、展示、登载地图或者附着地图图形的产品的。

2）不需要审核的地图

（1）直接使用测绘地理信息行政主管部门提供的具有审图号的公益性地图；

（2）景区地图、街区地图、公共交通线路图等内容简单的地图；

（3）法律法规明确应予公开且不涉及国界、边界、历史疆界、行政区域界线或者范围的地图。

3）国务院测绘地理信息行政主管部门负责审核的地图

（1）全国地图以及主要表现地为两个以上省、自治区、直辖市行政区域的地图；

（2）香港特别行政区地图、澳门特别行政区地图以及台湾地区地图；

（3）世界地图以及主要表现地为国外的地图；

（4）历史地图。

4）省、自治区、直辖市人民政府测绘地理信息行政主管部门负责审核的地图

省、自治区、直辖市人民政府测绘地理信息行政主管部门负责审核的地图为主要表现地在本行政区域范围内的地图。其中，主要表现地在设区的市行政区域范围内不涉及国界线的地图，由设区的市级人民政府测绘地理信息行政主管部门负责审核。

5）申请地图审核，应当提交的材料

（1）地图审核申请表；

（2）需要审核的地图最终样图或者样品，用于互联网服务等方面的地图产品，还应当提供地图内容审核软硬件条件；

（3）地图编制单位的测绘资质证书。

有下列情形之一的，可以不提供第三项规定的测绘资质证书：

（1）进口不属于出版物的地图和附着地图图形的产品；

（2）直接引用古地图，使用示意性世界地图、中国地图和地方地图；

（3）利用自然资源主管部门具有审图号的公益性地图且未对国界、行政区域界线或者范围、重要地理信息数据等进行编辑调整。

6）地图审核的法律责任

（1）根据《地图管理条例》应当送审而未送审的，责令改正，给予警告，没收违法地图或者附着地图图形的产品，可以处罚款；有违法所得的，没收违法所得。

（2）经审核不符合国家有关标准和规定的地图未按照审核要求修改即向社会公开的，责令改正，给予警告，没收违法地图或者附着地图图形的产品，可以处罚款；有违法所得的，没收违法所得；情节严重的，责令停业整顿，降低资质等级或者吊销测绘资质证书，可以向社会通报。

(3) 未在地图的适当位置显著标注审图号，或者未按照有关规定送交样本的，责令改正，给予警告；情节严重的，责令停业整顿，降低资质等级或者吊销测绘资质证书。

(4) 最终向社会公开的地图与审核通过的地图内容及表现形式不一致，或者互联网地图服务审图号有效期届满未重新送审的，自然资源主管部门应当责令改正、给予警告，可以处3万元以下的罚款。

(5) 测绘地理信息行政主管部门及其工作人员在地图审核工作中滥用职权、玩忽职守、徇私舞弊的，依法给予处分；涉嫌构成犯罪的，移送有关机关依法追究刑事责任。

4. 案例分析

案例 1

2020年3月，某图书出版社出版的美食类图书中登载使用的部分地图图片，存在未依法履行地图审核程序且使用地图不符合国家有关规定等违法行为，漏绘钓鱼岛、赤尾屿、南海诸岛及南海断续线，台湾岛底色与大陆颜色不一致，克什米尔地区、巴基斯坦地区表示不符合国家有关规定。鉴于该公司主动采取措施减轻违法后果，自主改进今后工作，依据《行政处罚法》相关规定及其违法情形，对其作出“警告，没收相关书籍2207册，处4万元罚款”的行政处罚。

案例 2

2021年11月，某互联网公司运营的网站栏目首页中公开登载、展示的地图，存在未依法履行地图审核程序且使用地图不符合国家有关规定等违法行为，漏绘南海诸岛岛点、南海断续线和中日界，克什米尔争议地区表示错误。鉴于该公司在本案中涉案地图为免费或公益类产品，主动消除违法行为危害后果，积极配合案件调查等事实情节，依据《行政处罚法》相关规定及其违法情形，对其作出“警告，处2万元罚款”的行政处罚。

案例 3

2022年6月，某杂志社出版的地理类杂志中登载使用的地图，存在未标注审图号，并且公开出版的地图内容与申请地图审核的地图内容不一致等违法行为，漏绘南海诸岛等重要岛屿。鉴于该杂志社不存在故意传播错误地图的目的，社会影响较小，无违法所得，并主动纠正了违法行为等事实情节，依据《行政处罚法》相关规定及其违法情形，对其作出“警告”的行政处罚。

4.6 不动产测绘和其他测绘管理

按照《不动产登记暂行条例》的界定，不动产指土地、海域以及房屋、林木等定着物。不动产测绘指对土地、海域、房屋等不动产的形状、大小、空间位置及其属性等进行测定、采集、表述以及对获取的数据、信息、成果等地理信息进行处理和提供的活动。根据《测绘资质管理办法》和《测绘资质分类分级标准》，界线与不动产测绘包括行政区域界线测绘、不动产测绘和不动产测绘监理，不动产测绘包括地籍测绘、房产测绘和海域权属测绘。

《测绘法》第二十二条规定：县级以上人民政府测绘地理信息主管部门应当会同本级人民政府不动产登记主管部门，加强对不动产测绘的管理。明确了不动产测绘的监督管理职责。

4.6.1 界线测绘管理

1. 国界线测绘管理

1）国界线测绘的概念和特征

国界线指相邻国家领土的分界线，是划分国家领土范围的界线，也是国家行使领土主权的界线。国界可以分为陆地国界、水域国界和空中国界，我们通常所说的国界主要指陆地国界。

国界线测绘指为划定国家间的共同边界线而进行的测绘活动，是与邻国明确划定边界线、签订边界条约和议定书以及日后定期进行联合检查的基础工作。国界线测绘的主要成果是边界线位置和走向的文字说明、界桩点坐标及边界线地形图。其具有以下特征：

（1）国界线测绘涉及国家主权和领土完整。如果在国界线测绘中出现错误，使中华人民共和国领土成为其他国家的领土，直接影响我国的主权和领土完整。

（2）国界线测绘涉及我国的外交关系和政治主张。国界线测绘成果出现质量问题或者错误，将会引起国际边界争议和争端，对我国的外交关系产生不利影响。

（3）国界线测绘涉及国家安全和利益，属于国家秘密范围。国界线测绘成果包括边界地图、未定国界的勘测资料等属于国家绝密级资料，直接涉及国家安全和利益。

2）国界线测绘的管理

国界线测绘具有严格的法定性、政治性和严肃性。因此，国家对国界线测绘活动的管理历来都十分严格。

（1）国界线测绘，按照中华人民共和国与相邻国家缔结的边界条约或者协定进行。国界线测绘不仅涉及我国的主权问题，而且涉及我国与邻国之间的外交关系。在国界线测绘中，《测绘法》明确规定必须按照我国与相邻国家缔结的边界条约或者协定执行。

（2）制定国界线标准样图。国界线标准样图是指国界线画法的标准样图，是指按照一定原则制作的有关中国国界线画法的统一的、标准的地图。制定国界线标准样图的目的是维护我国的领土和主权，提高地图上绘制国界线的准确度，避免出现国界线绘制方面的错误。国界线标准样图涉及我国与相邻国家之间的领土划分，因此，《测绘法》规定拟定国界线标准样图的工作由外交部和国务院自然资源主管部门共同负责，其他任何部门都无权制定国界线标准样图。

（3）公布国界线标准样图。公布国界线标准样图的目的是维护我国的领土完整和主权，为使用国界线的单位和个人提供法定依据。《测绘法》第二十条规定：中华人民共和国地图的国界线标准样图，由外交部和国务院测绘地理信息主管部门拟定，报国务院批准后公布。明确了国界线标准样图的公布机关只能是国务院或者国务院授权的部门。

2. 行政区域界线测绘管理

1）行政区域界线的概念

行政区域界线指国务院或者省、自治区、直辖市人民政府批准的行政区域毗邻的各有关人民政府行使行政区域管辖权的分界线。行政区域界线涉及行政区域界线周边地区的稳定与发展和行政争议。为了加强对行政区域界线的管理，巩固行政区域界线勘定成果、维护行政区域界线周边地区稳定，2002 年 5 月，国务院颁布了《行政区域界线管理条例》，并自 2002 年 7 月 1 日起施行，并规定：地方各级人民政府必须严格执行行政区域界线批准文件和行政区域界线协议书的各项规定，维护行政区域界线的严肃性、稳定性。任何组织或者个人不得擅自变更行政区域界线。国务院民政部门负责全国行政区域界线管理工作。县级以上地方各级人民政府民政部门负责本行政区域界线管理工作。

2）行政区域界线测绘的内容

行政区域界线测绘是指利用测绘技术手段和原理，为划定行政区域界线的走向、分布以及周边地理要素而进行的测绘工作。行政区域界线测绘是测绘行政主管部门为勘定行政区域界线而实施的一种行政行为，行政区域界线测绘的成果具有法律效力。因此，行政区域界线测绘被认定是一种法定测绘。根据《省级行政区域界线勘界测绘技术规定（试行）》规定，行政区域界线测绘的内容包括界桩的埋设与测定、边界线的标绘、边界协议书附图的绘制、边界线走向和界桩位置说明的编写、中华人民共和国省级行政区域界线详图集的编纂和制印。行政区域界线测绘采用全国统一的大地坐标系统、平面坐标系统和高程系统，执行国家现行的有关测绘技术规范和标准。

3）行政区域界线测绘管理

《测绘法》第二十一条规定：行政区域界线的测绘，按照国务院有关规定执行。省、自治区、直辖市和自治州、县、自治县、市行政区域界线的标准画法图，由国务院民政部门和国务院测绘地理信息主管部门拟定，报国务院批准后公布。

3. 权属界线测绘管理

1）权属界线测绘的基本概念

权属是指所有权和使用权，这里是指土地、建筑物、构筑物以及地面上其他附着物的所有权和使用权。所有权是指所有者对其所有物依法享有的占有、使用、收益和处分的权利。使用权是指使用者对其使用的土地、建筑物、构筑物以及地面上其他附着物依法享有的占有、使用和收益的权利。

权属界线是指土地、建筑物、构筑物以及地面上其他附着物的权属的分界线，也称为权属界址线。界址线的转折点称为界址点，将所有界址点连接起来，就形成了一块土地、建筑物、构筑物以及地面上其他附着物的权属界址线。

权属界线测绘是指测定权属界线的走向和界址点的坐标及对其数据进行处理和绘制图形的活动。权属界线测绘是确定权属的重要手段，只有通过权属界线测绘才能准确地将权属界线用数据和图形的形式表示出来。

权属界线测绘的成果主要包括权属调查表、权属界址点坐标、权属面积统计表、权属界线图等。

2）权属界线测绘的有关规定

《测绘法》第二十二条规定：测量土地、建筑物、构筑物和地面其他附着物的权属界址线，应当按照县级以上人民政府确定的权属界线的界址点、界址线或者提供的有关登记资料和附图进行。权属界址线发生变化的，有关当事人应当及时进行变更测绘。

权属界线测绘属于十分重要的测绘活动，必须按照《测绘法》及相关法规、规章的规定进行。从事权属界线测绘，必须依法取得相应等级和业务范围的测绘资质证书，依法履行相应的法律义务。从事权属界线测绘，必须掌握以下几点：

（1）从事权属界线测绘时，必须明确土地、房屋等确权工作是由地方县级以上人民政府登记造册、核发证书，确认所有权或者使用权，权属界址线的测绘也必须以县级以上地方人民政府的确权为依据进行。

（2）不动产的设立、变更、转让、消灭，经依法登记，发生效力。申请人在不动产变更时，必然会涉及重新登记问题，也就自然而然地涉及权属界线测绘问题。因此，《测绘法》规定，权属界址线发生变化时，有关当事人应当及时进行变更测绘。

（3）权属界线测绘属于十分重要的测绘活动，必须按照《测绘法》及相关测绘法规、规章的规定，依法取得相应的测绘资质，依法履行相应的法律义务。

4.6.2 地籍测绘管理

1. 地籍测绘的概念

地籍测绘是获取和表达地籍信息所进行的测绘工作，指对地块权属界线的界址点坐标进行测定，并把地块及其附着物的位置、面积、权属关系和利用状况等要素准确地绘制在图纸上和记录在专门的表册中的测绘工作。地籍测绘的目的是获取和表述不动产的权属、位置、形状、数量等有关信息，为不动产产权管理、税收、规划、环境保护、统计等多种用途提供基础资料。

2. 地籍测绘的内容

地籍测绘是服务于地籍管理的一种专业测量，它是为了满足地籍管理中确定宗地的权属线、位置、形状、数量等地籍要素的需要而进行的测量和面积计算工作。地籍测绘的重要成果之一是地籍图，因此地籍图测绘在地籍测绘乃至地籍管理中都起着至关重要的作用。地籍测绘的主要内容包括地籍调查、地籍平面控制测量、土地界址点测定、地籍图绘制和土地面积计算等。

3. 地籍测绘的特点

在凡涉及土地及其附着物的权利的测量都可视为地籍测绘，地籍测绘与基础测绘和专业测量有着明显不同，具体表现如下：

（1）地籍测绘是一项基础性的具有政府行为的测绘工作，是政府行使土地行政管理职能的具有法律意义的行政性技术行为。在国外，地籍测绘被称作官方测绘。在我国，历次地籍测绘都是由朝廷或政府下令进行的，其目的是保证政府对土地的税收并兼有保护个人土地产权。现阶段我国进行的地籍测绘工作的根本目的是国家为保护土地、合理利用土地及保护土地所有者和土地使用者的合法权益，为社会发展和国民经济计划提供基础资料。

（2）地籍测绘为土地管理提供了精确、可靠的地理参考系统。由地籍的历史和地籍测绘的历史可知，测绘技术一直是地籍技术的基础技术之一，地籍测绘技术不但为土地的税收和产权保护提供精确、可靠并能被法律事实接受的数据，而且借助现代先进的测绘技术为地籍提供了一个大众都能接受的具有法律意义的地理参考系统。

（3）地籍测绘是在地籍调查的基础上进行的。它在对完整的地籍调查资料进行全面分析的基础上，选择不同的地籍测绘技术和方法。地籍测绘成果根据土地管理和房地产管理或其他相关的要求提供不同形式的图、数、册等资料。

(4) 地籍测绘具有勘验取证的法律特征。无论是产权的初始登记,还是变更登记或他项权利登记,在对土地权利的审查、确认、处分过程中,地籍测绘所做的工作就是利用测量技术手段对权属主体提出的权利申请进行现场的勘查、验证,为土地权利的法律认定提供准确、可靠的物权证明材料。

(5) 地籍测绘的技术标准必须符合土地法律的要求。地籍测绘的技术标准既要符合测量的观点,又要反映土地法律的要求,它不仅表达人与地物、地貌的关系和地物与地貌之间的联系,而且同时反映和调节着人与人、人与社会之间的以土地产权为核心的各种关系。

(6) 地籍测绘工作有非常强的现势性。由于社会发展和经济活动使土地的利用和权利经常发生变化,而土地管理要求地籍资料有非常强的现势性,因此必须对地籍测绘成果进行及时更新,所以地籍测绘工作比一般基础测绘工作更具有经常性的一面,且不可能人为地固定更新周期,只能及时、准确地反映实际变化情况。地籍测绘工作始终贯穿于建立、变更、终止土地利用和权利关系的动态变化之中,并且是维持地籍资料现势性的主要技术之一。

(7) 地籍测绘技术和方法是对当今测绘技术和方法的应用集成。地籍测绘技术是普通测量、数字测量、摄影测量与遥感、面积测算、误差理论和平差、大地测量、空间定位技术等技术的集成式应用。根据土地管理和房地产管理对图形、数据和表册的综合要求组合不同的测绘技术和方法。

(8) 从事地籍测绘的技术人员应有丰富的土地管理知识。从事地籍测绘的技术人员不但具备丰富的测绘知识,还应具有不动产法律知识和地籍管理方面的知识。地籍测绘工作从组织到实施都非常严密,它要求测绘技术人员要与地籍调查人员密切配合,细致认真地作业。

4. 地籍测绘管理的内容

1) 编制地籍测绘规划

国务院自然资源主管部门负责编制全国地籍测绘规划,县级以上地方人民政府自然资源主管部门负责编制本行政区域的地籍测绘规划。

2) 组织管理地籍测绘

县级以上地方人民政府自然资源主管部门按照地籍测绘规划,组织管理地籍测绘。

3) 管理地籍测绘资质

从事地籍测绘活动,必须依法取得省级以上人民政府自然资源主管部门颁发的载有不动产测绘业务中的地籍测绘子项的测绘资质证书,并按照测绘资质证书规定的资质等级、业务范围从事地籍测绘活动。其他任何部门、任何机关发放载有地籍测绘、地籍勘测业务的资格、许可证或者资质证书,都是违反国家现行测绘地理信息法律规定的行为。

4) 监督管理地籍测绘成果质量,确认地籍测绘成果

加强地籍测绘成果质量的监督管理,是各级自然资源主管部门的基本职责。各级自然资源主管部门要依法履行测绘地理信息成果质量监督管理职能,加强对地籍测绘成果质量的监督检查,依法确认地籍测绘成果,保证地籍测绘成果质量。

5) 监督管理地籍测绘标准

自然资源主管部门的一项重要职责就是研究制定地籍测绘技术标准和规范,对地籍测

绘过程中执行国家技术规范和标准情况进行监督管理。《测绘法》明确规定：从事测绘活动，应当使用国家规定的测绘基准和测绘系统，执行国家规定的测绘技术规范和标准。因此，各级自然资源主管部门要加强对地籍测绘标准化的管理，确保国家地籍测绘的各项标准、规范得到全面正确的实施。

4.6.3 房产测绘管理

1. 房产测绘的基本概念和内容

房产测绘是指运用测绘仪器、测绘技术、测绘手段测定和表述房屋及其自然状况、权属状况、位置、数量、质量以及利用状况及其属性并对获取的数据、信息、成果进行处理和提供的活动，隶属于工程测量，是工程测量专业中地籍测量学的一部分，后独立为房产测绘。房产测绘细分为房地产基础测绘和房地产项目测绘两种。

房地产基础测绘是指在一个城市或一个地域内，大范围、整体地建立房地产的平面控制网，测绘房地产的基础图纸——房地产分幅平面图。

房地产项目测绘是指在房地产权属管理、经营管理、开发管理以及其他房地产管理过程中需要测绘房地产分户平面图、房地产分层分户平面图及相关的图、表、册、簿、数据等开展的测绘活动。房地产项目测绘与房地产权属管理、交易、开发、拆迁等房地产活动紧密相关，工作量大，其中最大量、最具现实、最重要的是房屋、土地权属证件附图的测绘。

房产测绘的主要内容包括房产平面控制测量、房产面积预算、房产面积测算、房产要素调查与测量、房产图绘制、房产面积测算、房产变更调查与测量、建立房产信息系统、成果资料的检查与验收等。房产测绘成果包括房产簿册、房产数据和房产图集等。

2. 房产测绘的任务

房产测绘的任务，主要是通过测量和调查工作来确定城镇房屋的位置、权属、界线、质量、数量和现状等，并以文字、数据及图件表示出来。目的是要搞清楚房地产的产权，使用权的范围，界线和面积，房屋建筑物的分布，坐落的位置和形状，建筑物的结构、层数和建成年份，以及建筑物的用途和土地的使用情况等基础资料，为房产的产权和户籍管理、房地产的开发利用以及城镇的规划建设提供基础依据，促进房屋管理、维修、保养和建设工作经济效益和社会效益的提高。归纳起来就是：①提供核发不动产权证书的图件，建立产权、产籍档案等房产管理基础资料；②为房产的产业管理绘制分幅图、分丘图和分户图；③为城镇住宅建设和旧城改造提供规划设计所需的图纸资料。具体任务包括以下几项：

(1) 测制分幅图。分幅图是全面反映房屋及用地位置和权属等状况的基本图，是分丘图和分户图的基础，是全面掌握房屋建筑、土地现状及变化情况的总图。对于已有适用地形图的城镇，可以利用现有地形图，在其基础上增加测绘所需要的房产内容就可以了；如若没有适用的现成地形图，则要重新绘制包括地形图在内的全部房产图。

(2) 测制"三产"管理图卡。"三产"即产权、产业和产籍。产权泛指所有权者对财产的占有、使用、收益和处理，并排除他人干涉的权能。产业是指房地产经营部门所经营的财产、家庭，它涉及公房的产权来源依据，其内容有房屋结构、层次、设备和经常性的变动，要账实相符，住户和租户一致。产籍则是指产业情况的登记和记载"三产"管理图卡，包括：①房产分丘平面图；②房产分层、分户平面图；③房产部门直管房屋图卡；④房产部门直管土地图卡。这些资料正是加强城市房产产权、产业和产籍管理的基础,是核发不动产权证书的附图,也是房产部门进行房地产业管理和评算租金的依据。

(3) 房产图的修测和补测。城镇的基本建设在不断发展,旧城改造、新建、扩建,加层等增加的房屋和拆除、焚毁等减少的房屋,在基本分幅图上都需要及时进行修测和补测,使原测制的房产图不断得到更新,以便保持房产图、图卡和实地三者的一致,使房产图永远保持最好的使用价值,以适应房地产业不断发展的需要。

3. 房产测绘管理

1) 房产测绘资质管理

从事房产测绘应当依法取得载有不动产测绘业务房产测绘子项的测绘资质证书,并在测绘资质证书规定的业务范围内从事房产测绘活动。需要说明的是,《房产测绘管理办法》中有关房产测绘资质申请、受理的规定,已由国务院发文明确取消,不作为房产测绘资质审批的依据。目前,为简化行政审批程序,方便行政许可申请人,申请房产测绘资质不需要再征求其他任何部门的意见,也不需要房地产行政主管部门进行初审。

2) 房产测绘成果质量管理

房产测绘成果包括房产簿册、房产数据和房产图集等。用于房屋权属登记等房产管理的房产测绘成果,房地产行政主管部门应当对施测单位的资格、测绘成果的适用性、界址点准确性、面积测算依据与方法等内容进行审核。审核后的房产测绘成果纳入房产档案统一管理。向国(境)外团体和个人提供、赠送、出售未公开的房产测绘成果资料,委托国(境)外机构印制房产测绘图件,应当按照《测绘法》和《测绘成果管理条例》以及国家安全、保密等有关规定办理。

4. 房产测绘的法律责任

《房产测绘管理办法》第二十一条规定:房产测绘单位有下列情形之一的,由县级以上人民政府房地产行政主管部门给予警告并责令限期改正,并可处以 1 万元以上 3 万元以下的罚款;情节严重的,由发证机关予以降级或者取消其房产测绘资格。

(1) 在房产面积测算中不执行国家标准、规范和规定的;

(2) 在房产面积测算中弄虚作假、欺骗房屋权利人的;

(3) 房产面积测算失误,造成重大损失的。

案例分析

位于苏州市吴江区松陵街道油车路 188 号的苏州市四季开源餐饮管理服务有限公司的辅房发生坍塌事故,经查,吴江区吴城房地产测绘有限公司受委托对案涉房屋进行测绘,在测绘过程中,未执行国家房产测量规范和有关技术标准、规定,将原 2 号楼保留并计入 12 号楼的 1369.41m^2 砖混结构,全部描述为"12 钢混四"。该行为违反了《房产测绘管理办法》第三条的规定。根据《房产测绘管理办法》第二十一条第(一)项的规定,对吴江区吴城房地产测绘有限公司处以罚款 3 万元整。

4.6.4 海洋测绘管理

1. 海洋测绘的概念和内容

海洋测绘是海洋测量和海图绘制的总称,其任务是对海洋及其邻近陆地和江河湖泊进行测量和调查，获取海洋基础地理信息，编制各种海图和航海资料，为航海、国防建设、海洋开发和海洋研究服务。其主要内容有：海洋大地测量、水深测量、海洋工程测量、海底地形测量、障碍物探测、水文要素调查、海洋重力测量、海洋磁力测量、海洋专题测量和海区资料调查，以及各种海图、海图集、海洋资料的编制和出版，海洋地理信息的分析处理及应用。

2. 海洋测绘的任务和特点

海洋测绘的任务既可以是科学性任务，如研究地球的形状，研究海底地质构造的运动、海洋环境等；也可以是一些实用性任务，如自然资源的勘探与海洋工程、航运救捞与航道、近岸工程、渔业捕捞划界等，具体涉及的内容包括海洋重力测量、海洋磁力测量、海水面的测定、大地控制与海底控制、定位、测深、海底地形勘测、制图与 MGIS，等等。

海洋测绘的对象是海洋以及海洋中的各种自然现象和人文现象，海洋测绘有其特殊性：

(1) 陆地上所测定点的三维坐标是分别用不同的方法、不同的仪器设备分别测定的，但在海洋测量中垂直坐标是和船体的平面位置同步测定的。

(2) 陆上的测站点与在海上的测站点相比，可以说是固定不动的；但海上的测站点是在不断地运动的。

(3) 在陆地测量中一般必须使用电磁波信号，而海洋测绘一般则采用声波信号。

(4) 陆地上测定的是高程，即某点高出大地水准面多少；而在海上测定的是海底某点的深度即其低于大地水准面或水深基准面多少。

(5) 在陆地的观测点往往通过多次重复测量，得到一组观测值，经平差后可得该组观测值的最或是值；而海洋测绘必须在不断运动着的海面上进行。

(6) 陆地地形测量及工程制图大多采用高斯-克吕格投影；而海洋制图还有墨卡托投影、通用横轴墨卡托(UTM)投影等，尤其海图投影基本上采用墨卡托投影。

3. 海洋测绘管理规定

从事海洋测绘活动，必须遵守《测绘法》及有关的法律、法规和规章，必须依法取得海洋测绘资质。

根据《测绘法》规定，海洋基础测绘工作由军事测绘部门按照国务院、中央军事委员会规定的职责分工具体负责。

《测绘法》第四条规定：军队测绘部门负责管理军事部门的测绘工作，并按照国务院、中央军事委员会规定的职责分工负责管理海洋基础测绘工作。

《测绘法》第十七条规定：军队测绘部门负责编制军事测绘规划，按照国务院、中央军事委员会规定的职责分工负责编制海洋基础测绘规划，并组织实施。

4.6.5　军事测绘管理

1. 军事测绘的概念

军事测绘是指具有军事内容或者为军队作战、训练、军事工程、战场准备等实施的测绘工作的总称。其基本任务是测制与搜集军用大地测量成果和军用地图，调查整理军事地理资料；组织实施作战和训练的测绘工作。通常由军事测绘部门实施。

军事测绘主要包括生产测绘成果和实施测绘保障两方面的任务。一是生产测绘成果，主要是测制符合规范要求的测绘产品，由军队专业部门进行；二是实施测绘保障，主要是提供测绘成果和为部队作战、训练准备地形资料而采取的综合措施，由测绘勤务部门、分队进行。生产和保障两者紧密联系，构成一个整体，生产是保障的物质条件，保障是生产的主要目的，测绘成果作用的大小取决于保障作战发挥的效益。

军事测绘的主要目的是保障指挥员了解战区地理形势，掌握战场地形情况；保障部队在作战中正确利用地形；保障技术兵器准确定位，充分发挥射击效能。

2. 军事测绘的特征

军事测绘是一项为军事需要获取和提供地理、地形资料和信息的专业勤务，其特征主要包括保密性、精确性、实时性和测绘保障范围广等。

1）保密性

由于军事测绘涉及国防秘密，其规划、实施和管理通常具有保密性特征。军事测绘是为军队作战、训练、军事工程、战场准备而实施的测绘工作，军事测绘成果承载了大量军事设施、军事工程和军队作战、训练等重要信息，这些信息与国家安全和利益紧密相关，属于军事秘密。军事测绘的基本比例尺地图为1∶5万地形图，属于国家机密。因此，军事测绘的一个重要特征就是保密性。

2）精确性

军事地图和地理信息系统的建立需要高精度的数据支持，以确保信息的可靠性和有效性。地理信息为数字化战场和信息化战争构建了基础框架，是建设现代化军队、打赢信息化战争、建立国家安全保障体系重要的信息化支撑。现代战争的精确制导和精确打击都离不开精确的地理信息数据。有了精确、及时、可靠的军事测绘保障，才能正确地感知战场，拥有空间信息优势，才能更及时、有效地运用作战力量，发挥作战效能。因此，军事测绘成果必须具有精确性。

3）实时性

军事测绘任务需要快速响应和提供最新的地理空间信息，以便支持国防建设和军队作战、训练和武器装备试验的即时需求。《中国人民解放军测绘条例》规定，军事测绘的根本要求是及时、准确、真实。军事测绘成果必须注重实时性，实时地把握战场地形条件和地貌特征，为赢得战争提供保障条件。

4）测绘保障范围广

军事测绘是各级司令部的一项勤务工作，如各军种、兵种测绘保障，合成军队测绘保障，国防科技测绘保障等。主要内容包括：①进行战区、海区的军事地理研究和战场地形分析；②储备、供应军事测绘成果和其他地形资料；③组织实施野战快速测绘；④指导部队地形训练。随着科学技术的发展，军事测绘的范围已从陆地、海洋扩展到外层空间。

3. 军事测绘管理规定

1）国家制定军事测绘管理办法

军事测绘管理办法由中央军事委员会根据《测绘法》制定。现行《中国人民解放军测绘条例》是由中央军委于1996年1月10日颁布的，是我军第一部规范军事测绘活动的基本法规。

2）国家编制军事测绘规划和海洋基础测绘规划

《测绘法》第十七条规定：军队测绘部门负责编制军事测绘规划，按照国务院、中央军事委员会规定的职责分工负责编制海洋基础测绘规划，并组织实施。该条规定一是明确了国家要编制军事测绘规划和海洋基础测绘规划，二是确定了军事测绘规划和海洋基础测绘规划由军队测绘部门负责编制并组织实施。

军队测绘主管部门负责管理军事部门测量标志保护工作，并按照国务院、中央军事委员会规定的职责分工负责管理海洋基础测量标志保护工作。

3）军事测绘主管部门负责军事测绘单位的测绘资质审查

《测绘法》第二十八条规定：军队测绘部门负责军事测绘单位的测绘资质审查。该条规定确定了军事测绘资质审查制度。军事测绘单位主要承担军事测绘项目，其人员、装备情况及其实施的具体测绘项目都涉及军事秘密，不宜由地方测绘单位承担。因此，国家确立了军事测绘资质审查制度，并明确由军事测绘部门负责。

4）协助开展其他管理工作

协助自然资源主管部门开展相应工作，积极推进测绘技术的共享共用。其中涉及外国的组织或者个人来华测绘、测绘基准和测绘系统管理、卫星导航定位基准站建设备案情况通报、国家重要地理信息数据审核等多方面，防止测绘成果的泄密。

4.6.6 外国的组织或者个人来华测绘管理

1. 来华测绘的基本内容

外国的组织或者个人来华测绘管理指对外国的组织或者个人来华从事非商业性测绘活动，采取合资、合作的方式来华从事商业性测绘活动，以及一次性测绘活动的监督管理。

涉外测绘活动的主体是外国的组织或者个人，涉外测绘活动的重要特征是涉及国家安全和利益。外国的组织或者个人在中华人民共和国领域和管辖的其他海域从事测绘活动，必须遵循以下原则：

(1) 必须遵守中华人民共和国的法律、法规和国家有关规定；

(2) 不得涉及中华人民共和国的国家秘密；

(3) 不得危害中华人民共和国的国家安全。

2. 合资、合作测绘管理

外国的组织或者个人在中华人民共和国领域测绘，必须与中华人民共和国的有关部门或者单位依法采取合资、合作的形式(以下简称“合资、合作测绘”)。合资、合作的形式，是依照外商投资的法律法规设立合资、合作企业。经国务院及其有关部门或者省、自治区、直辖市人民政府批准，外国的组织或者个人来华开展科技、文化、体育等活动时，需要进行一次性测绘活动的(以下简称“一次性测绘”)，可以不设立合资、合作企业，但是必须经国务院自然资源主管部门会同军队测绘主管部门批准，并与中华人民共和国的有关部门和单位的测绘人员共同进行。

合资、合作企业应当在“测绘资质证书”载明的业务范围内从事测绘活动。一次性测绘应当按照国务院自然资源主管部门批准的内容进行。合资、合作测绘或者一次性测绘的，应当保证中方测绘人员全程参与具体测绘活动。

1）合资、合作测绘不得从事的活动

（1）大地测量；

（2）测绘航空摄影；

（3）行政区域界线测绘；

（4）海洋测绘；

（5）地形图、世界政区地图、全国政区地图、省级及以下政区地图、全国性教学地图、地方性教学地图和真三维地图的编制；

（6）导航电子地图编制；

（7）国务院自然资源主管部门规定的其他测绘活动。

2）合资、合作企业申请测绘资质应当具备的条件

（1）符合《中华人民共和国测绘法》以及外商投资的法律法规的有关规定；

（2）符合《测绘资质管理办法》的有关要求；

（3）已经依法进行企业登记，并取得中华人民共和国法人资格。

3）合资、合作企业申请测绘资质应当提供的材料

（1）《测绘资质管理办法》中要求提供的申请材料；

（2）企业法人资格证书；

（3）国务院自然资源主管部门规定应当提供的其他材料。

4）测绘资质许可的办理程序

（1）提交申请：合资、合作企业应当向国务院自然资源主管部门提交申请材料。

（2）受理：国务院自然资源主管部门在收到申请材料后依法作出是否受理的决定。

（3）审查：国务院自然资源主管部门决定受理后10个工作日内送军队测绘主管部门会同审查，并在接到会同审查意见后10个工作日内作出审查决定。

（4）发放证书：审查合格的，由国务院自然资源主管部门颁发相应等级的“测绘资质证书”；审查不合格的，由国务院自然资源主管部门作出不予许可的决定。

3. 一次性测绘管理

经国务院及其有关部门或者省、自治区、直辖市人民政府批准，外国的组织或者个人来华开展科技、文化、体育等活动时，需要进行一次性测绘活动的，可以不设立合资、合作企业，但是必须经国务院自然资源主管部门会同军队测绘主管部门批准，并与中华人民共和国的有关部门和单位的测绘人员共同进行。

1）申请一次性测绘应当提交的申请材料

（1）申请表；

（2）国务院及其有关部门或者省、自治区、直辖市人民政府的批准文件；

（3）按照法律法规规定应当提交的有关部门的批准文件；

（4）外国的组织或者个人的身份证明和有关资信证明；

（5）测绘活动的范围、路线、测绘精度及测绘成果形式的说明；

（6）测绘活动时使用的测绘仪器、软件和设备的清单和情况说明；

（7）中华人民共和国现有测绘成果不能满足项目需要的说明。

2）一次性测绘取得国务院自然资源主管部门的批准文件的程序

（1）提交申请：经国务院及其有关部门或者省、自治区、直辖市人民政府批准，外国的组织或者个人来华开展科技、文化、体育等活动时，需要进行一次性测绘活动的，应当向国务院自然资源主管部门提交申请材料。

（2）受理：国务院自然资源主管部门在收到申请材料后依法作出是否受理的决定。

（3）审查：国务院自然资源主管部门决定受理后10个工作日内送军队测绘主管部门会同审查，并在接到会同审查意见后10个工作日内作出审查决定。

（4）批准：准予一次性测绘的，由国务院自然资源主管部门依法向申请人送达批准文件，并抄送测绘活动所在地的省、自治区、直辖市人民政府自然资源主管部门；不准予一次性测绘的，应当作出书面决定。

4. 来华测绘监督管理

国务院自然资源主管部门会同军队测绘主管部门负责来华测绘的审批。县级以上各级人民政府自然资源主管部门依照法律、行政法规和规章的规定，对来华测绘履行监督管理职责。

县级以上地方人民政府自然资源主管部门应当加强对本行政区域内来华测绘的监督管理，定期对下列内容进行检查：

（1）是否涉及国家安全和秘密；

（2）是否在“测绘资质证书”载明的业务范围内进行；

（3）是否按照国务院自然资源主管部门批准的内容进行；

（4）是否按照《中华人民共和国测绘成果管理条例》的有关规定汇交测绘成果副本或者目录；

（5）是否保证了中方测绘人员全程参与具体测绘活动。

5. 来华测绘成果管理

1）成果归属

来华测绘成果归中方部门或者单位所有的，未经依法批准，不得以任何形式将测绘成果携带或者传输出境。

2）处罚

《外国的组织或者个人来华测绘管理暂行办法》规定：有下列行为之一的，由国务院自然资源主管部门撤销批准文件，责令停止测绘活动，处3万元以下罚款。有关部门对中方负有直接责任的主管人员和其他直接责任人员，依法给予处分；构成犯罪的，依法追究刑事责任，对形成的测绘成果依法予以收缴：①以伪造证明文件、提供虚假材料等手段，骗取一次性测绘批准文件的；②超出一次性测绘批准文件的内容从事测绘活动的。

未经依法批准将测绘成果携带或者传输出境的，由国务院自然资源主管部门处3万元以下罚款；构成犯罪的，依法追究刑事责任。

《测绘法》规定：外国的组织或者个人未经批准，或者未与中华人民共和国有关部门、单位合作，擅自从事测绘活动的，责令停止违法行为，没收违法所得、测绘成果和测绘工具，并处10万元以上50万元以下的罚款；情节严重的，并处50万元以上100万元以下的罚款，限期出境或者驱逐出境；构成犯罪的，依法追究刑事责任。限期出境和驱逐出境由公安机关依法决定并执行。

6. 案例分析

案例 1　三名德国公民在湖北宜昌非法测绘案

2009 年 5 月,湖北省宜昌市测绘局接到群众举报,三名德国公民在宜昌市涉嫌从事非法测绘活动,宜昌市测绘局立即进行了立案调查。经查,三名德国公民未经中华人民共和国国务院测绘行政主管部门批准,于 2009 年 5 月使用手持 GPS 接收机在宜昌市采集地理信息数据,并在录入计算机的 1∶1 万和 1∶2 万地形图上进行编绘。三名德国公民的行为违反了《中华人民共和国测绘法》第七条和《外国的组织或者个人来华测绘管理暂行办法》第六条关于外国的组织或者个人来华测绘管理的有关规定。2009 年 5 月 27 日,宜昌市测绘局依据《中华人民共和国测绘法》第五十一条关于外国的组织或者个人未经批准在中华人民共和国领域和管辖的其他海域从事测绘活动法律责任的规定,责令三名德国公民立即停止违法行为,作出没收测绘成果和测绘工具,并处相应数额罚款的行政处罚。

案例 2　日本公民三宅省吾在福建非法测绘案

2009 年 7 月,福建省测绘局接到群众举报,日本公民三宅省吾涉嫌非法采集我国地理信息数据,福建省测绘局立即进行了立案调查。经查,日本公民三宅省吾于 2006 年 10 月至 2007 年 10 月,未经中华人民共和国国务院测绘行政主管部门批准,擅自在福建省漳州市、龙岩市境内,使用 GPS 接收机测量了 195 个点位数据,并对 80 余个点位的地名属性和海拔高程等进行了地图标注。日本公民三宅省吾的行为违反了《中华人民共和国测绘法》第七条和《外国的组织或者个人来华测绘管理暂行办法》第六条关于外国的组织或者个人来华测绘管理的有关规定。2009 年 8 月 5 日,福建省龙岩市国土资源局依据《中华人民共和国测绘法》第五十一条关于外国的组织或者个人未经批准在中华人民共和国领域和管辖的其他海域从事测绘活动法律责任的规定,责令三宅省吾立即停止违法测绘行为,作出没收测绘成果和测绘工具,并处相应数额罚款的行政处罚。

附　录

附录一　注册测绘师制度暂行规定

第一章　总则

第一条　为了提高测绘专业技术人员素质，保证测绘成果质量，维护国家和公众利益，依据《中华人民共和国测绘法》和国家职业资格证书制度有关规定，制定本规定。

第二条　本规定适用于在具有测绘资质的机构中，从事测绘活动的专业技术人员。

第三条　国家对从事测绘活动的专业技术人员，实行职业准入制度，纳入全国专业技术人员职业资格证书制度统一规划。

第四条　本规定所称注册测绘师，是指经考试取得《中华人民共和国注册测绘师资格证书》，并依法注册后，从事测绘活动的专业技术人员。

注册测绘师英文译为：Registered Surveyor。

第五条　人事部、国家测绘局共同负责注册测绘师制度工作，并按职责分工对该制度的实施进行指导、监督和检查。各省、自治区、直辖市人事行政部门、测绘行政主管部门按职责分工，负责本行政区域内注册测绘师制度的实施与监督管理。

第二章　考试

第六条　注册测绘师资格实行全国统一大纲、统一命题的考试制度，原则上每年举行一次。

第七条　国家测绘局负责拟定考试科目、考试大纲、考试试题，研究建立并管理考试题库，提出考试合格标准建议。

第八条　人事部组织专家审定考试科目、考试大纲和考试试题。会同国家测绘局确定考试合格标准和对考试工作进行指导、监督、检查。

第九条　凡中华人民共和国公民，遵守国家法律、法规，恪守职业道德，并具备下列条件之一的，可申请参加注册测绘师资格考试：

（一）取得测绘类专业大学专科学历，从事测绘业务工作满 6 年。

（二）取得测绘类专业大学本科学历，从事测绘业务工作满 4 年。

（三）取得含测绘类专业在内的双学士学位或者测绘类专业研究生班毕业，从事测绘业务工作满3年。

（四）取得测绘类专业硕士学位，从事测绘业务工作满2年。

（五）取得测绘类专业博士学位，从事测绘业务工作满1年。

（六）取得其他理学类或者工学类专业学历或者学位的人员，其从事测绘业务工作年限相应增加2年。

第十条　注册测绘师资格考试合格，颁发人事部统一印制，人事部、国家测绘局共同用印的《中华人民共和国注册测绘师资格证书》，该证书在全国范围有效。

第十一条　对以不正当手段取得《中华人民共和国注册测绘师资格证书》的，由发证机关收回。自收回该证书之日起，当事人3年内不得再次参加注册测绘师资格考试。

第三章　注册

第十二条　国家对注册测绘师资格实行注册执业管理，取得《中华人民共和国注册测绘师资格证书》的人员，经过注册后方可以注册测绘师的名义执业。

第十三条　国家测绘局为注册测绘师资格的注册审批机构。各省、自治区、直辖市人民政府测绘行政主管部门负责注册测绘师资格的注册审查工作。

第十四条　申请注册测绘师资格注册的人员，应受聘于一个具有测绘资质的单位，并通过聘用单位所在地（聘用单位属企业的通过本单位工商注册所在地）的测绘行政主管部门，向省、自治区、直辖市人民政府测绘行政主管部门提出注册申请。

第十五条　省、自治区、直辖市人民政府测绘行政主管部门在收到注册测绘师资格注册的申请材料后，对申请材料不齐全或者不符合法定形式的，应当当场或者在5个工作日内，一次告知申请人需要补正的全部内容，逾期不告知的，自收到申请材料之日起即为受理。对受理或者不予受理的注册申请，均应出具加盖省、自治区、直辖市人民政府测绘行政主管部门专用印章和注明日期的书面凭证。

第十六条　省、自治区、直辖市人民政府测绘行政主管部门自受理注册申请之日起20个工作日内，按规定条件和程序完成申报材料的审查工作，并将申报材料和审查意见报国家测绘局审批。国家测绘局自受理申报人员材料之日起20个工作日内作出审批决定。在规定的期限内不能作出审批决定的，应将延长的期限和理由告知申请人。国家测绘局自作出批准决定之日起10个工作日内，将批准决定送达经批准注册的申请人，并核发统一制作的《中华人民共和国注册测绘师注册证》和执业印章。对作出不予批准的决定，应当书面说明理由，并告知申请人享有依法申请行政复议或者提起行政诉讼的权利。

第十七条　《中华人民共和国注册测绘师注册证》每一注册有效期为3年。《中华人民共和国注册测绘师注册证》和执业印章在有效期限内是注册测绘师的执业凭证，由注册测绘师本人保管、使用。

第十八条　初始注册者，可自取得《中华人民共和国注册测绘师资格证书》之日起1年内提出注册申请。逾期未申请者，在申请初始注册时，须符合本规定继续教育要求。

初始注册需要提交下列材料：

（一）《中华人民共和国注册测绘师初始注册申请表》；

(二)《中华人民共和国注册测绘师资格证书》;

(三) 与聘用单位签订的劳动或者聘用合同;

(四) 逾期申请注册的人员的继续教育证明材料。

第十九条　注册有效期届满需继续执业的,应在届满前 30 个工作日内,按照本规定第十四条规定的程序申请延续注册。审批机构应当根据申请人的申请,在规定的时限内作出是否准予延续注册的决定;逾期未作出决定的,视为准予延续。

延续注册需要提交下列材料:

(一)《中华人民共和国注册测绘师延续注册申请表》;

(二) 与聘用单位签订的劳动或者聘用合同;

(三) 达到注册期内继续教育要求的证明材料。

第二十条　在注册有效期内,注册测绘师变更执业单位,应与原聘用单位解除劳动关系,并按本规定第十四条规定的程序办理变更注册手续。变更注册后,其《中华人民共和国注册测绘师注册证》和执业印章在原注册有效期内继续有效。

变更注册需要提交下列材料:

(一)《中华人民共和国注册测绘师变更注册申请表》;

(二) 与新聘用单位签订的劳动或者聘用合同;

(三) 工作调动证明或者与原聘用单位解除劳动或者聘用合同的证明、退休人员的退休证明。

第二十一条　注册测绘师因丧失行为能力、死亡或者被宣告失踪的,其《中华人民共和国注册测绘师注册证》和执业印章失效。

第二十二条　注册申请人有下列情形之一的,应由注册测绘师本人或者聘用单位及时向当地省、自治区、直辖市人民政府测绘行政主管部门提出申请,由国家测绘局审核批准后,办理注销手续,收回《中华人民共和国注册测绘师注册证》和执业印章:

(一) 不具有完全民事行为能力的;

(二) 申请注销注册的;

(三) 注册有效期满且未延续注册的;

(四) 被依法撤销注册的;

(五) 受到刑事处罚的;

(六) 与聘用单位解除劳动或者聘用关系的;

(七) 聘用单位被依法取消测绘资质证书的;

(八) 聘用单位被吊销营业执照的;

(九) 因本人过失造成利害关系人重大经济损失的;

(十) 应当注销注册的其他情形。

第二十三条　注册申请人有下列情形之一的,不予注册:

(一) 不具有完全民事行为能力的;

(二) 刑事处罚尚未执行完毕的;

(三) 因在测绘活动中受到刑事处罚,自刑事处罚执行完毕之日起至申请注册之日止不满 3 年的;

(四) 法律、法规规定不予注册的其他情形。

第二十四条　注册申请人以不正当手段取得注册的,应当予以撤销,并由国家测绘局依法给予行政处罚;当事人在3年内不得再次申请注册;构成犯罪的,依法追究刑事责任。

第二十五条　被注销注册或者不予注册的人员,重新具备初始注册条件,并符合本规定继续教育要求的,可按本规定第十四条规定的程序申请注册。

第二十六条　国家测绘局应及时向社会公告注册测绘师注册有关情况。当事人对注销注册或者不予注册有异议的,可依法申请行政复议或者提起行政诉讼。

第二十七条　继续教育是注册测绘师延续注册、重新申请注册和逾期初始注册的必备条件。在每个注册期内,注册测绘师应按规定完成本专业的继续教育。注册测绘师继续教育,分必修课和选修课,在一个注册期内必修课和选修课均为60学时。

第四章　执业

第二十八条　注册测绘师应在一个具有测绘资质的单位,开展与该单位测绘资质等级和业务许可范围相应的测绘执业活动。

第二十九条　注册测绘师的执业范围:

(一)测绘项目技术设计;

(二)测绘项目技术咨询和技术评估;

(三)测绘项目技术管理、指导与监督;

(四)测绘成果质量检验、审查、鉴定;

(五)国务院有关部门规定的其他测绘业务。

第三十条　注册测绘师的执业能力:

(一)熟悉并掌握国家测绘及相关法律、法规和规章;

(二)了解国际、国内测绘技术发展状况,具有较丰富的专业知识和技术工作经验,能够处理较复杂的技术问题;

(三)熟练运用测绘相关标准、规范、技术手段,完成测绘项目技术设计、咨询、评估及测绘成果质量检验管理;

(四)具有组织实施测绘项目的能力。

第三十一条　在测绘活动中形成的技术设计和测绘成果质量文件,必须由注册测绘师签字并加盖执业印章后方可生效。

第三十二条　修改经注册测绘师签字盖章的测绘文件,应由该注册测绘师本人进行;因特殊情况,该注册测绘师不能进行修改的,应由其他注册测绘师修改,并签字、加盖印章,同时对修改部分承担责任。

第三十三条　注册测绘师从事执业活动,由其所在单位接受委托并统一收费。因测绘成果质量问题造成的经济损失,接受委托的单位应承担赔偿责任。接受委托的单位依法向承担测绘业务的注册测绘师追偿。

第五章　权利、义务

第三十四条　注册测绘师享有下列权利:

(一)使用注册测绘师称谓;

（二）保管和使用本人的《中华人民共和国注册测绘师注册证》和执业印章；

（三）在规定的范围内从事测绘执业活动；

（四）接受继续教育；

（五）对违反法律、法规和有关技术规范的行为提出劝告，并向上级测绘行政主管部门报告；

（六）获得与执业责任相应的劳动报酬；

（七）对侵犯本人执业权利的行为进行申诉。

第三十五条 注册测绘师应履行下列义务：

（一）遵守法律、行政法规和有关管理规定，恪守职业道德；

（二）执行测绘技术标准和规范；

（三）履行岗位职责，保证执业活动成果质量，并承担相应责任；

（四）保守知悉的国家秘密和委托单位的商业、技术秘密；

（五）只受聘于一个有测绘资质的单位执业；

（六）不准他人以本人名义执业；

（七）更新专业知识，提高专业技术水平；

（八）完成注册管理机构交办的相关工作。

第六章 附则

第三十六条 在本规定印发之日前，长期从事测绘专业工作，并符合考核认定条件的专业技术人员，可通过考核认定，获得《中华人民共和国注册测绘师资格证书》。

第三十七条 通过考试取得《中华人民共和国注册测绘师资格证书》，并符合《工程技术人员职务试行条例》工程师专业技术职务任职条件的人员，用人单位可根据工作需要优先聘任工程师专业技术职务。

第三十八条 需注册测绘师签字盖章的文件种类和办法、继续教育的内容、测绘单位配备注册测绘师数量、注册执业管理等工作的具体办法，由国家测绘局另行规定。

第三十九条 符合考试报名条件的香港和澳门居民，可申请参加注册测绘师资格考试。申请人在报名时应提交本人身份证明、国务院教育行政部门认可的相应专业学历或者学位证书、从事测绘相关专业实践年限证明。台湾地区专业技术人员考试办法另行规定。

外籍专业人员申请参加注册测绘师资格考试、申请注册和执业等管理办法另行制定。

第四十条 在实施注册测绘师制度过程中，相关行政部门和相关机构，因工作失误，使专业技术人员合法权益受到损害的，应当依据《中华人民共和国国家赔偿法》给予相应赔偿，并可向有关责任人追偿。

第四十一条 实施注册测绘师制度的相关行政部门和相关机构的工作人员，有不履行工作职责，监督不力，或者谋取其他利益等违纪违规行为，并造成不良影响或者严重后果的，由其上级相关行政部门责令改正，对直接负责的主管人员和其他直接责任人员依法给予行政处分；构成犯罪的，依法追究刑事责任。

第四十二条 本规定自 2007 年 3 月 1 日起施行。

附录二　注册测绘师执业管理办法(试行)

国家测绘地理信息局关于印发《注册测绘师执业管理办法(试行)》的通知

国测人发〔2014〕8号

各省、自治区、直辖市测绘地理信息行政主管部门,新疆生产建设兵团测绘地理信息主管部门:

为加强注册测绘师管理,规范注册测绘师执业行为,根据《中华人民共和国测绘法》、《中华人民共和国行政许可法》和《注册测绘师制度暂行规定》,国家测绘地理信息局制定了《注册测绘师执业管理办法(试行)》,现予印发,请遵照执行。

国家测绘地理信息局

2014年7月9日

第一章　总则

第一条　为加强注册测绘师管理,规范注册测绘师注册、执业和继续教育行为,根据《中华人民共和国测绘法》、《中华人民共和国行政许可法》和《注册测绘师制度暂行规定》,制定本办法。

第二条　在中华人民共和国境内注册测绘师的注册、执业、继续教育和监督管理,适用本办法。

第三条　国家测绘地理信息局负责全国注册测绘师的执业管理工作。

县级以上地方测绘地理信息行政主管部门负责本行政区域内注册测绘师的执业管理工作,具体职责分工由省级测绘地理信息行政主管部门确定。

国务院有关部门所属单位和中央管理企业的注册测绘师按照属地原则进行管理。

第二章　注册

第四条　依法取得中华人民共和国注册测绘师资格证书(简称资格证书)的人员,通过一个且只能是一个具有测绘资质的单位(简称注册单位)办理注册手续,并取得《中华人民共和国注册测绘师注册证》(简称注册证)和执业印章后,方可以注册测绘师名义开展执业活动。

注册单位与注册测绘师人事关系所在单位或聘用单位可以不一致。

第五条　申请注册测绘师注册程序如下:

(一)申请人填写注册申请表;

(二)注册单位审核后,报省级测绘地理信息行政主管部门;

(三)省级测绘地理信息行政主管部门审查并提出意见后报国家测绘地理信息局;

(四)国家测绘地理信息局审批;

(五)国家测绘地理信息局作出批准注册决定后在国家测绘地理信息局网站公布。

受理、审查和审批的具体要求遵照《注册测绘师制度暂行规定》第十五、十六条执行。

第六条　注册证和执业印章每一注册有效期为3年,期满需要继续执业的,应在期满30个工作日前提出延续注册申请。变更注册单位须及时办理变更注册手续,距离原注册有效期满半年以内申请变更注册的，可同时申请延续注册。准予延续注册的，注册有效期重新计算。

第七条　申请注册测绘师注册应提交初始（延续、变更）注册申请表及与注册单位签订的聘用（劳动）合同或相关证明。

提供上述材料的同时，申请初始注册，须同时提交资格证书及身份证明；申请延续注册或逾期初始注册，须同时提交注册测绘师继续教育证书；申请变更注册，须同时提交与原注册单位解除聘用（劳动）或合作关系的证明材料。

超过 70 周岁申请初始注册、延续注册及变更注册，均须提供身体健康证明。

第八条　取得资格证书超过 1 年以上不满 3 年提出申请初始注册者，须提供不少于 30 学时继续教育必修内容培训的证明。取得资格证书 3 年以上提出申请初始注册者，须提供相当于一个注册有效期要求的继续教育证明。

本办法施行前已经取得资格证书的，在本办法实施之日起 1 年内提出申请初始注册的，不需要提供参加继续教育的证明。

第九条　注册测绘师注册通过注册系统进行在线申请。有关材料原件通过系统扫描报送电子文件。申请人和注册单位对相关材料的真实性负责并承担相应法律责任。

第十条　注册测绘师注册证或执业印章遗失或污损，需要补办的，应当持在省级以上公众媒体上刊登的遗失声明或污损的原注册证或执业印章，经注册地省级测绘地理信息行政主管部门审核后，向国家测绘地理信息局申请补办。

第十一条　申请人以不正当手段取得注册的，按照《注册测绘师制度暂行规定》的有关规定予以处理。

第十二条　注册测绘师注册证和执业印章的注销、吊销、撤销、失效、收回以及不予注册等，遵照《注册测绘师制度暂行规定》第二十一、二十二、二十三、二十四条的规定执行。注册测绘师个人或注册单位对有关处理决定有异议的，可依法申请行政复议或者提起行政诉讼。

重新具备注册条件的，可按照规定程序重新申请注册。

第三章　执业

第十三条　注册测绘师开展执业活动，必须依托注册单位并与注册单位的资质等级和业务许可范围相适应。

第十四条　测绘地理信息项目的技术和质检负责人等关键岗位须由注册测绘师充任。

第十五条　测绘地理信息项目的设计文件、成果质量检查报告、最终成果文件以及产品测试报告、项目监理报告等，须注册测绘师签字并加盖执业印章后生效。

自本办法实施之日起 3 年内，丙级、丁级测绘资质单位可暂不执行本条规定。

第十六条　注册测绘师签字盖章的文件修改原则上由注册测绘师本人进行，因特殊情况该注册测绘师不能进行修改的，应由其他注册测绘师修改，并签字、加盖执业盖章，同时对修改部分承担责任。

第十七条　因测绘地理信息成果质量问题造成的经济损失，由注册单位承担赔偿责任。注册单位依法向承担该业务的注册测绘师追责。

探索建立注册测绘师执业责任保险制度。

第十八条　测绘资质单位须配备一定数量的注册测绘师，具体数量要求根据单位的资质等级、业务性质和范围、人员规模等，由国家测绘地理信息局在《测绘资质分级标准》中规定。

第十九条　省级测绘地理信息主管部门可探索建立注册测绘师事务所管理制度，在征得国家测绘地理信息局同意后实施。

第二十条　注册测绘师应恪守职业道德，严守国家秘密和委托单位的商业、技术秘密，保证执业活动中相应的测绘地理信息成果质量并承担终身责任。任何组织和个人不得以任何理由要求注册测绘师在不符合质量要求的项目文件上签字盖章。

第四章　继续教育

第二十一条　注册测绘师延续注册、重新申请注册和逾期初始注册，应当完成本专业的继续教育。

注册测绘师继续教育分为必修内容和选修内容，在一个注册有效期内，必修内容和选修内容均不得少于60学时。

第二十二条　注册测绘师继续教育必修内容通过培训的形式进行，由国家测绘地理信息局推荐的机构承担。必修内容培训每次30学时，注册测绘师须在一个注册有效期内参加2次不同内容的培训。

第二十三条　注册测绘师继续教育选修内容通过参加指定的网络学习获得40学时，另外20学时通过出版专业著作、承担科研课题、获得科技奖励、发表学术论文、参加学习等方式取得。

第二十四条　国家测绘地理信息局在人力资源和社会保障部指导下，负责组织编写必修课培训大纲，审查培训教材，评估培训机构，下达年度继续教育培训计划。

第二十五条　注册测绘师继续教育实行登记制度。

第二十六条　注册单位应积极为注册测绘师提供继续教育学习经费和学习时间，以及参加继续教育的其他必要条件。

第五章　监督管理

第二十七条　各级测绘地理信息行政主管部门履行监督管理职责，纠正注册测绘师违反有关法律、法规、本办法及有关规范和标准的行为。对注册测绘师违反有关法律、法规、本办法及有关规范和标准的行为，情节严重的，应当依照《中华人民共和国测绘法》及有关法律、法规的规定予以处罚。

逐步建立注册测绘师执业责任鉴定机制。

第二十八条　建立注册测绘师信用档案。注册测绘师信用档案应包括注册测绘师执业业绩记录、学术研究及项目获奖情况、被举报投诉核实处理情况、违法违纪行为处罚情况及其他需要记入档案的信息。

注册测绘师信用信息按照规定程序向社会公开。

第二十九条　单位和个人可以通过注册测绘师姓名和注册证编号或执业印章编号查询注册测绘师的有关信息。

第三十条　注册测绘师执业管理中，相关机构的工作人员，有不履行工作职责、监督不力或者谋取私利等违纪违规行为，并造成不良影响或者严重后果的，由其上级相关行政管理机关责令改正，对直接负责的主管人员和其他直接责任人员依法给予行政处分；构成犯罪的，依法追究刑事责任。

第六章　附则

第三十一条　注册证、执业印章和注册测绘师继续教育证书样式由国家测绘地理信息局统一确定。

第三十二条　香港特别行政区、澳门特别行政区、台湾地区人员到内地以注册测绘师名义执业的管理办法另行规定。

外国人员来我国境内以注册测绘师名义执业的管理办法另行规定。

第三十三条　本办法自 2015 年 1 月 1 日起施行。本办法由国家测绘地理信息局负责解释。

附录三　注册测绘师资格考试真题

2022 年注册测绘师《测绘管理与法律法规》真题

一、单项选择题(共 80 题，每题 1 分。每题的备选项中，只有 1 个最符合题意)

1. 根据《测绘资质管理办法》，对申请测绘资质单位的资料审批，审批机关不需要公开的是(　　)。

A. 测绘资质的申请方式　　B. 测绘资质的材料目录

C. 测绘资质的审查批准人员　　D. 测绘资质的审批结果

2. 下列关于测绘资质的规定，错误的是(　　)。

A. 测绘单位变更测绘资质等级或者专业类别的，应重新申请办理测绘资质审批

B. 测绘单位合并的，可以承继合并前的测绘资质等级和专业类别

C. 测绘单位转制或者分立的，应当向相应的审批机关重新申请测绘资质

D. 测绘单位依法注册分支机构从事测绘活动的，应当申请测绘资质

3. 测绘单位取得测绘资质后出现不符合其测绘资质等级条件的，自然资源部门作出的处罚措施不包括(　　)。

A. 责令测绘单位限期改正

B. 逾期未改正至符合条件的，纳入测绘单位信用记录予以公示

C. 要求测绘单位停止相应测绘资质所涉及的测绘活动

D. 注销测绘单位的测绘资质证书

4. 申请测绘资质时关于专业技术人员申报材料的说法中，错误的是(　　)。

A. 专业技术人员的社保材料

B. 退休的专业技术人员的退休材料和劳务合同

C. 测绘专业技术人员的学历证书和职称证书

D. 测绘相关专业技术人员的学历证书和职称证书

5. 下列测绘资质等级对专业技术人员总数量的要求，错误的是(　　)。

A. 大地测量甲级资质 60 人,乙级 25 人

B. 工程测量甲级资质 60 人,乙级 6 人

C. 导航电子地图制作甲级资质 100 人,乙级 15 人

D. 互联网地图服务甲级资质 20 人,乙级 12 人

6. 根据《测绘资质分类分级标准》,下列措施中,不属于导航电子地图制作单位保密要害部门应采取的安全防范措施的是(　　)。

A. 安全控制区域　　B. 采取电子监控

C. 数据网络传输　　D. 防盗报警

7. 注册测绘师注册证和执业印章注册有效期为(　　)年。

A. 1　　B. 2　　C. 3　　D. 4

8. 下列关于注册测绘师执业责任的说法中,错误的是(　　)。

A. 注册测绘师保管本人的注册证和执业印章

B. 修改经注册测绘师签字盖章的测绘文件应当由本人进行

C. 注册测绘师应当只受聘于一个有测绘资质的单位执业

D. 注册测绘师在项目文件上盖章应听取注册单位的意见

9. 下列持证人的情况中,不属于注册测绘执业印章失效条件的是(　　)。

A. 死亡　　B. 出国　　C. 丧失行为能力　　D. 失踪

10. 对外国的组织来华测绘履行监督管理职责的部门是(　　)。

A. 国务院　　B. 军队测绘主管部门

C. 外交部　　D. 自然资源主管部门

11. 根据《测绘法》,下列关于测绘作业证的说法中错误的是(　　)。

A. 测绘作业证是测绘人员的执法资格证

B. 测绘人员办理与所从事的测绘活动相关的其他事项时,应当持有测绘作业证件

C. 测绘人员使用测量标志时,应当持有测绘作业证件

D. 测绘作业证不能转借他人

12. 测绘项目的招标单位让测绘单位低于成本中标的,可以给予的行政处罚是(　　)。

A. 降低资质等级　　B. 吊销测绘资质证书

C. 处约定报酬的二倍以下罚款　　D. 处约定报酬的一倍以上二倍以下罚款

13. 下列不良行为中,属于测绘单位严重失信信息的是(　　)。

A. 提供虚假行政许可申请材料

B. 将承包的测绘项目转包

C. 未按规定汇交测绘成果资料

D. 不配合测绘地理信息行政主管部门依法实施监督检查,隐瞒、拒绝和阻碍提供有关文件、资料

14. 测绘单位在一般失信信息生效后不得申请晋升测绘资质等级的期限是(　　)。

A. 半年　　B. 1 年　　C. 2 年　　D. 3 年

15. 国务院确定的大城市建立相对独立的平面坐标系统的,应由国务院测绘地理信息行政主管部门(　　)。

A. 登记　　B. 备案　　C. 审核　　D. 批准

16. 国务院测绘地理信息主管部门应当汇总全国卫星导航系统定位基准站建设备案情况，定期向(　　)通报。

A. 军队测绘部门　　B. 国务院

C. 省级测绘地理信息主管部门　　D. 所在地县级人民政府

17. 根据《招投标法》，招标人对已发出的招标文件进行必要的澄清或修改的，应当在招标文件要求提交投标文件截止时间至少(　　)日前，以书面形式通知所有招标文件收受人。

A. 10　　B. 15　　C. 20　　D. 30

18. 某单位对长度约为5km的隧道建设项目进行隧道工程测量招标，根据《招标投标法实施条例》，下列行为中、不属于以不合理条件限制、排斥潜在投标人或者投 标人的是(　　)。

A. 要求具有甲级测绘资质　　B. 要求具有乙级测绘资质

C. 要求具有三维激光扫描仪　　D. 本省优秀的工程奖项目作为加分条件

19. 根据《测绘生产成本费用定额》，测绘生产成本费用中的期间费用占比为(　　)。

A. 6%　　B. 12%　　C. 10%　　D. 20%

20. 根据《测绘生产成本费用定额》，基线测量中，基线长度大于2km时，长度每增加1km定额增加(　　)。

A. 10%　　B. 30%　　C. 20%　　D. 40%

21. 其单位开展1∶2000地形图测绘任务，项目负责人进行人力资源配置时，下列因素中不属于其必须考虑的是(　　)。

A. 技术路线　　B. 任务进度　　C. 质量管理　　D. 项目验收方式

22. 实施基础测绘项目，不执行国家规定的技术规范和标准可以处(　　)的罚款。

A. 十万元以下　　B. 三十万元以下

C. 约定的报酬一倍以下　　D. 五万元以下

23. 根据《测量标志保护条例》，负责保管测量标志的单位和人员，发现测量标志有被移动或者损毁的情况时，应及时报告当地(　　)。

A. 县级人民政府　　B. 乡级人民政府

C. 县级测绘地理信息主管部门　　D. 县级以上测绘地理信息主管部门

24. 设置新的国家级测量标志，建设单位应提前与设置地的县级自然资源主管部门沟通，并于埋设完成后最迟(　　)个月内向省级自然资源主管部门移交点之记等资料。

A. 1　　B. 2　　C. 3　　D. 4

25. 根据《国家级测量标志分类保护方案》，下列保护措施中不属于重点保护措施的是(　　)。

A. 对损毁的测量标志进行评估，不具使用价值的不再维修或重建

B. 定期开展维护，对损坏的测量标志进行维修

C. 严格测量标志拆迁审批，加强测量标志迁建审批事中、事后监管

D. 将测量标志保护工作纳入日常监管，对测量标志保护情况进行监督检查

26. 经批准拆迁基础测绘标志，或者使基础性测量标志失去使用效能的，工程建设单位应当按照国家相关规定向(　　)支付迁建费用。

A. 省级测绘地理信息主管部门　　B. 国家测绘地理信息主管部门

C. 测量标志保管部门　　D. 设置测量标志的部门

27. 全国基础测绘规划实施前要报国务院(　　)。

A. 批准　　B. 备案　　C. 审核　　D. 审批

28. 下列关于基础测绘规划编制的说法，错误的是(　　)。

A. 基础测绘规划报批前要组织专家论证

B. 地方基础测绘规划要征求军事机关的意见

C. 组织编制机关不得公布基础测绘规划

D. 基础测绘规划要广泛征求意见

29. 根据自然资源部办公厅《关于全面推进实景三维中国建设的通知》，地形级实景三维建设任务中，地方层面完成覆盖省级行政区域的优于 2m 格网 DEM、DSM 的制作，要求更新周期为(　　)年。

A. 1　　B. 2　　C. 3　　D. 5

30. 下列测绘项目中，由设区的市级人民政府依法组织实施的是(　　)。

A. 基础航空摄影　　B. 更新国家基础地理信息系统

C. 获取地方基础地理信息遥感资料　　D. 测制 1∶500 至 1∶2000 比例尺地图

31. 根据《基础测绘成果应急提供办法》，被调用方接到调用方面加盖其机关印章的书面通知后，应在 8h 内、特别情况下最迟(　　)小时内准备好相关基础测绘成果，并及时通知调用方领取。

A. 6　　B. 8　　C. 12　　D. 24

32. 关于测绘计量器具管理的说法，错误的是(　　)。

A. 必须经测绘计量检定机构或测绘计量标准检定合格

B. 进口的计量器具必须经县级以上政府计量行政主管部门检定合格

C. 教学示范用测绘计量器具可以免检

D. 超过检定周期的测绘计量器具不得使用

33. 下列关于被许可使用人利用涉密测绘成果的说法中，错误的是(　　)。

A. 涉密地理信息数据只能用于被许可的范围

B. 使用单位必须按照有关规定及时销毁涉密测绘成果

C. 被许可使用人领取的基础测绘成果，仅限于本单位及其上下级单位使用

D. 如需用于其他目的，应另行办理审批手续

34. 根据《测绘成果管理条例》，对外提供属于国家秘密的测绘成果应当按照国务院和中央军事委员会规定的审批程序，报(　　)审批。

A. 国务院测绘行政主管部门

B. 军队测绘主管部门

C. 国务院测绘行政主管部门会同军队测绘主管部门

D. 国务院测绘行政主管部门或者省级测绘行政主管部门

35. 根据《保密法实施条例》，机关、单位发现国家秘密已经泄露或者可能泄露的，应当立即采取补救措施，并在最迟(　　)小时内向同级保密行政主管部门和上级主管部门报告。

A. 4　　B. 8　　C. 24　　D. 36

36. 根据《关于进一步加强测绘地理信息成果安全保密管理的意见》，涉密成果仅限于申请使用的目的或项目，在使用目的或项目完成后最迟(　　)个月内应当销毁。

A. 1　　B. 2　　C. 3　　D. 6

37. 根据《保密法》，国家秘密的知悉范围以外的人员，因工作需要知悉国家秘密的，应当经过(　　)批准。

A. 机关、单位负责人　　B. 同级的保密行政主管部门

C. 同级的行业主管部门　　D. 机关、单位的上级主管部门

38. 根据《测绘地理信息管理工作国家秘密范围的规定》，下列涉密测绘成果中属于机密级成果的是(　　)。

A. 军事禁区以外平面精度优于10m，覆盖范围超过$25km^2$的正射影像

B. 军事禁区以外精度优于10m，覆盖范围超过$25km^2$的倾斜影像

C. 军事禁区以外地面分辨率优于0.5m，覆盖范围超过$25km^2$的正射影像

D. 军事禁区平面精度优于10m的倾斜影像

39. 根据《测绘地理信息业务档案管理规定》，关于测绘地理信息业务档案管理要求的说法中，错误的是(　　)。

A. 档案形成单位应在项目验收完成后两个月内进行归档

B. 重要的测绘地理信息业务档案应异地备份保存

C. 具有重要考查利用保存价值的应当永久保存

D. 档案归档前应进行病毒检测

40. 监督检查中需要进行的检验、鉴定、检测等监督检验活动，可以委托(　　)承担。

A. 测绘任务的单位　　B. 项目管理单位

C. 项目监理单位　　D. 测绘成果质量检验机构

41. 测绘地理信息项目依照国家有关规定实行项目分包的，分包出的任务由(　　)。

A. 总承包方向发包方负完全责任　　B. 分包方向发包方负完全责任

C. 总承包方向分包方负完全责任　　D. 分包方和总承包方向发包方负共同责任

42. 根据《测绘成果质量监督抽查管理办法》，下列关于测绘成果监督检验结论有异议要复检的说法中，错误的是(　　)。

A. 测绘主管部门决定是否进行复检

B. 复检应按原方案原样本进行

C. 复检不应由原检验单位进行

D. 复检结论不一致时，复检费用由原检验单位承担

43. 根据《测绘地理信息质量管理办法》，担任测绘地理信息项目技术负责人需具备的条件是(　　)。

A. 高级工程师　　B. 总工程师

C. 注册测绘师　　D. 高级工程师和注册测绘师

44. 根据《测绘生产质量管理规定》，测绘单位在生产质量管理中须建立技术经济责任制，建立该项制度围绕的中心是(　　)。

A. 项目成本　　B. 产品质量　　C. 人员配置　　D. 项目投资

45. 根据《自然资源部关于规范重要地理信息数据审核公布管理工作的通知》，下列内

容中，不属于自然资源部对重要地理信息数据进行审核的是(   )。

A. 建议人的基本情况
B. 重要地理信息数据公布的必要性
C. 提交的有关资料的真实性与完整性
D. 重要地理信息数据的可靠性与科学性

46. 根据《民法典》，下列关于不动产登记的说法中，错误的是(   )。

A. 不动产登记簿由登记机构管理
B. 不动产权属证书记载的事项可以与不动产登记簿不一致
C. 不动产登记簿是物权归属和内容的根据
D. 国家对不动产实行统一登记制度

47. 根据《房产测绘管理办法》，房产管理中需要进行房产测绘的，由(   )委托房产测绘单位进行。

A. 房地产行政主管部门
B. 房屋权利人
C. 异议登记人
D. 利害关系人

48. 根据《行政区域界线管理条例》，负责编制省、自治区、直辖市行政区划内的行政区划界线详图的部门是(   )。

A. 国务院测绘地理信息主管部门
B. 国务院民政部门
C. 省、自治区、直辖市人民政府民政部门
D. 省、自治区、直辖市人民政府测绘地理信息主管部门

49. 根据《测绘法》，市、县行政区域界线的标准画法图，由(   )拟定。

A. 国务院民政部门和外交部
B. 国务院测绘行政主管部门
C. 国务院民政部门和国务院测绘地理信息主管部门
D. 外交部和国务院测绘行政主管部门

50. 根据《地图管理条例》，中国国界线画法标准样图、世界各国国界线画法参考样图由(   )拟定。

A. 外交部
B. 国务院测绘地理信息主管部门
C. 外交部和国务院测绘地理信息主管部门
D. 民政部

51. 根据《地图管理条例》，行政区域界线标准画法图应报(   )。

A. 外交部
B. 军事测绘主管部门
C. 国务院测绘行政主管部门会同军事测绘主管部门
D. 国务院

52. 根据《公开地图内容表示补充规定(试行)》，公开地图等高距最小为(   )米。

A. 50
B. 100
C. 150
D. 200

53. 根据《地图管理条例》，互联网地图服务单位从事互联网地图出版活动的，应当经(   )批准。

A. 省级出版行政主管部门

B. 国务院出版行政主管部门

C. 国务院出版行政主管部门和网信部门

D. 测绘地理信息主管部门和网信部门

54. 根据《地图管理条例》,进口、出口地图的,应当向海关提交(　　)。

A. 审图号　　B. 地图审核批准文件

C. 地图审核申请表　　D. 地图审核批准文件及审图号

55. 根据《关于进一步加强实景地图审核管理工作的通知》,编制公开使用实景地图的单位,应严格对实景地图中不得公开表示的内容进行处理并详细记录。下列内容中,不属于应当详细记录的是(　　)。

A. 处理人员　　B. 处理方法　　C. 工作流程　　D. 处理内容

56. 根据《地图管理条例》,地方性中小学教学地图由(　　)组织审定。

A. 国务院测绘地理信息行政主管部门

B. 国务院教育行政主管部门会同国务院测绘地理信息行政主管部门

C. 省级教育行政主管部门会同省级测绘地理信息主管部门

D. 省级测绘地理信息主管部门

57. 根据《地图审核管理规定》,自然资源主管部门应当自受理地图审核申请之日起最迟(　　)个工作日内作出审核决定。

A. 5　　B. 7　　C. 10　　D. 20

58. 根据《地图审核管理规定》,最终向社会公开的地图与审核通过的地图内容及表现形式不一致的,自然资源主管部门可以处最高(　　)万元的罚款。

A. 1　　B. 3　　C. 5　　D. 10

59. 测绘仪器防雾措施中规定,内业仪器一般情况下应对仪器未封闭部分进行一次全面的擦拭时间是(　　)。

A. 3 个月　　B. 6 个月　　C. 9 个月　　D. 12 个月

60. 根据《测绘作业人员安全规范》,下列关于行车安全的说法中错误的是(　　)。

A. 遇到暴风骤雨的恶劣天气时,应低速行驶

B. 戈壁、沙漠地区作业的车辆配备双备胎

C. 单车行驶,应配有押车人员

D. 气压低时车辆应低挡行驶,少用制动

61. 根据《测绘作业人员安全规范》,下列关于内业生产安全管理的说法中错误的是(　　)。

A. 面积为 110m 的作业场所,设有一个安全出口

B. 配置必要的安全警示标志

C. 禁止超负荷用电

D. 作业场所可以使用电器取暖或烧水

62. 根据《基础地理信息数据档案管理与保护规范》,下列关于异地存储的说法中错误的是(　　)。

A. 归档的两份数据档案介质应异地储存

B. 数据档案应自入馆之日起 90 天内完成异地存储工作

C. 最佳存储距离为 500 千米以上

D. 异地储存介质的读检，原则上应在储存地进行

63. 根据《测绘技术设计规定》，下列活动中不属于项目设计过程中进行的是（　　）。

A. 实地踏勘　　B. 设计验证

C. 首件产品质量检验　　D. 设计评审

64. 根据《测绘技术设计规定》，下列工作内容中，不属于设计策划阶段应明确的是（　　）。

A. 审批活动的安排　　B. 设计过程中职责和权限的规定

C. 设计小组之间的接口　　D. 质量检查要求的规定

65. 某重大测绘项目在进行野外作业前需对项目作业区域进行踏勘，根据《测绘技术设计规定》，下列内容不属于现场踏勘应重点关注的是（　　）。

A. 经济发展情况　　B. 作业区的人口结构

C. 居民风俗习惯　　D. 当地气候条件

66. 根据《测绘技术总结编写规定》，上交的测绘成果资料不包括（　　）。

A. 技术总结　　B. 合同评审记录

C. 技术设计书　　D. 质量检查报告

67. 根据《测绘技术总结编写规定》，下列说法中错误的是（　　）。

A. 测绘项目总结由承担项目的法人单位负责编写

B. 测绘技术总结应由项目承担单位总工或技术负责人审核、签字

C. 测绘专业技术总结由测绘单位技术人员编写

D. 专业技术总结是总结撰写测绘专业活动的技术文档，必须单独编制

68. 《数字测绘成果质量检查与验收》规范提出，以（　　）为核心评定测绘成果质量。

A. 质量元素　　B. 质量子元素　　C. 检查项　　D. 缺项扣分

69. 关于测绘成果质量检查、验收的说法中，错误的是（　　）。

A. 监理单位负责过程检查　　B. 测绘单位负责过程检查

C. 测绘单位负责最终检查　　D. 委托单位组织验收

70. 根据《数字测绘成果质量检查与验收》，不属于数字测绘成果质量检查方式的是（　　）。

A. 外业精度检测　　B. 人工检查

C. 计算机自动检查　　D. 计算机辅助检查

71. 下列关于测绘成果“二级检查，一级验收”的描述中正确的是（　　）。

A. 各级检查工作可以互相代替进行

B. 各级检查工作应独立进行，经业主单位同意可以部分代替

C. 经过主管部门同意，各级检查工作可以省略或代替

D. 各级检查工作应独立进行，不应省略或代替

72. 根据《数字测绘成果质量检查与验收》，测绘单位应在（　　）后书面申请验收。

A. 最终检查合格　　B. 经委托方同意

C. 经过程检查合格　　D. 经监理方同意

73. 根据《测绘成果质量检查与验收》，下列质量问题中，不属于地理信息系统数据质量元素 A 类错漏的是（　　）。

A. 存储单元划分不正确　　B. 空间参考系不正确

C. 数据库结构不符合要求　　　　　　　D. 无源数据库

74. 根据《测绘成果质量检验报告编写基本规定》，关于检验报告基本规定下列说法错误的是(　　)。

A. 编制、审核和批准栏相应人员手签，不得打印

B. 在规定盖章处，加盖检验单位检验章，并用检验单位检验章加盖骑缝章

C. 检验结论中的签发日期应手工签署

D. 报告中的计量单位应采用法定计量单位

75. 根据《数字测绘成果质量检查与验收》，单位成果质量评定为良级的得分区间为(　　)(S 为单位成果质量得分)。

A. 65 分$\leqslant S<$90 分　　　　　　B. 75 分$\leqslant S<$90 分

C. 70 分$\leqslant S<$90 分　　　　　　D. 80 分$\leqslant S<$90 分

76. 下列关于组成批成果的说法中，错误的是(　　)。

A. 同等级、同规格的单位成果　　　　B. 应由同规格单位汇聚而成

C. 同一设计书下的成果　　　　　　　D. 一个项目不得分批检验

77. 根据《测绘地理信息业务档案管理规定》，关于测绘地理信息业务档案管理要求的说法中，错误的是(　　)。

A. 测绘地理信息单位应当设立档案资料室

B. 测绘地理信息档案应异地保存

C. 测绘地理信息业务档案保管期限分为永久和定期

D. 未获得档案验收合格意见的测绘地理信息项目不得通过项目验收

78. 测绘工程费用结算的主要依据为(　　)。

A. 测绘生产成本费用定额　　　　　　B. 测绘工程产品价格

C. 测绘合同　　　　　　　　　　　　D. 测绘工程成本预算

79. 质量管理体系持续改进中，下列不属于不合格产品输出和服务纠正措施的是(　　)。

A. 评审不合格　　　　　　　　　　　B. 调整检查方案

C. 获得让步接收的授权　　　　　　　D. 确定并实施所需的纠正措施

80. 组织应针对相关职能、层次、体系所需的过程建立质量目标，下列关于质量目标的表述错误的是(　　)。

A. 在策划如何实现质量目标时，应确定“要做什么”“需要什么资源”“由谁负责”“何时完成”“如何评价结果”等

B. 质量目标应以定性为主

C. 质量目标是组织在质量上所追求的目标

D. 质量目标是质量方针阶段性的要求，应与质量方针保持一致

二、多项选择题(共 20 题，每题 2 分。每题的备选项中，有 2 个或 2 个以上符合题意，至少有 1 个错项。错选，本题不得分；少选，所选的每个选项得 0.5 分)

81. 关于测绘资质证书的说法中，正确的有(　　)。

A. 测绘资质证书有效期 3 年

B. 有效期到期前，可以依法申请延续

C. 纸质证书和电子证书具有同等法律效力
D. 测绘资质证书样式由社会保障部统一规定
E. 测绘地理信息主管部门可以依法吊销

82. 下列申请事项中，属于测绘单位在测绘行业信用惩戒期内被限制的有（　　）。
A. 晋升测绘资质等级　　B. 增加专业类别
C. 测绘单位申请变更法定代表人　　D. 测绘单位名称、注册地址申请变更
E. 测绘资质证书申请注销

83. 下列工作中，属于注册测绘师执业范围的有（　　）。
A. 测绘项目立项文件　　B. 测绘项目技术设计
C. 测绘项目技术咨询和技术评估　　D. 测绘项目技术管理、指导与监督
E. 测绘项目审计

84. 测绘人员的下列行为中，所在单位应当收回其测绘作业证书的有（　　）。
A. 测绘作业证转借他人　　B. 擅自涂改测绘作业证书
C. 擅自复印测绘作业证书　　D. 利用测绘作业证损害他人利益
E. 利用测绘作业证进行违法活动

85. 测绘单位的下列测绘活动中，属于法律禁止的有（　　）。
A. 超越资质等级许可范围从事测绘活动
B. 以其他测绘单位的名义从事测绘活动
C. 允许其他单位以本单位的名义从事测绘活动
D. 高于成本投标
E. 向其他单位转让中标的测绘项目

86. 关于招投标活动的说法中，错误的有（　　）。
A. 中标人确定后，招标人可以不将中标结果通知未中标的投标人
B. 中标人中标后，放弃中标，要承担相应的法律责任
C. 中标人中标后，不可以将项目转包
D. 测绘单位不得将承包的测绘项目违法分包
E. 招标项目设有标底的，招标人应当在开标前公布

87. 根据《测绘市场管理暂行办法》，测绘市场活动应遵循的原则包括（　　）。
A. 等价有偿　　B. 平等互利　　C. 协商一致
D. 供求平衡　　E. 诚实信用

88. 下列工作中，国家安排基础测绘设施建设资金，应当优先考虑的有（　　）等。
A. 航空摄影测量　　B. 卫星遥感　　C. 地图编制
D. 导航电子地图制作　　E. 测绘基准

89. 县级以上人民政府测绘地理信息主管部门应当根据突发事件应对工作需要，（　　）等应急测绘保障工作。
A. 及时提供地图、基础地理信息数据　　B. 做好突发事件区域遥感监测
C. 做好导航定位工作　　D. 开发应急地理信息平台
E. 做好控制网

90. 测绘地理信息业务档案管理工作应遵循的原则有（　　）。

A. 统筹规划　　B. 科学分类　　C. 分级管理
D. 确保安全　　E. 促进利用

91. 下列材料中,属于测绘成果监督检验时接受监督检验的单位应当提供的资料有(　　)。
A. 测绘合同　　B. 立项文件　　C. 质量文件
D. 成果资料　　E. 仪器检定资料

92. 根据《公开地图内容表示若干规定》,下列地理信息中可公开表示的有(　　)。
A. 道路铺设材料　　B. 验潮站　　C. 瞭望塔
D. 水库库容　　E. 海岸线

93. 下列关于台湾省地图的说法中,正确的有(　　)。
A. 台湾省在地图上按省级行政区划单位表示
B. 在分省地图上,台湾省要单独设色
C. 台湾省地图的图幅范围,必须绘出钓鱼岛和赤尾屿
D. 台湾省地图单独表示
E. 台湾省挂图必须反映台湾岛和大陆之间的地理关系或配置相应的插图

94. 下列监督检查措施中,县级以上人民政府测绘地理信息行政主管部门、出版行政主管部门和其他有关部门有权采取的有(　　)。
A. 进入涉嫌地图违法行为场所实施现场检查
B. 查阅、复制有关合同
C. 扣押实施地图违法行为的设备、工具
D. 没收财物发票、收据
E. 查封涉嫌违法的地图

95. 在人、车流量大的城镇地区街道上作业时,应采取有关的安全措施有(　　)。
A. 穿着色彩醒目的带有安全警示反光的马甲
B. 应设置安全警示标识牌
C. 必要时还应安排专人担任安全警戒员
D. 迁站时要撤除安全警示标志牌,应将器材纵向肩扛行进,防止发生意外
E. 封闭街道禁止车辆、人员通行

96. 下列有关基础地理信息数据成果归档的说法中,正确的有(　　)。
A. 基础测绘数据成果应与文档材料一同归档
B. 更新后的数据成果应及时归档
C. 文档材料归档两份,数据成果拷贝归档一份
D. 归档数据成果和软件一般不压缩、不加密
E. 相关软件归档时,说明手册、使用手册同时归档

97. 下列内容中,属于项目设计书技术规定部分内容的有(　　)。
A. 规定各专业活动的主要过程
B. 规定各专业的作业方法和技术、质量要求
C. 采用新技术、新方法、新工艺的依据
D. 规定数据的安全要求
E. 规定人员责任

98. 下列关于编制测绘技术总结有利性的说法正确的有（　　）。

A. 为用户对成果的合理使用提供方便

B. 为测绘单位持续质量改进提供依据

C. 为测绘项目工程款结算提供依据

D. 为有关技术标准的制定提供资料

E. 方便调查项目的利益情况

99. 大比例尺地形图质量验收时，单位成果出现（　　）等情况，判定为“批不合格”。

A. A类错漏

B. 两个B类错误

C. 质量子元素小于60分

D. 单位成果高程、平面位置精度检测，任一项粗差比例超过5%

E. 单位成果高程、平面位置精度检测，粗差数量超过3%

100. ISO 9000族标准中最高管理者在质量管理体系中的作用有（　　）。

A. 建立组织的质量方针和质量目标

B. 确保整个组织关注顾客要求

C. 确保获得必要资源

D. 确定顾客和相关方的需求和期望

E. 决定有关质量方针和质量目标的措施

2021年注册测绘师《测绘管理与法律法规》真题

一、单项选择题（共80题，每题1分。每题的备选项中，只有1个最符合题意）

1. 根据测绘资质管理办法，测绘资质的等级分为（　　）。

A. 甲、乙　　B. 甲、乙、丙

C. 特甲、甲、乙　　D. 甲、乙、丙、丁

2. 根据测绘资质管理办法，下列测绘专业的甲级测绘资质的审批和管理由自然资源部负责的是（　　）。

A. 互联网地图服务　　B. 地理信息系统工程

C. 导航电子地图制作　　D. 海洋测绘

3. 根据《测绘资质分类分级标准》，乙级工程测量专业要求测绘及相关专业技术人员至少为（　　）人。

A. 6　　B. 8　　C. 15　　D. 25

4. 根据《测绘法》，国家设立和采用全国统一的大地基准、高程基准、深度基准和（　　），其数据由国务院批准。

A. 平面基准　　B. 地心基准　　C. 国家基准　　D. 重力基准

5. 根据《注册测绘师制度暂行规定》，下列内容中，属于注册测绘师义务的是（　　）。

A. 在规定的范围内从事测绘执业活动　　B. 接受继续教育

C. 对侵犯本人执业权利的活动进行申诉　　D. 不准他人以本人名义执业

6. 根据《注册测绘师执业管理办法（试行）》规定，超过（　　）周岁申请初始注册、延续注册及变更注册的，均需提供身份健康证明。

A. 60　　B. 65　　C. 70　　D. 75

7. 根据《测绘资质分类分级标准》，业务范围载明了摄影测量与遥感专业的乙级测绘资质单位，须具备（　　）套全数字摄影测量系统、遥感图像处理系统。

A. 4　　B. 6　　C. 2　　D. 15

8. 根据测绘作业证暂行规定，下列工作人员中，无须申请测绘作业证的是（　　）。

A. 取得测绘资质证书单位的人员　　B. 从事野外测绘作业的人员

C. 室内从事内业制图的人员　　D. 需要领取测绘作业证的其他人员

9. 根据《外国的组织或者个人来华测绘管理暂行办法》规定，合资、合作测绘不得从事的活动是（　　）。

A. 工程测量　　B. 互联网地理信息服务

C. 导航电子地图制作　　D. 不动产测绘（地籍、房产）

10. 根据测绘生产质量管理规定，下列人员中，负责组织编制测绘项目技术设计书的是（　　）。

A. 法定代表人　　B. 质量主管负责人

C. 质量机构负责人　　D. 单位安全负责人

11. 测绘单位以欺骗、贿赂等不正当手段取得测绘资质证书的，测绘单位在（　　）内再次申请测绘资质，审批机关不予受理。

A. 半年　　B. 五年　　C. 三年　　D. 两年

12. 依据《招标投标法》，在公开招标方式中，被称为无限竞争性招标的是（　　）。

A. 议标　　B. 邀请招标　　C. 公开招标　　D. 秘密招标

13. 根据《注册测绘师执业管理办法（试行）》规定，下列有关注册测绘师的执业说法，正确的是（　　）。

A. 注册测绘师从事执业活动，可按照当前的测绘产品价格标准进行统一收费

B. 注册单位与注册测绘师人事关系所在单位或聘用单位可以不一致

C. 测绘地理信息项目的设计文件经注册测绘师签字即可生效

D. 修改经注册测绘师签字盖章的测绘文件，必须由注册测绘师本人进行

14. 根据《测绘法》，下列情形中，测绘成果依法实行有偿使用制度的是（　　）。

A. 军队因防灾减灾　　B. 应对突发事件

C. 用于公共服务的　　D. 用于互联网信息服务

15. 根据《行政许可法》，下列关于行政许可设定的说法中，错误的是（　　）。

A. 据行政许可法，法律可以设定行政许可，尚未制定法律的，行政法规可以设定行政许可

B. 必要时，国务院可以采用公告的形式设定行政许可

C. 尚未制定法律、行政法规的，地方性法规也可以设定行政许可

D. 确需立即实施行政许可的，省、自治区、直辖市人民政府规章可设定临时性的行政许可

16. 根据《测绘资质分类分级标准》，从事互联网地图服务专业的测绘资质单位，不需要考核的内容是（　　）。

A. 地图安全审校人员数量　　B. 计算机专业技术人员数量

C. 专业软件情况　　D. 在线存储设备情况

17. 根据《注册测绘师执业管理办法(试行)》规定,下列有关注册测绘师继续教育的说法错误的是(   )。

A. 在一个注册有效期内,必修内容和选修内容均不得少于 30 学时

B. 必修内容培训每次 30 学时,且须在一个有效期内参加 2 次不同内容的培训

C. 注册测绘师继续教育选修内容通过参加指定的网络学习 40 学时

D. 可以通过出版专业著作、承担科研课题等形式修满另外的 20 学时

18. 擅自发布中华人民共和国领域和中华人民共和国管辖的其他海域的重要地理信息数据的,给予警告,责令改正,可以并处(   )万元以下罚款。

A. 5　　B. 10　　C. 50　　D. 100

19. 根据《测绘法》规定,海洋基础测绘工作由(   )负责。

A. 军事测绘部门　　B. 自然资源部国土测绘司

C. 国家发展改革会员会　　D. 国务院

20. 下列内容中,不属于《行政区域界线管理条例》实施目的的是(   )。

A. 巩固行政区域界线勘定成果　　B. 加强行政区域界线管理

C. 规范界线测绘标准　　D. 维护行政区域界线附近地区稳定

21. 临时性的行政许可实施满(   )年需要继续实施的,应当提请本级人民代表大会及其常务委员会制定地方性法规。

A. 1　　B. 2　　C. 3　　D. 5

22. 测绘执业资格是指从事测绘活动的自然人应当具备的知识、技术水平和能力,下列关于其特征描述错误的是(   )。

A. 测绘执业资格的主体是测绘资质单位

B. 测绘执业资格隶属国家职业资格体系

C. 测绘执业资格的对象是测绘专业技术人员

D. 测绘执业资格的主体是个人

23. 为确保测绘成果(或产品)满足规定的使用要求或已知的逾期用途的要求,应对技术设计文件进行审批。设计审批的依据不包括(   )。

A. 设计验证方法　　B. 设计输入内容

C. 设计评审　　D. 设计验证报告

24. 下列关于质量管理体系文件的编制说法,错误的是(   )。

A. 质量管理体系文件应满足产品与质量目标的实现,满足 2000 版 ISO 9001 族标准的要求和质量管理体系有效运行需要

B. 质量手册是描述质量管理体系的纲领性文件,其详细程度由上级通过审核进行决定

C. 质量管理体系文件具备实用性和可操作性,对质量管理体系的适用性和有效性提供证实

D. 质量目标通常以文件形式下达到组织的各个有关职能和层次,分别予以实施

25. 测绘单位对现有任务状况进行分析是贯标工作的(   )阶段。

A. 组织策划和领导投入　　B. 体系总体设计和资源配备

C. 文件编制　　D. 质量管理体系运行和实施

26. 负责针对特定的项目、产品、过程或合同所规定的质量管理、资源提供、作业控制和工作顺序等内容的质量管理体系文件是(　　)。

A. 质量方针　　B. 质量目标　　C. 质量手册　　D. 质量计划

27. 测绘项目质量目标将质量等级划分为(　　)。

A. 3 级　　B. 4 级　　C. 5 级　　D. 6 级

28. 测绘项目资金预算控制通常由(　　)负责。

A. 总工程师　　B. 院长(总经理)　　C. 项目委托方　　D. 项目监理方

29. 根据《测绘作业人员安全规范》规定,实施造(维修)标、拆标工作时,作业场地半径不得小于(　　)米。

A. 10　　B. 15　　C. 25　　D. 20

30. 根据《基础测绘成果应急提供办法》,各级测绘行政主管部门应当当场或者在(　　)小时内完成基础测绘成果应急服务申请的审核与批复。

A. 2　　B. 4　　C. 8　　D. 12

31. 根据《测绘成果管理条例》,下列数据中,不属于重要地理信息数据的是(　　)。

A. 国家海岸线长度　　B. 岛礁数量

C. 珠穆朗玛峰高程　　D. 专属经济区面积

32. 中华人民共和国国界线的测绘,按照中华人民共和国与相邻国家缔结的边界条约或者协定执行,由(　　)组织实施。

A. 外交部　　B. 国务院自然资源主管部门

C. 民政部　　D. 军事测绘主管部门

33. 使用财政资金的测绘项目和涉及测绘的其他使用财政资金的项目,有关部门在批准立项前应当征求(　　)的意见。

A. 本级人民政府　　B. 本级人民政府测绘地理信息主管部门

C. 上级人民政府　　D. 本级人民政府发改部门

34. 依据《测绘市场管理暂行办法》,下列内容中,不属于承揽方的义务的是(　　)。

A. 拒绝委托方提出的违反国家规定的不正当要求

B. 按合同约定,不向第三方提供受委托完成的测绘成果

C. 遵守有关的法律、法规,全面履行合同,遵守职业道德

D. 保证成果质量合格,按合同约定向委托方提交成果资料

35. 属于国家秘密测绘成果的保密期限,一律定为(　　)保存。

A. 永久　　B. 长期　　C. 短期　　D. 定期

36. 测绘地理信息主管部门在收到使用基础测绘成果使用申请时,申请资料不齐全或不符合法定形式的,测绘地理信息主管部门应当当场或(　　)内一次性告知申请人需要补正的全部内容。

A. 5 日　　B. 7 日　　C. 10 日　　D. 15 日

37. 国务院有关主管部门和省、自治区、直辖市人民政府有关主管部门,根据本部门的特殊需要,可以建立本部门使用的(　　),其各项最高计量标准器具经同级人民政府计量行政部门主持考核合格后使用。

A. 计量标准器具　　B. 计量基准器具

C. 计量器具　　D. 通用计量器具

38. 勘定行政区域界线体现了我国的国家意志,(　　)是国务院管理行政区域界线的部门。

A. 军事测绘部门　B. 发展改革部门　C. 建设部门　D. 民政部门

39. 县级以上人民政府测绘地理信息主管部门应当会同本级人民政府(　　)主管部门,加强对不动产测绘的管理。

A. 不动产登记　B. 房产测绘　C. 城乡建设　D. 国土资源

40. 根据《公开地图内容表示补充规定(试行)》,确需表示大型水利设施位置时,其位置精度不得高于(　　)米。

A. 100　B. 10　C. 50　D. 200

41. 根据《保密法》规定,国家秘密的保密期限届满的,自行(　　)。

A. 延期　B. 公开　C. 解密　D. 变更

42. 根据《测绘地理信息管理工作国家秘密范围的规定》,测绘地理信息管理事项等级分为(　　)级。

A. 三　B. 四　C. 五　D. 六

43. 下列内容中,不属于测绘技术总结组成部分的是(　　)。

A. 技术设计执行情况　　B. 成果或产品质量说明和评价

C. 测绘合同书　　D. 上交和归档的成果及资料清单

44. 测绘成果质量通过二级检查和一级验收进行控制,下列说法中,错误的是(　　)。

A. 测绘单位作业部门的过程检查　　B. 测绘单位作业部门的全程检查

C. 测绘单位质量管理部门的最终检查　　D. 质检机构的质量验收

45. 测绘成果最终抽样检查时,如果批量大于等于(　　),应分批次提交,批次数应最小,各批次的批量均匀。

A. 100　B. 200　C. 201　D. 250

46. 根据《测绘成果质量检查与验收》,下列关于地籍测绘成果权重划分正确的是(　　)。

A. 地籍图 0.25　宗地图 0.25　地籍细部测量 0.25　地籍控制测量 0.25

B. 地籍控制测量 0.3　地籍细部测量 0.25　地籍图 0.25　宗地图 0.2

C. 地籍控制测量 0.4　地籍细部测量 0.2　地籍图 0.15　宗地图 0.15

D. 地籍细部测量 0.25　地籍控制测量 0.25　地籍图 0.3　宗地图 0.2

47. (　　)负责编制省、自治区、直辖市行政区域界线详图。

A. 国务院建设部门　　B. 国务院测绘行政管理部门

C. 国务院土地行政管理部门　　D. 国务院民政部门

48. 将顾客或社会对测绘成果的要求转换为测绘成果、测绘生产过程或测绘生产体系规定的特性或规范的一组过程称为(　　)。

A. 测绘项目合同管理　　B. 测绘项目技术设计

C. 测绘项目组织与实施管理　　D. 测绘技术总结

49. 在测绘项目合同中,下列关于测绘范围描述不恰当的是(　　)。

A. 用自然地物边界线描述　　B. 用人工地物边界线描述

C. 用测绘标的的中心坐标表示　　D. 在小比例尺地图上概略坐标表示

50. 根据《注册测绘师制度暂行规定》，下列行为中，属于注册测绘师依法享有的权利是(　　)。

A. 允许他人以本人名义执业

B. 获得与执业责任相应的劳动报酬

C. 对本单位的成果质量进行监管

D. 以个人名义从事测绘活动，承担测绘业务

51. 根据《测绘标准化工作管理办法》规定，下列标准排列中，按标准层级和效力排序最为准确的是(　　)。

A. CH/ZCH/TCHGB　　B. GBCHCH/TCH/Z

C. GBCH/TCH/ZCH　　D. CHGBCH/TCH/Z

52. 根据《地图管理条例》，下列关于地图出版管理的说法中，错误的是(　　)。

A. 出版单位出版地图，应当按照国家有关规定向国家图书馆免费送交样本

B. 任何出版单位不得出版未经审定的中、小学教学地图

C. 应当按国务院出版行政主管部门审核批准的地图出版业务范围从事地图出版活动

D. 出版单位根据需要，可以在出版物中任意插附相关的地图

53. 测绘项目实行招投标的，测绘项目的招标单位应当依法在招标公告或者投标邀请书中对测绘单位资质等级作出要求，不得让不具有相应测绘资质等级的单位中标，(　　)。

A. 可以让测绘单位低于测绘成本中标

B. 对测绘成本不作相应的要求

C. 不得让测绘单位低于测绘成本中标

D. 测绘成本费用应符合测绘市场管理规定

54. 下列关于测绘仪器防雾的措施，做法正确的是(　　)。

A. 吸潮后的干燥剂也可以使用

B. 调整仪器时，用手心对准光学零件表面

C. 外业测绘仪器一般情况下 1 年须对仪器的光学零件表面进行一次全面擦拭

D. 每次测区作业结束后，应对仪器的光学零件外露表面进行一次擦拭

55. 根据《测绘技术设计规定》，下列内容中，不属于工程进度设计内容的是(　　)。

A. 须明确技术等级或精度指标

B. 划分作业区的困难类别

C. 根据统计的工作量和计划投入的生产实力，参照有关生产定额，分别列出年度计划和各工序的衔接计划

D. 根据设计方案，分别计算统计各工序的工作量

56. 根据《地图审核管理规定》，下列地图中，应由国务院自然资源主管部门审核的是(　　)。

A. 公益性地图　　B. 北京市地图

C. 历史地图　　D. 中小学教学地图

57. 根据《测绘技术总结编写规定》，测绘项目总结一般由(　　)单位负责编写。

A. 承担项目的法人　　B. 承担项目相应专业任务的法人

C. 分包项目的法人　　D. 项目招标

58. 下列资料中，不属于测绘总结编写的依据的是(　　)。

A. 测绘任务书　　B. 顾客书面要求

C. 测绘仪器检定报告　　D. 测绘成果质检报告

59. 根据《外国的组织或者个人来华测绘管理暂行办法》，外国的组织或者个人在中华人民共和国领域内合资、合作企业从事测绘活动中，错误的是(　　)。

A. 保证中方测绘人员全程参与具体测绘活动

B. 不得以任何形式将测绘成果携带出境

C. 来华测绘成果归中方部门或者单位所有

D. 应按国务院自然资源主管部门批准内容进行

60. 根据《关于切实做好国家基础测绘项目成果档案归档工作的通知》，基础测绘项目验收时，应由(　　)对项目成果档案的完整性、系统性、准确性进行检验。

A. 项目实施单位　　B. 测绘地理信息主管部门

C. 测绘成果保管单位　　D. 当地人民政府

61. 根据测绘成果涉密管理规定，向自然资源部门申请使用涉密测绘成果，申请人可以不提供的材料是(　　)。

A. 国家秘密基础测绘成果资料使用证明函

B. 属于各级财政投资项目的项目批准文件

C. 国家秘密测绘成果使用申请表

D. 保密工作部门的介绍函

62. 根据《基础地理信息数据档案管理与保护规定》，在工作之前，放置在储存环境下的基础地理信息数据的磁带必须在工作环境放置至少(　　)h。

A. 1　　B. 2　　C. 12　　D. 24

63. 根据《测绘法》，国家实行测绘成果汇交制度并依法保护测绘成果的(　　)。

A. 著作权　　B. 知识产权　　C. 使用权　　D. 发布权

64. 测绘成果质量检查验收实行的制度是(　　)。

A. 一级检查一级验收制　　B. 二级检查一级验收制

C. 一级检查二级验收制　　D. 二级检查二级验收制

65. 总工程师在测绘项目中通常担任(　　)。

A. 项目生产负责人　　B. 中队生产负责人

C. 项目技术负责人　　D. 中队技术负责人

66. 测绘成果最终抽样检查时，如果批量为 41～60，则样本量应为(　　)。

A. 3　　B. 5　　C. 7　　D. 9

67. 测绘成果的单位成果质量评定时，概查可以评定的质量等级有(　　)。

A. 优级品　　B. 良级品　　C. 中级品　　D. 不合格品

68. 按照测绘成果质量错漏和扣分标准，一个 C 类错误应扣分值为(　　)。

A. 42 分　　B. $12/t$ 分　　C. $4/t$ 分　　D. $1/t$ 分

69. 根据“测绘地理信息业务档案保管期限表”，水准测量项目的参与水准数据处理的观测数据的保存期限是(　　)。

A. 10 年　　B. 20 年　　C. 30 年　　D. 永久

70. 按照《测绘成果管理条例》规定，测绘成果分为(　　)。

A. 大地测量成果和城市测绘成果　　B. 重力测量成果和非城市测绘成果

C. 大、中、小比例尺测绘成果　　D. 基础测绘成果和非基础测绘成果

71. 根据《国家基本比例尺地形图修测规范》规定，当地形要素变化率超过(　　)时，不得进行修测，应当重新进行测绘。

A. 30%　　B. 40%　　C. 50%　　D. 60%

72. 测绘单位制订工作计划及程序是贯标工作的(　　)阶段。

A. 组织策划和领导投入　　B. 体系总体设计和资源配备

C. 文件编制　　D. 质量管理体系运行和实施

73. 根据测绘标准化工作管理办法，下列情况中，不需要制定强制性测绘标准的是(　　)。

A. 需要控制的重要测绘成果质量的技术要求

B. 采用国际标准化组织等国际组织的技术报告的

C. 基础地理信息标准数据的生成和认定

D. 涉及国家安全、人身及财产安全的技术要求

74. 下列工作中，不属于测绘技术设计书的主要内容的是(　　)。

A. 收集资料　　B. 需求分析　　C. 踏勘调查　　D. 专业技术设计

75. 下列情形中，可以有偿使用基础测绘成果和国家投资完成的其他测绘成果的是(　　)。

A. 用于国家机关决策　　B. 用于社会公益性事业

C. 用于政府投资项目　　D. 政府和军队因公共利益需要

76. 根据《测绘法》，下列有关测量标志保护的内容中，说法错误的是(　　)。

A. 拆迁永久性测量标志所需迁建费用由工程施工单位承担

B. 保管测量标志的人员应当查验测量标志使用后的完好状况

C. 进行工程建设，应当避开永久性测量标志

D. 拆迁永久性测量标志或者使永久性测量标志失去使用效能由省级测绘地理信息主管部门审批

77. 下列内容中，不属于变形测量技术总结中利用“已有资料情况”的是(　　)。

A. 测量资料的分析与利用　　B. 采用已有资料清单

C. 资料中存在的主要问题和处理方法　　D. 起算数据的名称、等级及来源

78. 根据《合同法》，下列情形中，属于合同免责条款无效的是(　　)。

A. 一方以欺诈、胁迫的手段订立合同的

B. 违反法律、行政法规的强制性规定的

C. 因故意造成对方财产损失的

D. 损害社会公共利益的

79. 下列质量管理原则，不属于2016版质量管理体系标准的质量管理原则的是(　　)。

A. 经济原则　　B. 以顾客为关注焦点原则

C. 关系管理原则　　D. 全员参与原则

80. 根据《质量管理体系　要求》，下列目标中，不符合质量管理体系所需过程的质量目标是(　　)。

A. 可测量　　B. 与质量方针保持一致

C. 实时更新　　D. 予以监视

二、多项选择题(共20题,每题2分。每题的备选项中,有2个或2个以上符合题意,至少有1个错项。错选,本题不得分;少选,所选的每个选项得0.5分)

81. 根据《测绘资质分类分级标准》,下列材料中,申请乙级测绘资质的单位需要提交的有(　　)。

A. 法人资格证书

B. 符合专业标准规定的专业技术人员身份证

C. 符合专业标准规定的技术装备的所有权材料

D. 符合通用标准规定的材料

E. 符合专业标准规定的测绘业绩材料

82. 根据《测绘地理信息行业信用管理办法》规定,不良信息是指测绘资质单位违反测绘地理信息及相关法律法规和政策规定产生失信行为的信息,不良信息分为(　　)。

A. 重大失信信息　B. 严重失信信息　C. 一般失信信息

D. 特别失信信息　E. 轻微失信信息

83. 根据测绘生产成本费用定额规定,确定测绘工作项目"定额工日"的因素包括(　　)。

A. 生产技术方法　B. 工作内容　C. 产品形式

D. 技术装备水平　E. 工期要求

84. 根据《测绘作业证管理规定》,测绘人员的下列行为中,应当由所在单位收回其测绘作业证并及时交回发证机关的有(　　)。

A. 将测绘作业证转借他人的

B. 擅自涂改测绘作业证的

C. 利用测绘作业证损害他人利益的

D. 利用测绘作业证从事与测绘工作无关的活动的

E. 利用测绘作业证进行欺诈等违法活动的

85. 根据测绘生产工日利用定额,下列省份中,野外测量全年正常作业月数为8个月的有(　　)。

A. 贵州省　B. 广西壮族自治区　C. 天津市

D. 江西省　E. 山东省

86. 根据《数字测绘成果质量检查与验收》规定,空间参考系的质量子元素不包括(　　)。

A. 大地基准　B. 高程基准　C. 平面精度

D. 深度基准　E. 地图投影

87. 根据《测绘法》,测绘单位测绘成果质量不合格时,测绘行政主管部门可以依法对测绘作出的行政处罚有(　　)。

A. 责令补测或者重测

B. 情节严重的,责令停业整顿

C. 给用户造成损失的,依法承担赔偿责任

D. 处测绘约定报酬二倍以下的罚款

E. 情节严重的,降低资质等级直至吊销测绘资质证书

88. 根据《地图审核管理规定》，下列地图中，由国务院自然资源主管部门负责审核的有（ ）。

A. 台湾地区地图 B. 历史地图 C. 海南省地图

D. 世界地图 E. 具有审图号的公益性地图

89. 下列原则中，属于基础测绘成果应急提供应遵循的原则有（ ）。

A. 时效性 B. 有偿性 C. 安全性

D. 可靠性 E. 无偿性

90. 根据《测绘地理信息行业信用指标体系》，测绘单位信用信息由（ ）构成。

A. 基本信息 B. 良好信息 C. 诚信信息

D. 处罚信息 E. 不良信息

91. 根据《测绘作业人员安全生产规范》规定，测绘生产单位为确保安全生产，应坚持的方针不包括（ ）。

A. 安全第一 B. 预防为主 C. 遵纪守法

D. 领导重视 E. 个人负责

92. 根据测绘合同示范文本，下列内容中，属于合同一般条款的有（ ）。

A. 解决争议的办法 B. 当事人资质证书情况

C. 履行期限、地点和方式 D. 价款或者报酬

E. 违约责任

93. 根据《测绘技术设计规定》，设计评审的主要内容和要求包括（ ）。

A. 评审依据 B. 评审标准 C. 评审目的

D. 评审条件 E. 评审人员

94. 根据反不正当竞争法，下列情形中，严加禁止的不正当竞争行为有（ ）。

A. 侵犯消费者合法财产的行为 B. 侵犯消费者的人身权行为

C. 通谋投标行为 D. 降价排挤行为

E. 以格式合同对消费者作出不合法律规定的行为

95. 根据测绘成果质量检查与验收，下列检验方法中，属于成果质量检查与验收检验方法的是（ ）。

A. 概查检查 B. 全数检查 C. 抽样检查

D. 联合检查 E. 分段检查

96. 根据《测绘市场管理暂行办法》，测绘项目的中标单位必须以自己的（ ）完成所承揽项目的主要部分。

A. 设备 B. 物资 C. 技术

D. 资金 E. 技术人员

97. 根据《测绘资质管理规定》，测绘资质单位的名称、注册地址、法定代表人发生变更的，应当向测绘资质审批机关提出变更申请，并提交（ ）等材料原件的扫描件。

A. 变更申请文件 B. 企业营业执照

C. 有关部门核准变更证明 D. 测绘资质证书正、副本

E. 法定代表人身份证明

98. 根据《测绘资质分类分级标准》，取得乙级测绘资质的单位可以从事海洋测绘专业

的(　　)专业子项。

A. 水深测量　　B. 深度基准测量　　C. 海图编制

D. 海洋测绘监理　E. 水文测量

99. 下列专业中，其测绘成果具有著作权特征的有(　　)。

A. 大地测量　　B. 工程测量　　C. 海洋测绘

D. 房产测绘　　E. 地理信息系统工程

100. 根据《质量管理体系　要求》，下列信息中，属于不合格产品和服务处置过程中应保留的成文信息有(　　)。

A. 描述所采取的措施　　B. 描述产品和服务的性质

C. 描述获得的让步　　D. 识别处置不合格的授权

E. 描述不合格

2020年注册测绘师《测绘管理与法律法规》真题

一、单项选择题(共80题，每题1分。每题的备选项中，只有1个最符合题意)

1. 根据《测绘资质管理规定》，下列关于测绘资质的说法中错误的是(　　)。

A. 测绘资质证书的正、副本具有同等法律效力

B. 测绘资质证书的有效期不超过5年

C. 测绘单位分立的，分立后的单位可以重新申请测绘资质

D. 测绘单位应当于每年12月底前，报送本年度测绘资质年度报告

2. 以下属于测绘专业技术人员的是(　　)。

A. 导航工程技术人员　　B. 工程勘察技术人员

C. 生态环境技术人员　　D. 工民建技术人员

3. 根据《测绘资质分级标准》，下列关于资质等级划分的说法中正确的是(　　)。

A. 工程测量专业分为甲、乙、丙三级

B. 地理信息系统工程专业分为甲、乙、丙三级

C. 地图编制专业分为甲、乙、丙三级

D. 大地测量专业分为甲、乙、丙、丁四级

4. 某公司申请不动产测绘专业和互联网地图服务专业甲级资质，对该公司技术人员数量的计算方法是(　　)。

A. 两个专业的技术人员数量不累加计算

B. 两个专业的技术人员数量累加计算值的50%

C. 两个专业的技术人员数量累加计算值的80%

D. 两个专业的技术人员数量累加计算

5. 申请房产测绘专业子项甲级资质至少有(　　)台手持测距仪。

A. 6　　B. 10　　C. 12　　D. 20

6. 不良信息保存期限为不良行为终止之日起(　　)年。

A. 2　　B. 3　　C. 5　　D. 6

7. 下列不属于不动产测绘专业的是(　　)。

A. 房产测绘　　B. 地籍测绘

C. 市政工程测量　　D. 行政区域界线测绘

8. 根据《测绘法》,测绘成果质量不合格的行政处罚是(　　)。

A. 警告　　B. 罚款

C. 没收违法所得　　D. 责令停业整顿

9. 根据《测绘资质分级标准》对各专业人员规模的相关规定,下列说法正确的是(　　)。

A. 乙级工程测量专业要求测绘及相关专业技术人员至少为 20 人

B. 丙级海洋测绘专业要求测绘及相关专业技术人员至少为 6 人

C. 乙级互联网地图服务专业要求地图制图或计算机类专业技术人员至少为 12 人

D. 丁级不动产测绘专业要求测绘及相关专业技术人员至少为 3 人

10. 申请注册测绘师延续注册时不需要提交的是(　　)。

A.《中华人民共和国注册测绘师延续注册申请表》

B.《中华人民共和国注册测绘师资格证书》

C. 与聘用单位签订的劳动合同或者聘用合同

D. 达到注册期内继续教育要求的证明材料

11. 下列关于注册测绘师的说法中,正确的是(　　)。

A. 继续教育是注册测绘师延续注册、重新申请注册和逾期初始注册的必备条件

B. 注册测绘师不得修改经其他注册测绘师签字盖章的测绘文件

C. 注册测绘师在一个注册期内必修课和选修课均为 30 学时

D. 初始注册必须在取得《中华人民共和国注册测绘师资格证书》2 年内提出注册申请

12. 质量问题造成的经济损失,由(　　)承担赔偿责任。

A. 签字盖章的注册测绘师

B. 签字盖章的注册测绘师与注册的测绘单位

C. 注册测绘师所在的测绘单位的质检人员

D. 注册测绘师注册的测绘单位

13. 根据《招标投标法》,投标人不得少于(　　)个。

A. 3　　B. 4　　C. 6　　D. 8

14. 根据《招标投标法》,招标人和中标人应当在规定时限内按照相关文件订立书面合同。这个时限为自中标通知书发出之日起(　　)日。

A. 20　　B. 30　　C. 45　　D. 60

15. 根据《测绘资质分级标准》,注册测绘师可以视为(　　)专业技术人员。

A. 初级　　B. 中级　　C. 副高级　　D. 正高级

16. 根据《外国的组织或者个人来华测绘管理暂行办法》,外国的组织可以以合资、合作方式从事的是(　　)。

A. 无人飞行器航摄　　B. 真三维地图编制

C. 矿山测量　　D. 扫海测量

17. 根据《测绘作业证管理规定》,负责收回冒领的测绘作业证件的是(　　)。

A. 县级测绘地理信息主管部门　　B. 设区市级测绘地理信息主管部门

C. 省级测绘地理信息主管部门　　D. 国务院测绘地理信息主管部门

18. 根据《测绘法》,未经批准擅自建立相对独立的平面坐标系统,应给予的行政处罚是(　　)。

A. 给予警告,责令改正,可以并处五十万元以下的罚款

B. 给予警告,没收测绘仪器,可以并处五十万元以下的罚款

C. 给予警告,没收测绘仪器,可以并处一百万元的罚款

D. 给予警告,责令改正,可以并处五十万元以上一百万元以下的罚款

19. 下列关于基础测绘规划的说法中,正确的是(　　)。

A. 国务院发展改革部门负责编制全国基础测绘规划

B. 国务院测绘地理信息主管部门负责编制全国基础测绘年度计划

C. 县级以上人民政府应当将基础测绘工作所需经费列入本级政府预算

D. 海洋基础测绘规划由国务院测绘地理信息主管部门商军队测绘部门编制

20. 根据《测绘地理信息质量管理办法》,测绘地理信息项目实行"两级检查、一级验收"制度。下列有关说法中正确的是(　　)。

A. 作业部门负责过程检查,项目委托单位负责最终检查

B. 作业部门负责过程检查,测绘单位负责最终检查

C. 测绘单位负责过程检查,项目委托单位负责最终检查

D. 测绘单位负责过程检查,质检监督机构负责最终检查

21. 负责汇交使用财政投资完成的测绘项目成果资料的是(　　)。

A. 测绘项目的立项部门　　B. 测绘项目的出资部门

C. 测绘项目的招标单位　　D. 测绘项目的承担单位

22. 测绘成果的目录和副本,应当在第二年(　　)底之前汇交。

A. 三月　　B. 四月　　C. 五月　　D. 六月

23. 下列关于测绘成果汇交与保管的说法中,错误的是(　　)。

A. 测绘成果的副本和目录实行无偿汇交

B. 测绘地理信息主管部门应当在收到汇交的测绘成果副本或者目录后,出具汇交凭证

C. 测绘地理信息主管部门自收到汇交的测绘成果副本或者目录之日起 10 个工作日内,将其移交给测绘成果保管单位

D. 汇交测绘成果资料的范围由各级测绘地理信息主管部门制定并公布

24. 根据《测绘法》,建设卫星导航定位基准站的,建设单位应当按照国家有关规定报(　　)备案。

A. 军队测绘部门

B. 国务院测绘地理信息主管部门或者省、自治区、直辖市人民政府测绘地理信息主管部门

C. 所在地县级人民政府

D. 国务院交通运输主管部门或者省、自治区、直辖市交通运输主管部门

25. 根据《测绘成果管理条例》,下列各项测绘成果中,应当异地备份存放的是(　　)。

A. 房产测绘成果　　B. 国家基本比例尺地形图

C. 水利工程测量成果　　D. 导航电子地图数据

26. 根据《测绘成果管理条例》，测绘成果的秘密范围和秘密等级由（　　）依法确定。

A. 国家保密工作部门商国务院测绘地理信息主管部门

B. 国务院测绘地理信息主管部门

C. 国家保密工作部门、国务院测绘地理信息主管部门商军队测绘主管部门

D. 军队测绘主管部门

27. 根据《测绘成果管理条例》，未按规定进行保密技术处理的，其秘密等级（　　）。

A. 不得低于所用测绘成果的秘密等级

B. 由开发生产单位自行确定

C. 由测绘成果提供部门根据实际工作需要降低

D. 根据产品市场需要而确定

28. 根据《测绘成果管理条例》，使用财政资金的测绘项目，有关部门在批准立项前应当征求本级人民政府（　　）的意见。

A. 测绘行政主管部门　　B. 财政部门

C. 税务部门　　D. 国有资产管理部门

29. 根据《测绘成果管理条例》，测绘成果在各级人民政府及有关部门和军队因维护国家安全的需要，可以（　　）。

A. 优先有偿使用　　B. 无偿使用

C. 先使用后付费　　D. 优惠使用

30. 根据《基础测绘成果应急提供办法》，测绘成果保管单位应当根据调用通知在最短时间内完成基础测绘成果应急提供，该期限一般为（　　）小时。

A. 4　　B. 8　　C. 12　　D. 24

31. 根据《测绘成果管理条例》，下列不属于国家重要地理信息数据的是（　　）。

A. 全国高速铁路里程数　　B. 国界、国家海岸线长度

C. 国家岛礁数量和面积　　D. 领土、领海面积

32. 根据《重要地理信息数据审核公布管理规定》，负责受理单位和个人提出的公布重要地理信息数据建议的是（　　）。

A. 国务院新闻办　　B. 国务院测绘行政主管部门

C. 省级人民政府办公厅　　D. 省级人民政府信息公开管理部门

33. 根据《测绘法》，中华人民共和国地图的国界线标准样图由（　　）批准。

A. 外交部　　B. 国务院

C. 国务院测绘地理信息主管部门　　D. 全国人大常委会

34. 根据《行政区域界线管理条例》，负责编制省、自治区、直辖市行政区域界线详图的是（　　）。

A. 国务院民政部门

B. 国务院测绘地理信息主管部门

C. 省、自治区、直辖市人民政府民政部门

D. 省、自治区、直辖市人民政府测绘地理信息主管部门

35. 根据《测绘法》，建立地理信息系统应当采用（　　）。

A. 已公开发布的地图数据　　B. 最新的导航电子地图数据
C. 地理国情普查信息数据　　D. 符合国家标准的基础地理信息数据

36. 下列不属于国务院测绘地理信息主管部门审核的是(　　)。
A. 香港特别行政区地图　　B. 历史地图
C. 北京市地图　　D. 世界地图

37. 下列不属于地图送审应当提交的内容是(　　)。
A. 地图审核申请表　　B. 需要审核的地图最终样图或者样品
C. 地图编制单位的测绘资质证书　　D. 地图编制单位的营业执照

38. 下列关于地图出版的说法中,错误的是(　　)。
A. 出版单位可以在出版物中插附经审核批准的地图
B. 任何出版单位不得出版未经审定的中小学教学地图
C. 县级以上人民政府出版行政主管部门负责地图市场统一监管
D. 地图著作权保护依照有关著作权法律法规的规定执行

39. 根据《测绘法》,需要拆迁永久性测量标志的应当报经(　　)批准。
A. 永久性测量标志所在地县级人民政府测绘地理信息主管部门
B. 永久性测量标志所在地省、自治区、直辖市人民政府测绘地理信息主管部门
C. 永久性测量标志建设单位
D. 永久性测量标志保管单位

40. 下列不属于申请使用基础测绘成果要求的是(　　)。
A. 有已批准的项目设计书
B. 有明确、合法的使用目的
C. 符合国家的保密法律法规及政策
D. 申请的基础测绘成果范围、种类、精度与使用目的相一致

41. 根据《测绘资质分级标准》,下列符合规定要求的是(　　)。
A. 甲级资质单位办公场所面积为 $400m^2$
B. 乙级资质单位办公场所面积为 $200m^2$
C. 丙级资质单位办公场所面积为 $30m^2$
D. 丁级资质单位办公场所面积为 $15m^2$

42. 下列关于仪器三防的说法中正确的是(　　)。
A. 外业三防类的为一年(含一年以内)　　B. 检修三防类的为一年(含一年以内)
C. 内业三防类的为一年(含一年以内)　　D. 保管三防类的为二年(含二年以内)

43. 下列不属于专业技术设计书内容的是(　　)。
A. 作业区自然地理概况与已知资料情况
B. 引用技术标准文件
C. 成果(或产品)主要技术指标和规格
D. 进度安排和经费预算

44. 根据《招标投标法》的有关规定,下列说法正确的是(　　)。
A. 甲级和乙级海洋测绘专业资质的公司组成联合体可以对标的为 150km 的水深测量项目进行投标

B. 评标委员会组成人员为 6 人

C. 分包内容符合法规要求的,在投标文件中可以不载明拟中标后将项目的部分工作进行分包

D. 投标人在招标文件要求提交投标文件的截止时间前,可以撤回已提交的投标文件,并书面通知招标人

45. 下列有关招标投标的说法中正确的是( )。

A. 开标由招标代理机构工作人员主持,邀请所有投标人参加

B. 评标委员会成员人数为 7 人,其中技术、经济等方面的专家为 4 人

C. 招标分为公开招标和邀请招标

D. 开标时,由招标代理机构工作人员检查投标文件的密封情况

46. 根据《招标投标法实施条例》,会被评标委员会否决其投标资格的是( )。

A. 某公司为参加同一招标项目的另一公司支付保证金

B. 投标人按照招标文件独立进行报价

C. 同一行业协会的会员单位各自参加同一招标项目的投标

D. 符合招标要求的公司联合资质等级比本公司更高的公司参加投标

47. 下列不属于线路测量设计书中规定的作业方法和技术要求的是( )。

A. 规定手簿和记录的要求

B. 线路测量各阶段对各种点位复测的要求,各次复测值之间的限差规定

C. 架空索道的方向点偏离直线的精度要求

D. 规定各种桩点的平面和高程的施测方法和精度要求

48. 关于测绘技术设计输入的说法中正确的是( )。

A. 设计输入应由单位总工程师确定并形成书面文件

B. 设计输入应包括市场的需求或期望

C. 顾客提供的测区信息不能作为设计输入的内容

D. 单位技术水平状况不能作为设计输入的内容

49. 对某城镇地区 $10km^2$ 的 1∶500 地形图进行更新修测(更新修测工日定额比率为 30%),已知每幅图的数据采集与编辑额定工日为 15 天,则该项目的工日定额是( )天。

A. 2400　　B. 720　　C. 1200　　D. 3120

50. 贵州省野外测量全年正常作业月数和每月平均作业天数分别为( )。

A. 6,24　　B. 6.5,24　　C. 8,25　　D. 8,22

51. 下列不属于承揽方权利的是( )。

A. 按合同约定享有测绘成果的所有权或使用权

B. 公平参与市场竞争

C. 决定测绘成果的验收方式

D. 拒绝委托方提出的违反国家规定的不正当要求

52. 下列关于沼泽地区作业要求的说法中,错误的是( )。

A. 应组成横队行进,禁止单人涉险

B. 应配备必要的绳索、木板和长约 1.5m 的探测棒

C. 遇繁茂绿草地带应绕道而行

D. 应注意保持身体干燥清洁，防止皮肤溃烂

53. 下列关于外业生产行车与交通的说法中，错误的是(　　)。

A. 为戈壁、沙漠地区测量的作业小组配备一辆汽车

B. 为戈壁、沙漠地区作业的车辆配备双备胎

C. 高原地区气压低的车辆应低挡行驶，少用制动

D. 外业生产车辆应配备必要的检修工具和通信设备

54. 乙方为甲方测量了 $10km^2$ 带状地形图，合同约定工程款为 10 万元。为展示该带状地形图的需要，乙方又向甲方提供了周边 $5km^2$ 的地形图，甲方将该地形图用于另一工程的设计。根据《测绘合同》示范文本，乙方有权向甲方提出并可获得(　　)。

A. $5km^2$ 地形图的测绘费用　　B. 2 万元的赔偿

C. 10 万元的赔偿　　D. 20 万元的赔偿

55. 生产岗位的作业人员按照(　　)进行作业，并对作业成果质量负责。

A. 投标文件　　B. 测绘合同　　C. 招标文件　　D. 技术设计

56. 某单位承担一项重大测绘项目，5 月 10 日完成技术设计书编写，5 月 20 日项目组织方批准技术设计书。下列说法错误的是(　　)。

A. 作业小组 5 月 11 日进测区进行选点埋石

B. 作业小组 5 月 10 日将有关材料运进测区

C. 作业小组 5 月 9 日进行作业培训

D. 作业小组 5 月 8 日完成踏勘报告编写

57. 下列不属于测绘单位质量主管负责人职责的是(　　)。

A. 签发有关的质量文件及作业指导书

B. 建立本单位的质量保证体系并保证其有效运行

C. 组织编制测绘项目的技术设计书

D. 处理生产过程中的重大技术问题和质量争议

58. 测绘单位与用户发生质量争议时，可采取的措施是(　　)。

A. 报用户所在地市场监督管理部门进行处理

B. 报项目所在地测绘地理信息主管部门进行处理

C. 委托具有甲级资质的测绘单位进行复测

D. 委托测绘地理信息行业协会进行处理

59. 根据《测绘地理信息质量管理办法》，下列关于测绘单位的质量责任与义务以及质量奖惩的说法中，正确的是(　　)。

A. 基础测绘项目必须在关键工序设置检查点

B. 基础测绘项目可以不经过质检机构检验，以会议的形式进行验收

C. 用于基础测绘项目生产的新技术、新工艺、新软件等，必须通过由技术提供方组织的检验、测试或鉴定

D. 测绘单位所完成的基础测绘成果经监督检查被判定为“批不合格”的，应当按照有关管理规定限期整改，并给予相应处理

60. 下列关于质量管理体系的说法中，正确的是(　　)。

A. 传统测绘企业的质量管理体系因生产工艺固定，所有的体系过程和活动都可以

预先确定

B. 测绘企业因生产工艺相同,质量管理体系由相似的过程组成,不同企业的质量管理体系是相同的

C. 质量管理体系是通过周期性的改进,随着时间的推移而逐步完善的

D. 实施《质量管理体系　要求》,需要统一不同质量管理体系的架构

61. 下列关于某高程控制测量专业技术总结的内容中不属于“概述”部分的是(　　)。

A. 高程路线的总长度　　B. 作业区概况

C. 起算高程点的等级　　D. 测量结果与各项限差的比较

62. 下列不属于不合格产品和服务处置过程中应保留的成文信息是(　　)。

A. 描述所采取的措施　　B. 描述产品和服务的性质

C. 描述获得的让步　　D. 识别处置不合格的授权

63. 对单位成果质量要求中的部分检查项进行的检查是(　　)。

A. 抽样检查　　B. 低精度检查　　C. 概查　　D. 简单随机抽查

64. 根据《测绘成果质量检查与验收》,某测绘成果数学精度允许的中误差为±1.5cm,用高精度检测得到的成果中误差为±0.5cm,则该成果数学精度质量项得分为(　　)。

A. 75 分　　B. 85 分　　C. 90 分　　D. 100 分

65. 对某区域 $10km^2$ 基本满幅的 1∶2000 地形图进行抽样检查时,应检查的最小面积约为(　　)km^2。

A. 1　　B. 3　　C. 5　　D. 7

66. 在检查导航电子地图质量时,发现的下列错误项中,不属于逻辑一致性错误的是(　　)。

A. 数据组织错误　　B. 交通流方向错误

C. 辅道表示错误　　D. 隔离带未表示错误

67. 根据《测绘地理信息质量管理办法》,监督检查工作经费由(　　)承担。

A. 项目委托单位　　B. 项目测绘单位

C. 测绘地理信息主管部门　　D. 测绘质检机构

68. 下列关于地理信息安全管理的说法中,错误的是(　　)。

A. 涉密单位应当依据相关法律法规规定,制定和完善本单位安全保密制度

B. 涉密单位应当将安全保密教育纳入年度培训计划

C. 涉密单位承担的横向合作项目所持有的涉密载体可不纳入统一管理范围

D. 涉密单位应当按分级保护要求对涉密信息系统进行管理

69. 依据《测绘地理信息业务档案保管期限表》,水准测量项目的水准平差过程数据的保存期限是(　　)。

A. 10 年　　B. 20 年　　C. 30 年　　D. 永久

70. 实时差分服务数据属于(　　)。

A. 绝密级国家秘密事项　　B. 机密级国家秘密事项

C. 秘密级国家秘密事项　　D. 受控管理的内容

71. 根据《测绘管理工作国家秘密范围的规定》,下列各项测绘成果中属于秘密级的是(　　)。

A. 非军事禁区 1∶5000 地形图　　B. 军事禁区 1∶1 万地形图
C. 非军事禁区 1∶2.5 万地形图　　D. 军事禁区 1∶5 万地形图

72. 根据《测绘成果质量监督抽查管理办法》，受检单位对监督检验结论有异议的，可提出书面异议报告，检验单位应在规定时限内作出复检结论。这个时限是收到受检单位书面异议报告之日起(　　)个工作日。

A. 2　　B. 5　　C. 10　　D. 15

73. 关于基础地理信息数据成果归档要求，下列说法中正确的是(　　)。

A. 归档资料的完整性和准确性由单位总工程师负责
B. 文档材料归档一份，数据成果拷贝归档两份
C. 基础测绘成果应与文档材料分开归档
D. 归档后的数据成果不得替换

74. 负责组织实施地方重大测绘地理信息项目业务档案验收的是(　　)。

A. 项目委托单位　　B. 项目承担单位
C. 测绘地理信息主管部门　　D. 档案主管部门

75. 建档单位应当在测绘地理信息项目验收完成之日起最多不超过(　　)，向档案保管机构移交测绘地理信息业务档案。

A. 1 个月　　B. 2 个月　　C. 3 个月　　D. 6 个月

76. 根据《测绘地理信息业务档案保管期限表》，下列需永久保存的是(　　)。

A. 航摄仪技术参数文件　　B. 摄区分区航线接合图
C. 机载附属仪器记录数据　　D. 机载 LIDAR 数据

77. 以下不属于测绘项目合同内容的是(　　)。

A. 项目实施进度安排　　B. 甲乙双方的义务
C. 提交成果及验收方式　　D. 合同评审方式的规定

78. 根据《民法典》，下列属于合同免责条款无效的是(　　)。

A. 一方以欺诈、胁迫的手段订立合同的
B. 违反法律、行政法规的强制性规定的
C. 造成对方人身损害的
D. 损害社会公共利益的

79. 下列不属于质量管理原则的是(　　)。

A. 领导作用　　B. 服从组织安排
C. 全员积极参与　　D. 关系管理

80. 组织在承诺向顾客提供产品和服务前应进行评审，下列要求中，不属于该项评审范畴的是(　　)。

A. 顾客约定的交付时间要求　　B. 组织规定的相关要求
C. 适用的法律法规要求　　D. 质量管理体系持续改进的要求

二、多项选择题(共 20 题，每题 2 分。每题的备选项中，有 2 个或 2 个以上符合题意，至少有 1 个错项。错选，本题不得分；少选，所选的每个选项得 0.5 分)

81. 测绘单位的法定代表人发生变更并向测绘资质审批机关提出变更申请时，应提交

的原件扫描材料包括(　　)。

A. 变更申请文件　　B. 单位人事证明

C. 市场监管部门核准变更文件　　D. 测绘资质证书正、副本

E. 变更后法定代表人身份证明

82. 下列关于测绘执业资格管理的说法中正确的有(　　)。

A.《中华人民共和国注册测绘师资格证书》在全国范围内有效

B. 非测绘类专业毕业的人员不得申请参加注册测绘师考试

C. 申请参加注册测绘师考试的人员必须是中华人民共和国公民

D. 国务院测绘地理信息主管部门负责注册测绘师资格的注册审查工作

E. 取得测绘类专业大学专科以上学历的即可参加注册测绘师考试

83. 下列关于来华测绘管理的说法中正确的有(　　)。

A. 测绘成果归中方部门或者单位所有

B. 不得以任何形式将测绘成果携带或者传输出境

C. 合资、合作测绘或者一次性测绘的,应当保证中方人员全程参与具体测绘活动

D. 一次性测绘应当取得国务院自然资源主管部门的批准文件

E. 合资、合作测绘不得从事导航电子地图制作活动

84. 下列关于测绘作业证件使用的说法中正确的有(　　)。

A. 测绘人员遗失测绘作业证的,应当立即向本单位报告并说明情况

B. 测绘作业证只限持证人本人使用,不得转借他人

C. 测绘人员调往其他测绘单位的,不需要重新申领测绘作业证

D. 测绘人员使用测量标志时应当主动出示测绘作业证件

E. 过期不注册核准的测绘作业证无效

85. 关于测绘单位的质量责任与义务,下列说法中正确的有(　　)。

A. 测绘单位应建立合同评审制度,确保具有满足合同要求的实施能力

B. 测绘单位对其完成的测绘地理信息成果质量负责,所交付的成果必须保证是合格品

C. 测绘单位应在测绘地理信息项目通过验收后,将项目质量信息报送项目所在地测绘地理信息主管部门

D. 测绘单位在测绘项目实施中所使用的测绘仪器设备应按照国家有关规定进行检定、校准

E. 测绘单位的项目技术和质量负责人等关键岗位须由测绘专业高级技术人员充任

86. 根据《测绘法》,在以下情况下,应当无偿提供测绘成果的有(　　)。

A. 政府决策　　B. 国防建设　　C. 公共服务

D. 企业经营　　E. 抢险救灾

87. 根据《测绘法》,卫星导航定位基准站的建设和运行维护不符合国家标准、要求的,可给予的行政处罚有(　　)。

A. 警告　　B. 没收违法所得和测绘成果

C. 责令停业整顿　　D. 没收相关设备

E. 处三十万元以上五十万元以下的罚款

88. 下列关于被许可使用人委托第三方承担涉密测绘成果开发利用的说法中，正确的有（　　）。

A. 第三方必须具有相应的成果保密条件

B. 涉及测绘活动的，第三方应当具备相应的测绘资质

C. 被许可使用人必须与第三方签订成果保密责任书

D. 任务完成后，第三方应自行销毁涉密测绘成果

E. 任务完成后，第三方可以保留涉密测绘成果衍生产品

89. 下列关于房产测绘的说法中正确的有（　　）。

A. 房产测绘成果资料应当与房产自然状况保持一致

B. 房产自然状况发生变化应当及时实施房产变更测量

C. 委托人与房产测绘单位应当签订书面房产测绘合同

D. 房产测绘单位与委托人不得有利害关系

E. 房产测绘所需费用由购房人支付

90. 根据《公开地图内容表示若干规定》，关于地图比例尺、开本及经纬线的规定，下列说法中正确的有（　　）。

A. 中国地图比例尺等于或小于 1∶100 万

B. 香港特别行政区、澳门特别行政区地图比例尺等于或小于 1∶25 万

C. 市、县地图开幅为一个全张，最大不超过两个全张

D. 交通图的位置精度不能高于 1∶50 万国家基本比例尺地图精度

E. 比例尺等于或大于 1∶50 万的公开地图不得绘出经纬线

91. 下列关于数据档案销毁的说法中错误的有（　　）。

A. 销毁光盘上的数据档案时，无须连同光盘一起销毁

B. 销毁数据档案时，异地储存的数据档案同时销毁

C. 数据档案逻辑或物理销毁后，应从计算机系统中将其彻底清除

D. 数据档案销毁时，数据档案管理单位应派员监销，防止泄密

E. 经鉴定需要销毁的数据档案，档案管理单位可自行组织销毁

92. 单位不能初次申请甲级测绘资质的有（　　）。

A. 测绘航空摄影　　B. 摄影测量与遥感　　C. 海洋测绘

D. 导航电子地图制作　　E. 互联网地图服务

93. 甲方未按合同约定支付乙方工程费并影响工程速度的，乙方可要求（　　）。

A. 解除合同　　B. 工期顺延　　C. 支付停窝工费

D. 增加工程款　　E. 甲方按顺延天数和当时银行存款利息向乙方支付违约金

94. 根据《测绘合同》示范文本，造成工期顺延的原因中，乙方不承担赔偿责任的有（　　）。

A. 天气　　B. 交通　　C. 甲方提供的资料错误

D. 政府行为　　E. 乙方在作业过程中发生安全生产事故

95. 下列关于地下管线作业要求的说法中正确的有（　　）。

A. 作业人员一律不得进入情况不明的地下管道作业

B. 作业人员必须配备防护帽、安全灯，穿安全警示工作服

C. 打开窨井盖做实地调查时，井口要用警示栏圈围起来

D. 井下作业的所有电气设备外壳都要接地

E. 夜间作业时,应设置安全警示灯

96. 最终检查批成果合格后,可评定批成果质量等级为良级的有(　　)。

A. 优良品率为95%,其中优级品率为55%

B. 优良品率为90%,其中优级品率为45%

C. 优良品率为85%,其中优级品率为50%

D. 优良品率为85%,其中优级品率为25%

E. 优良品率为80%,其中优级品率为20%

97. 下列属于航空摄影成果中飞行质量检查项的有(　　)。

A. 航摄设计　　B. 影像的灰雾密度　　C. 像片重叠度

D. 像点最大位移值　　E. 航摄飞行记录

98. 下列关于测绘地理信息档案管理的说法中正确的有(　　)。

A. 测绘地理信息业务档案定期保存的期限为10年、20年、30年

B. 测绘地理信息主管部门应对保管期满的测绘地理信息业务档案提出鉴定意见

C. 档案库房应配备防火、防盗、防渍、防有害动物、监控等保护设施设备

D. 测绘地理信息业务档案均实行异地备份保管

E. 档案保管机构应对个人捐赠的测绘地理信息业务档案进行妥善保管

99. 根据《测绘合同》示范文本,测绘合同由双方代表签字后需加盖双方相关印章方可生效。下列各类印章中,双方加盖后合同即可生效的有(　　)。

A. 公章　　B. 资料专用章　　C. 法定代表人章

D. 财务章　　E. 合同专用章

100. 根据《质量管理体系　要求》,下列质量管理内容中,属于最高管理者职责的有(　　)。

A. 制定质量方针　　B. 确保及时与顾客沟通

C. 确保获得质量管理体系所需的资源　　D. 对质量管理体系的有效性负责

E. 确保质量管理体系融入组织的业务过程

2019年注册测绘师《测绘管理与法律法规》真题

一、单项选择题(共80题,每题1分。每题的备选项中,只有1个最符合题意)

1. 根据《基础测绘成果提供使用管理暂行规定》,下列基本比例尺地图中,由国务院自然资源主管部门负责提供审批的是(　　)。

A. 1∶5万比例尺　　B. 1∶1万比例尺

C. 1∶5000比例尺　　D. 1∶2000比例尺

2. 甲级互联网地图服务单位必须配备(　　)个地图安全审校人员。

A. 2　　B. 3　　C. 4　　D. 5

3. 根据《测绘资质分级标准》,下列关于测绘监理的说法中正确的是(　　)。

A. 具有工程测量监理资质的单位可以承接不动产测绘监理项目

B. 乙级测绘监理资质单位不能监理甲级测绘监理单位项目

C. 测绘监理资质分为甲、乙、丙、丁四级

D. 没有摄影测量与遥感测绘监理资质

4. 行政区域界线测绘子项属于(　　)专业。

A. 工程测量　　B. 不动产测绘

C. 大地测量　　D. 摄影测量与遥感

5. 以下属于测绘专业技术人员的是(　　)。

A. 地质　　B. 工程勘察　　C. 土地管理　　D. 水利

6. 申请互联网地图服务单位,测绘相关技术人员比例(　　)。

A. 不作要求

B. 不得超过对专业技术人员要求数量的80%

C. 不得超过对专业技术人员要求数量的60%

D. 不得超过对专业技术人员要求数量的50%

7. 下列有关测绘信息行业信用信息的说法中,正确的是(　　)。

A. 省级测绘地理信息行政主管部门负责本行政区域内测绘资质单位信用信息的发布和管理

B. 测绘地理信息行业信用信息分为基本信息、良好信息、不良信息

C. 国务院测绘地理信息行政主管部门负责甲、乙级测绘资质单位信用信息的发布和管理工作

D. 测绘资质、科技创新、社会贡献等信息属于基本信息

8. 测绘资质单位认为其合法权益在信用管理工作中受到侵害的,可以向省级以上测绘地理信息行政主管部门(　　)。

A. 投诉　　B. 报告　　C. 通报　　D. 申诉

9. 根据《测绘地理信息行业信用管理办法》,某测绘单位因质量问题被警告应列入(　　)失信。

A. 一般　　B. 较重　　C. 严重　　D. 轻微

10. 测绘资质单位被记入一般失信信息的,自该信息生效之日起(　　)个月内不得申请晋升测绘资质等级或者新增专业范围。

A. 6　　B. 9　　C. 12　　D. 18

11. 注册测绘师继续教育实行(　　)制度。

A. 备案　　B. 审查　　C. 登记　　D. 考核

12. 一次性测绘的应当保证中方测绘人员(　　)具体测绘活动。

A. 全程参与　　B. 重点指导　　C. 随时检查　　D. 监督检验

13. 国家设立统一大地基准数据由(　　)审核。

A. 国务院工业和信息化主管部门　　B. 国务院办公厅

C. 国务院测绘地理信息主管部门　　D. 军队测绘主管部门

14. 某测绘单位产生新的法定代表人,该单位应在有关部门核准完成法定代表人变更后(　　)日内,向测绘资质审批机关提出变更申请。

A. 30　　B. 45　　C. 60　　D. 90

15. 测绘单位向测绘资质审批机关提出名称变更申请时,无须提交的原件扫描件材料是(　　)。

A. 测绘资质申请表　　B. 变更申请文件
C. 有关部门核准的变更证明　　D. 测绘资质证书正本、副本

16. 外国的组织申请一次性测绘的，应当依法提交申请材料(　　)。
A. 一式两份　　B. 一式三份　　C. 一式四份　　D. 一式五份

17. 经济建设、国防建设、社会发展和生态保护急需的基础测绘成果应当(　　)更新。
A. 分批　　B. 定期　　C. 按年度计划　　D. 及时

18. 下列关于基础测绘规划的说法中，正确的是(　　)。
A. 基础测绘规划由测绘地理信息主管部门编制
B. 基础测绘规划编制完成后应当报上级人民政府批准
C. 基础测绘规划编制完成后应当报本级人民政府备案
D. 组织编制机关应当依法公布经批准的基础测绘规划

19. 根据《注册测绘师执业管理办法(试行)》，下列关于注册测绘师的说法中错误的是(　　)。
A. 注册测绘师延迟注册的，应当完成本专业的继续教育
B. 注册测绘师的注册证和执业印章每一注册有效期为3年
C. 注册测绘师签字盖章的文件均不得修改
D. 注册测绘师必须依托注册单位开展执业活动

20. 测绘地信项目实施所使用的全站仪应按照国家规定进行(　　)。
A. 检定、校准　　B. 检查、核准　　C. 检校、比对　　D. 检查、校对

21. 根据《测绘法》，下列关于测绘成果汇交和保管的说法中，错误的是(　　)。
A. 属于基础测绘项目的，应当汇交测绘成果副本
B. 属于非基础测绘项目的，应当汇交测绘成果目录
C. 负责接收测绘成果副本和目录的测绘地理信息主管部门应当出具测绘成果汇交凭证
D. 测绘地理信息主管部门应当长期保管测绘成果副本和目录

22. 根据《测绘成果管理条例》，测绘成果副本和目录实行(　　)。
A. 有偿汇交　　B. 无偿汇交　　C. 有条件汇交　　D. 共享汇交

23. 根据《测绘成果管理条例》，外国的组织或者个人依法与中华人民共和国有关部门或者单位合作，经批准在中华人民共和国领域内从事测绘活动的，测绘成果归中方部门或者单位所有，并由中方部门或者单位向(　　)汇交测绘成果副本。
A. 国务院测绘地理信息主管部门
B. 测绘项目所在地的测绘地理信息主管部门
C. 省、自治区、直辖市测绘地理信息主管部门
D. 县级以上地方人民政府

24. 根据《测绘成果管理条例》，法人或者其他组织需要利用属于国家秘密的基础测绘成果的，应当提出明确的利用目的和范围，报(　　)审批。
A. 测绘成果保管单位
B. 县级以上地方人民政府
C. 基础测绘实施单位

D. 测绘成果所在地的测绘地理信息主管部门

25. 根据《测绘成果管理条例》,下列职责中,不属于测绘成果保管单位职责的是(　　)。

A. 建立健全测绘成果资料的保管制度

B. 对基础测绘成果资料实行异地备份存放制度

C. 定期编制测绘成果资料目录并向社会公布

D. 按照规定保管测绘成果资料,不得损毁、散失、转让

26. 根据《测绘法》,下列工作中,应当依法有偿使用基础测绘成果的是(　　)。

A. 某公司建设物流配送管理系统

B. 军队建设兵要地志信息系统

C. 测绘地理信息主管部门建设"天地图"平台

D. 发展改革部门编制长江三角洲区域一体化建设规划

27. 根据《基础测绘成果提供使用管理暂行办法》,下列关于被许可使用人利用基础测绘成果的说法中,错误的是(　　)。

A. 必须采取有效的保密措施,严防基础测绘成果泄密

B. 所领取的基础测绘成果仅限于在本单位及所属系统内使用

C. 若委托第三方开发,项目完成后,负有督促其销毁相应测绘成果的义务

D. 应当在使用基础测绘成果所形成的成果的显著位置,注明基础测绘成果版权的所有者

28. 根据《测绘地理信息业务档案管理规定》,下列关于档案保管机构工作的说法中,错误的是(　　)。

A. 将测绘地理信息业务档案进行分类、整理并编制目录

B. 库房配备防火、防盗、防渍、防有害生物、温湿度控制、监控等保护设施设备

C. 定期对测绘地理信息业务档案保管状况进行检查

D. 测绘地理信息业务档案保管期满的,自行销毁

29. 根据《测绘地理信息业务档案管理规定》,具有重要查考利用保存价值的测绘地理信息业务档案应当(　　)。

A. 永久保存　　B. 长期保存　　C. 保存10年　　D. 保存30年

30. 根据《测量标志保护条例》,建设永久性测量标志需要占用土地的,地面、地下标志占用土地的范围分别为(　　)。

A. $16\sim36m^2$,$36\sim100m^2$　　B. $36\sim100m^2$,$16\sim36m^2$

C. $10\sim16m^2$,$36\sim100m^2$　　D. $16\sim36m^2$,$36\sim136m^2$

31. 根据《测绘法》,卫星导航定位基准站建设单位未报备案的,给予警告,责令限期改正;逾期不改正的,处(　　)的罚款。

A. 十万元　　B. 三十万元

C. 十万元以上三十万元以下　　D. 五十万元

32. 中华人民共和国国界线的测绘按照中华人民共和国与相邻国家缔结的边界条约或者协定执行,由(　　)组织实施。

A. 国务院测绘地理信息主管部门

B. 外交部

C. 外交部和国务院测绘地理信息主管部门

D. 民政部

33. 房屋产权、产籍相关的房屋面积的测量，应当执行由（　　）组织编制的测量技术规范。

A. 中国测绘学会

B. 省级测绘地理信息主管部门

C. 国务院标准化行政主管部门

D. 国务院住房城乡建设主管部门、国务院测绘地理信息主管部门

34. 房屋测绘单位在房产面积测算中不执行国家标准、规范和规定的，由（　　）给予警告，并责令限期改正，并可以处一万元以上三万元以下的罚款。

A. 县级以上房地产行政主管部门　　B. 县级以上测绘地理信息主管部门

C. 县级以上不动产登记部门　　D. 县级以上地方人民政府

35. 根据《地图管理条例》，下列有关地图管理的相关说法中，错误的是（　　）。

A. 县级测绘地理信息主管部门负责审核表示国家版图的地图

B. 新闻媒体应当开展国家版图意识的宣传

C. 教育行政部门、学校应当将国家版图意识教育纳入中小学教学内容

D. 各级人民政府和有关部门应当加强对国家版图意识的宣传教育

36. 根据国家行政地图审核制度，应急保障等特殊情况需要使用地图的，应当（　　）。

A. 自受理地图审核之日起 7 个工作日内作出审核决定

B. 自受理地图审核之日起 5 个工作日内作出审核决定

C. 自受理地图审核之日起 2 个工作日内作出审核决定

D. 即送即审

37. 依法按照国家有关的测量标志维修规程，对永久性测量标志定期组织维修，保证测量标志正常使用的部门是（　　）。

A. 测绘成果保管部门　　B. 设置永久性测量标志的部门

C. 乡镇自然资源所　　D. 国有资产主管部门

38. 下列关于互联网地图服务单位的安全保密管理措施的说法中，错误的是（　　）。

A. 将存放地图数据的服务器设在中华人民共和国境内

B. 用于提供服务的地图数据库及其他数据不得存储、记录含有在地图上不得表示的内容

C. 发现网站传输的地图信息含有不得表示的内容的，应当立即删除

D. 保守在工作中获取的国家秘密、商业秘密

39. 测绘人员使用永久测量标志，应当持有（　　）。

A. 测绘单位介绍信　　B. 测绘项目设计书

C. 测绘作业证件　　D. 测绘地理信息主管部门批准文件

40. 根据《测量标志保护条例》，永久性测量标志的重建工作由（　　）组织实施。

A. 建设永久性测量标志的单位　　B. 工程建设单位

C. 开展大地测量的测绘单位　　D. 收取测量标志迁建费用的部门

41. 根据《测绘法》，负责管理海洋基础测绘工作的部门是（　　）。

A. 军队测绘部门　　B. 国务院测绘地理信息主管部门

C. 国家安全主管部门　　D. 国务院海洋主管部门

42. 根据地理信息数据安全管理有关规定，下列关于数据储存库房要求的说法中，错误的是(　　)。

A. 库房及装具应使用耐火材料

B. 库房附近不宜有易燃物品

C. 库房内不得有明火，并配有液体 CO_2 灭火器

D. 库房内应安装紫外线灯具，定期对数据介质照射

43. 根据《测绘生产成本费用定额》规定，预算经费为 500 万元的测绘项目，其项目设计费用的预算应为(　　)万元。

A. 3.5　　B. 7.5　　C. 10　　D. 15

44. 1∶1000 全野外地形图测绘，若测制面积为 $0.2km^2$ 的 1∶1000 地形图，则测算的测绘成本费用为(　　)万元。(2 万元/幅图)

A. 1.6　　B. 2　　C. 2.6　　D. 3

45. 测绘项目质量控制的重点阶段是(　　)。

A. 项目设计阶段　　B. 项目实施阶段

C. 招标投标阶段　　D. 项目验收阶段

46. 国家大型测绘工程项目，依法进行招标的，自招标文件发出之日起至投标人提交投标文件截止之日止，最短不得少于(　　)日。

A. 10　　B. 20　　C. 30　　D. 60

47. 对已列入《测绘收费标准》的测绘产品，计费最低不得低于该标准的(　　)。

A. 0.3　　B. 0.5　　C. 0.65　　D. 0.85

48. 下列关于数据档案销毁的说法中，错误的是(　　)。

A. 数据档案在销毁之前应进行鉴定

B. 数据迁移后废弃的原介质需经审批后才能销毁

C. 销毁的数据档案，不包括异地储存的数据档案

D. 销毁光盘上的数据档案时，须连同光盘一起销毁

49. 下列内容中，不作为项目设计审批依据的是(　　)。

A. 项目设计输入内容　　B. 承担单位人力资源信息

C. 项目设计评审报告　　D. 项目验收报告

50. 根据《测绘技术设计规定》规定，下列选项中，测绘项目设计书“概述”部分的内容不包括(　　)。

A. 项目来源　　B. 项目内容和目标

C. 作业区范围与行政隶属　　D. 已有资料情况

51. 根据测绘项目组织实施要求，项目目标控制的核心是(　　)。

A. 进度控制　　B. 资金预算控制

C. 质量控制　　D. 成本消耗控制

52. 根据《建立相对独立的平面坐标系统管理办法》，下列关于相对独立的平面坐标系统的说法中，正确的是(　　)。

A. 相对独立的平面坐标系统与国家统一的坐标系统不需建立联系

B. 建立相对独立的平面坐标系统是为了保护地方安全

C. 一个城市只能建设一个相对独立的平面坐标系统

D. 500万人口以上的城市才能建立相对独立的平面坐标系统

53. 根据《公开地图内容表示若干规定》，下列关于公开地图的说法中，错误的是(　　)。

A. 中国地图比例尺应等于或小于1∶100万

B. 台湾省在中国地图上应按省级行政区划单位表示

C. 香港特别行政区地图比例尺、开本大小不限

D. 公开地图不得绘出经纬线和直角坐标网

54. 下列测绘专业中，包含重力测量专业子项的是(　　)。

A. 工程测量　　B. 大地测量

C. 摄影测量与遥感　　D. 界线测绘

55. 下列技术中，用于实时获取大范围高精度地表高程模型，来建设城市三维模型的最佳选择是(　　)。

A. 无人机低空遥感技术　　B. 机载激光扫描技术

C. 机载侧视雷达技术　　D. 雷达干涉测量技术

56. 根据《房产测量规范》，某幢已售且须区分所有权的住宅楼，不得计入共有建筑面积的是(　　)。

A. 楼内水电暖设备用房　　B. 楼内大厅

C. 楼内电梯间　　D. 某户内专用楼梯

57. 根据《测绘作业人员安全规范》，下列外业出测前准备工作的做法中，不符合要求的是(　　)。

A. 进行安全意识教育培训

B. 进行必要的身体健康检查

C. 为进入高致病疫区作业人员配备防污、防毒装具

D. 学习掌握利用地图判定方位的方法

58. 下列选项中，变形测量设计方案中规定的作业方法和技术要求不包括(　　)。

A. 基准点设置和变形观测点的布设方案

B. 变形测量的观测周期和观测要求

C. 手簿、记录和计算要求

D. 竣工图的分幅与编号规定

59. 根据《测绘作业人员安全规范》，下列作业中，不符合安全要求的是(　　)。

A. 雷雨天适当减少大功率仪器设备的使用

B. 接地电极附近设置明显警告标志

C. 井下作业的电气设备外壳接地

D. 供电作业人员使用绝缘防护用品

60. 下列关于外业行车准备工作的说法中，不符合要求的是(　　)。

A. 单车行驶，应配有押车人员

B. 驾驶员应检查传动系统、制动系统等主要部件

C. 在条件恶劣的地区应采用双车作业

D. 在戈壁滩作业，车辆应配备适宜轮胎并随车携带一个备胎

61. 下列测绘专业技术总结作用的说法中，错误的是（　　）。

A. 为用户对成果的合理使用提供了方便

B. 为测绘单位持续质量改进提供数据

C. 为测绘项目工程款结算提供根据

D. 为有关技术标准的制定提供资料

62. 某单位在实施某项目时，对专业技术设计进行了更改，此情况应在专业技术总结的（　　）部分说明。

A. 概述　　B. 技术设计执行情况

C. 测绘成果（或产品）质量情况　　D. 上交测绘成果（或成品）和资料清单

63. 下列资料中，不作为专业技术总结所依据的技术性文件的是（　　）。

A. 测绘合同书　　B. 项目设计书

C. 专业技术设计书　　D. 有关技术标准

64. 测绘成果质量实施最终检查的单位或机构是（　　）。

A. 项目管理单位　　B. 测绘单位质量管理部门

C. 项目监理单位　　D. 测绘成果质量检验机构

65. 某测绘成果包含成果正确性和成果完整性质量元素，其权值分别为 0.7 和 0.3，在最终检查其成果正确性中，其数学模型质量子元素（权值 0.3）得分为 85 分，计算正确性质量子元素（权值 0.7）得分为 90 分，则成果正确性质量元素赋权后得分为（　　）。

A. 88.5　　B. 87.5　　C. 61.95　　D. 61.25

66. 根据《测绘成果质量检查与验收》，判定最终检查批成果优良品率达到 85%，则该批成果质量等级为（　　）。

A. 优　　B. 良　　C. 合格　　D. 不合格

67. 下列检查项中，不属于导线测量成果的数学精度质量元素的检查项是（　　）。

A. 点位中误差的符合性　　B. 测角中误差的符合性

C. 各项观测误差的符合性　　D. 方位角闭合差的符合性

68. 检查某幅地形图的高程注记点的高程精度是否符合规范要求时，检查点的个数至少为（　　）。

A. 10 个　　B. 20 个　　C. 30 个　　D. 40 个

69. 在监督检查中需进行的检验、检定、检测等监督检验活动的承担单位或机构是（　　）。

A. 项目测绘单位　　B. 项目管理单位

C. 项目监理单位　　D. 测绘成果质量检验机构

70. 测绘单位按照测绘项目的实际情况实行项目质量负责人制度时，项目质量负责人对该测绘项目产品质量负（　　）。

A. 领导责任　　B. 直接责任　　C. 间接责任　　D. 管理责任

71. 下列档案中，不属于测绘地理信息业务档案的是（　　）。

A. 测绘科学技术研究项目档案　　B. 应急测绘保障服务档案

C. 公开地图制作档案　　D. 质量管理体系文件档案

72. 下列涉密工作中，可不由核心人员负责的是（　　）。

A. 涉密测绘成果统一保管

B. 本单位涉密测绘成果密级划分

C. 涉密测绘成果数据库管理

D. 涉密计算机或涉密计算机系统安全管理

73. 每年组织开展针对市场销售的地图导航定位产品的综合测评，测评基本项不包括（　　）。

A. 软件的市场占有率　　B. 软件的基本功能

C. 硬件的基本性能　　D. 地图质量

74. 申请使用的涉密测绘成果，使用单位最迟应在使用目的或项目完成后的（　　）内予以销毁。

A. 1个月　　B. 3个月　　C. 6个月　　D. 1年

75. 根据秘密等级划分，精密后处理服务数据属于（　　）。

A. 机密级国家秘密事项　　B. 秘密级国家秘密事项

C. 受控管理内容　　D. 可公开内容

76. 根据《测绘合同》示范文本，属于乙方向甲方付全部测绘成果的条件是（　　）。

A. 测绘生产工作完成后　　B. 测绘成果通过验收后

C. 测绘成果归档后　　D. 测绘工程费用结算后

77. 根据《公开地图内容表示补充规定（试行）》，下列内容中，属于公开地图不得公开表示的是（　　）。

A. 地面河流水深　　B. 消失河段

C. 干涸河　　D. 地下河段出入口

78. 根据质量管理体系，实现质量管理体系有效性的基础是（　　）。

A. 使工序过程受控　　B. 基于风险的思维

C. 及时发现质量问题　　D. 及时纠正质量问题

79. 按照测绘生产突发事故应急处理规定，各级测绘地理信息主管部门最慢应在（　　）完成对基础测绘成果应急服务申请的审批工作。

A. 1小时内　　B. 2小时内　　C. 4小时内　　D. 8小时内

80. 下列内容中，不属于测绘单位管理控制的目标是（　　）。

A. 投资目标　　B. 工期目标　　C. 成本目标　　D. 质量目标

二、多项选择题（共20题，每题2分。每题的备选项中，有2个或2个以上符合题意，至少有1个错项。错选，本题不得分；少选，所选的每个选项得0.5分）

81. 对以欺骗手段取得测绘资质证书从事测绘活动的行为，依法可给予的处罚包括（　　）。

A. 吊销测绘资质证书　　B. 没收违法所得

C. 降低测绘资质等级　　D. 没收测绘成果

E. 处测绘约定报酬一倍以上两倍以下的罚款

82. 根据《注册测绘师执业管理办法（试行）》，下列说法中正确的有（　　）。

A. 注册测绘师超过70岁不得申请初始注册

B. 注册测绘师继续教育分为必修内容和选修内容

C. 注册测绘师继续教育必修内容通过培训的形式进行

D. 注册测绘师通过注册系统进行在线注册申请

E. 在一个注册有效期内必修内容不得少于40学时

83. 外国的组织开展合作测绘时不得从事的有(　　)。

A. 真三维地图编制

B. 导航电子地图编制

C. 行政区域界线测绘

D. 房产测绘

E. 海洋测绘

84. 基础测绘工作应当遵循的原则包括(　　)。

A. 统筹规划　　B. 分级管理　　C. 定期更新

D. 保障安全　　E. 确保时效

85. 根据《测绘地理信息质量管理办法》,下列关于测绘成果质量监督管理的说法正确的有(　　)。

A. 丙级测绘单位应设立质量管理和质量检查机构

B. 国家对测绘地理信息质量实行监督检查制度

C. 对丁级测绘单位的质量监督检查每6年覆盖一次

D. 测绘单位应建立合同评审制度,确保具有满足合同的实施能力

E. 销毁地理信息项目实行“两级检查、一级验收”制度

86. 根据《测绘法》,擅自发布中华人民共和国领域和中华人民共和国管辖的其他海域的重要地理信息数据的,应当给予的行政处罚包括(　　)。

A. 给予警告　　B. 处五十万元以下的罚款

C. 情节严重的,责令停业整顿　　D. 没收测绘工具

E. 对直接负责的主管人员和其他直接责任人员,依法给予处分

87. 下列界线标准画法图中,由国务院民政部门和国务院测绘地理信息主管部门拟定的有(　　)。

A. 中华人民共和国地图的国界线标准样图

B. 省、自治区、直辖市行政区域界线的标准画法图

C. 自治州、县、自治县、市行政区域界线的标准画法图

D. 乡、镇行政区域界线的标准画法图

E. 行政村区域界线的标准画法图

88. 测绘地理信息主管部门审查同意提供属于国家秘密的基础测绘成果的,应当以书面形式将测绘成果的相关事项告知申请人。下列事项中,属于书面告知事项的有(　　)。

A. 秘密等级　　B. 保密要求　　C. 成果汇交要求

D. 成果使用方式　　E. 相关著作权保护要求

89. 国务院测绘地理信息主管部门应当对建议人提交的重要地理信息数据进行审核,审核的主要内容有(　　)。

A. 重要地理信息数据公布的必要性

B. 提交的有关资料的真实性与完整性

C. 重要地理信息数据的可靠性与科学性

D. 重要地理信息数据是否符合国家利益，是否影响国家安全

E. 建议人提交重要地理信息数据的目的

90. 下列关于互联网地图服务单位收集、使用用户个人信息的说法中，正确的有（　　）。

A. 应当明示收集、使用信息的目的、方式和范围

B. 应当经用户同意

C. 不得公开收集、使用规则

D. 不得泄露、篡改、出售或者非法向他人提供用户的个人信息

E. 应当采取技术措施和其他必要措施，防止用户的个人信息泄露

91. 根据测绘资质分级标准，下列关于专业技术人员的说法中，正确的有（　　）。

A. 获得测绘地理信息行业技师职业资格的人员可以计入中级

B. 注册测绘师可以计入中级专业技术人员数量

C. 获得测绘专业博士学位的人员即可计入高级专业技术人员

D. 获得测绘专业硕士学位的人员即可计入中级专业技术人员

E. 获得测绘专业本科学位的人员即可计入初级专业技术人员

92. 根据《公开地图内容表示若干规定》，下列关于地图表示的说法中，正确的有（　　）。

A. 广东省地图必须包括西沙群岛

B. 海南省全图图幅范围必须包括南海诸岛

C. 输电线路电压不得在公开地图和地图产品上表示

D. 香港城市地图图名应称"香港岛·九龙"

E. 澳门城市地图图名应称"澳门半岛"

93. 在技术设计实施前负责对测绘技术进行策划并对整个设计过程进行控制的人员有（　　）。

A. 设计单位的总工程师　　B. 承担项目监理任务的技术人员

C. 承担设计任务的技术负责人　　D. 设计单位指定的相应技术人员

E. 承担设计任务的质量负责人

94. 下列因素中，决定测绘技术设计输入内容的有（　　）。

A. 测绘任务　　B. 项目经费　　C. 测绘专业活动

D. 项目技术人员　　E. 项目委托方

95. 下列测绘活动中，属于甲方应尽义务的有（　　）。

A. 负责技术设计书的编写

B. 保证乙方测绘队伍顺利进入现场工作

C. 对乙方进行全过程监理，确保项目的顺利完成

D. 允许乙方内部使用本合同所产生的测绘成果

E. 保证工程款按时到位

96. 对平面控制测量成果进行检查验收时，下列情况中，可认定成果存在粗差的有（　　）。

A. 同精度检测时，点位较差为规范及设计要求限差的 $2\sqrt{2}$ 倍

B. 同精度检测时，点位较差为规范及设计要求中误差的 $2\sqrt{2}$ 倍

C. 高精度检测时，点位较差为规范及设计要求中误差的 $2\sqrt{2}$ 倍

D. 高精度检测时，点位较差为规范及设计要求限差的 $\sqrt{2}$ 倍

E. 高精度检测时，点位较差为规范及设计要求中误差的 2 倍

97. 根据《测绘生产质量管理规定》，以下属于测绘单位法人代表职责的有（　　）。

A. 签发质量手册

B. 负责质量方针、质量目标的贯彻实施

C. 建立本单位质量体系并保证其有效运行

D. 对提供的测绘成果承担质量责任

E. 签发重大工程项目的作业指导文件

98. 下列测绘活动，其成果必须经质量检验机构实施质量检验的有（　　）。

A. 某小区的房产面积测绘　　B. 某市地理国情普查

C. 某市域 1∶2000DOM 测绘　　D. 某面积为 0.5km^2 的地形图测绘

E. 某栋 100 米高层建筑变形监测

99. 下列职责中，属于县级以上地方人民政府测绘地理信息主管部门的测绘地理信息业务档案管理职责的有（　　）。

A. 制定本行政区域的测绘地理信息业务档案工作管理制度

B. 指导、监督、检查本行政区域的测绘地理信息档案工作

C. 开展本行政区域的地理信息业务档案信息化建设工作

D. 组织本行政区域内重大测绘地理信息项目业务档案验收

E. 收集国内外有利用价值的测绘地理信息资料、文献等

100. 根据《基础地理信息公开表示内容的规定(试行)》，下列基础地理信息可以表示的有（　　）。

A. 南北回归线　　B. 海岸线　　C. 拦水坝的高度

D. 高水界　　E. 城市快速路的铺设材料

参考文献

[1] 中华人民共和国测绘法[EB/OL].[2017-04-27]. http://www.npc.gov.cn/zgrdw/npc/xinwen/2017-04/27/content_2020927.htm.

[2] 王建敏,祝会忠,王井利.测绘工程管理与法规[M].2版.北京:清华大学出版社,2020.

[3] 宋雷.测绘管理与法律法规[M].北京:人民交通出版社,2022.

[4] 李天和.测绘项目管理与法规[M].北京:测绘出版社,2021.

[5] 谢波,常允艳,郭涛,等.测绘法规与管理[M].2版.成都:西南交通大学出版社,2022.

[6] 国家测绘地理信息局职业技能鉴定指导中心.测绘管理与法律法规[M].北京:测绘出版社,2018.

[7] 国家测绘地理信息局法规与行业管理司.测绘地理信息法律法规文件汇编[M].北京:测绘出版社,2012.

[8] 黄健柏,贺跃光,陈顺良.测绘企业经济管理[M].长沙:中南大学出版社,2002.

[9] 王关义,刘益,刘彤,等.现代企业管理[M].5版.北京:清华大学出版社,2024.